动物疾病智能卡诊断丛书

羊病智能卡诊断与防治

主 编

张 信　崔治国

编著者

张 信　崔治国　祁生旺

王 宇　高 魁　苏建国

金盾出版社

内 容 提 要

本书为动物疾病智能卡诊断丛书的一个分册。内容包括：羊病智能诊断卡的结构和用法，47组羊病症状智能诊断卡，85种羊病防治方法，智能卡诊断疾病的基础理论概要，以及羊病症状的判定标准。应用"智能诊断卡"给家畜家禽诊断疾病，张信教授等业已做了历时33年的研究工作。本书可以帮助广大养羊户和年轻的基层动物医生依据病羊的主要症状，对病名做出初步诊断，解决"遇到症状想不全病名，想起几个病名又不知如何鉴别"的困难，是养羊户和基层兽医人员必备的工具书之一。

图书在版编目(CIP)数据

羊病智能卡诊断与防治/张信，崔治国主编. -- 北京：金盾出版社，2012.1
（动物疾病智能卡诊断丛书）
ISBN 978-7-5082-7299-3

Ⅰ.①羊… Ⅱ.①张…②崔… Ⅲ.①羊病—诊疗 Ⅳ.①858.26

中国版本图书馆 CIP 数据核字(2011)第 232127 号

金盾出版社出版、总发行
北京太平路 5 号（地铁万寿路站往南）
邮政编码:100036 电话:68214039 83219215
传真:68276683 网址:www.jdcbs.cn
封面印刷:北京印刷一厂
正文印刷:北京金盾印刷厂
装订:永胜装订厂
各地新华书店经销

开本:850×1168 1/32 印张:12 字数:289 千字
2013 年 7 月第 1 版第 2 次印刷
印数:8001～12 000 册 定价:23.00 元

（凡购买金盾出版社的图书，如有缺页、倒页、脱页者，本社发行部负责调换）

数学诊断学编辑委员会

主 编

张　信　教　授　　　天津老科协

编 委

李道亮	教　授	中国农业大学,中欧农业信息中心主任
杨　悦	主任医师	吉林北方肝胆医院首席专家
范振英	研究员	中国医学科学院生物医学工程研究所
霍振业	主任医师	上海远大心胸医院
尤文兰	副主任医师	天津农垦医院
周　蛟	研究员	北京农林科学院
孟宪松	教　授	中国农科院
崔治国	教　授	内蒙古农业大学
陈丁儒	研究员	江苏农科院
赵国防	教　授	天津农学院
何静荣	教　授	中国农业大学
肖定汉	研究员	北京奶牛公司
马衍忠	教　授	天津农学院
杨　兵	副研究员	北京农林科学院
刘金鸣	执业医师	天津农垦医院
张学舜	教　授	四川省西昌学院

前　　言

　　凭症状判断疾病叫初诊。但遇到症状想不全病名,想起几个病名也不知如何鉴别,这是每位临床医生共同遇到的两个难题。1978年遇到一本新书《电子计算机在医学上的应用》,为解决"两难"提供了新思路。我们自1978年立题电脑诊疗系统至今已经33年了,取得如下成果:获联合国TIPS发明创新科技之星奖1项,获军队、天津市科技进步奖二等奖各1项,获天津市推广二等奖1项,获国家专利3项,研制两台电脑诊断仪,有了9点发现,出版10本书,研制人和动、植物万余病的电脑软盘,最后创立了数学诊断学,简称数诊学。本书是我们历时33年研究成果的结晶,可以帮助广大养羊户和部分基层动物医生解决遇到症状想不全病名,想起几个病名也不知如何鉴别的困难。

　　数学无处不在,科学必用数学　　数学从量、关系和结构方面表示事物;"事物"二字,就把宇宙间全部的"事"和"物"都概括了。信息论产生之后,又把事物分为"物质、能量、信息";人们都理解"物质、能量"都含有数学(其信息在电脑中也用0和1来处理),即所有的"信息"都必须用电脑的0和1处理。有了0和1,就引进了数学。所以,宇宙间全部事物,都要用数学和电脑的0,1处理。

　　数学是唯一被大家公认的真理体系。科学家的任务就是寻找自然现象背后的数学规律。数学的进入,意味着该门科学趋于成熟;任何一门科学,只有当它数学化之后,才能称得上是真正的科学。"所谓科学原理,就是要把规律用数学的形式表达出来,最后要能上计算机去算。"(钱学森《智慧的钥匙》30页)。因此,数学在自然科学和社会科学的各个部类和门类的科学之上。

　　由上推导证明,数学无处不在,科学必用数学。医学诊断是科学,必须用数学。不用数学,充其量,仅仅是经验总结。

　　现代科学是数学诊断学的基石　　现代科学日新月异。其中的电脑、数据库、人工智能、"三论"、"五种数学"等是建立数学诊断学的基石。电脑是信息处理机;数据库是处理诊病知识的根本原理,不用数据库原理处理诊病知识,再丰富的诊病知识,也只是一堆材料,对诊断起不了多大作用;三论(信息论、系统论、控制论)是现代科学原理的核心;五种数学(初等数学、模糊数学、离散数学、布尔代数、计量医学)是处理诊病知识的重要工具,把症状的文字资料和经验数值化;人工智能是现代科学的热门话题;而哲学是所有能称得上科学的灵魂。

没有以上知识的学习和运用,就不会也不敢处理人类积累的宝贵的诊病知识;没有这些知识,尤其是数学和哲学做后盾,就不会也不敢拿出来让广大读者去使用。

检验真理的标准是实践 医学是诊断与治疗疾病的学问。诊断是前提,诊断不正确,治疗就无从谈起。

利用病症矩阵智能卡诊断疾病的特点:简易快速,准确可靠,减少误诊和漏诊,1 症始诊,多症逼"是",得出初步诊断结果。

这一特点,年轻人,尤其是新毕业的大学生不会怀疑。相信教给他们几字用法,就会用电脑诊病;教给 16 字用法,就能用智能诊断卡诊病。较难理解的是缺乏电脑知识的部分中老年人,因为他们还认为必须先学习每种病的全部知识,才可以诊病。

伽利略说:"按照给定的方法与步骤,在同等实验条件下能得出同样结果的才能称之为科学。"我们认为这句话是鉴别真伪的试金石。一位就诊者就那么几项共识的症状。不应当外行不会诊断,内行结论不一。

我们是将人类积累的诊病知识,用现代科学原理把疾病与症状制成了具有经纬结构的矩阵表而已。打个比方,就相当于地球仪上的经纬线,在有经纬线的地球仪上,找地名不会出错。

几个具体问题

1. 关于数学诊断学定义 用就诊者提供的 1 或 2 个主症选"病组诊卡",用卡收集症状,再对症状做加法运算,得出病名初诊,为"辅检"提供根据。

2. 关于病名和症状　在智能诊断卡中,疾病的病名必须使用"简称","详称"请见防治;症状分类必须用"缩略语","平时书面用语"请见附录。原因就是要在极小的空间,容纳下更多的内容。否则,难以保证疾病全和症状全。中国方块文字的优越性就表现在这里。比如,汉字"体温"只占 4 个字节,"高"占 2 个字节;而英文的体温"temperature"要占 11 个字节,高"high"要占 4 个字节。用英文很难表达矩阵上的那么多种疾病和症状。

3. 关于确诊与初诊　动物疾病的诊断包括临床症状观察、病理学诊断和实验室诊断,由症状观察入手,最后做出病原鉴定,得到确诊,才能有的放矢地进行防治。

对于动物医生而言,症状观察非常重要、必不可缺。症状观察给出初诊,缩小搜索范围,集中到可能性较大的少数几种疾病,以便做进一步检验,完成诊断,给出确诊。症状观察和初诊做得越好,诊断就越省事省力、效率高而成本低。所以,动物医生的水平,既要看其试验室检验和病原鉴定的技术高低,又要看其根据临床症状进行初诊的本领和经验。

对于农民和基层动物医生而言,他们希望根据症状观察就能识别一般常见的疾病;对于初见或罕见疾病,也希望根据症状能得出初诊结果,即可疑为哪几种疾病。他们没有条件,往往也没有必要去进行试验室工作。他们通常通过症状观察做出初诊,然后咨询技术人员。

所以,症状初诊,不论对生产者还是研究者,都是必要的和重要的,都需要充分发挥其作用。

4. 关于辅检　科技日新月异,也表现在医疗器械与实验手段上。但"辅检"是在初诊基础上加以确诊的。所以,我们定位智能诊断卡是为"辅检"提供根据的。

5. 关于防治和药物　新药与日俱增,我们编委开会决定,在疾病防治上要写出"新、特、全",但不写剂量。因为农民或基层技术人员都是到药店买药的,厂家在药品的标签上注明了用量用法。

最后,应当申明,数学诊断学属于作者首创。但由于水平所限,可能有不妥当处,有待进一步完善。因此,希望广大读者和有关学者给以批评指正!

张 信
2012年1月

目 录

第一章 羊病智能诊断卡的结构和用法 (1)
一、智能诊断卡的结构 (1)
二、本书所用符号及其含义 (1)
三、智能诊断卡的使用方法 (2)
四、智能诊断卡用法示例 (3)

第二章 羊病智能诊断卡和剖检、辅检表 (9)
一、47组羊病智能诊断卡 (9)
  1组　耳异常 (9)
  2组　叫声异常 (11)
  3-1组　鼻异常∨眼睑异常(传染病) (14)
  3-2组　鼻异常∨眼睑异常(其他病) (18)
  4-1组　咳∨听叩胸肺声音异常(传染病) (20)
  4-2组　咳∨听叩胸肺声音异常(其他病) (24)
  5-1组　呼吸快(传染病) (26)
  5-2组　呼吸快(其他病) (29)
  6-1组　呼吸困难(传染病) (35)
  6-2组　呼吸困难(其他病) (39)
  7组　咳痛∨胸痛 (42)
  8-1组　沉郁∨抑郁∨角膜异常(传染病) (44)
  8-2组　沉郁∨抑郁(其他病) (49)
  9组　离群∨呆立∨掉群∨神经麻痹 (55)
  10组　昏睡∨昏迷 (57)
  11组　神经症状 (61)
  12-1组　精神差(传染病) (64)
  12-2组　精神差(其他病) (68)

13-1组 兴奋不安(传染病)	(71)
13-2组 兴奋不安(其他病)	(74)
14组 磨牙	(78)
15-1组 流产∨角膜异常(传染病)	(82)
15-2组 流产(其他病)	(87)
16组 阴门流脏物∨子宫炎	(88)
17-1组 新生羔羊∨羔羊疾病(传染病)	(92)
17-2组 新生羔羊∨羔羊疾病(其他病)	(96)
18组 尿色∨尿量异常	(99)
19组 毛异常	(104)
20-1组 皮损(传染病)	(108)
20-2组 皮损(寄生虫病)	(113)
21组 贫血	(114)
22组 乳房异常	(119)
23组 弓背∨伸腰∨努责	(123)
24组 突死	(126)
25-1组 瘦∧腹泻	(129)
25-2组 瘦∧呼吸(快∨困难)	(134)
26组 瘦∧无(腹泻∨呼吸快难)	(140)
27-1组 衰弱∨衰竭∨虚弱∨黄疸	(144)
27-2组 衰弱∨衰竭∨虚弱∨黄疸	(148)
28组 卧异常	(151)
29组 头颈姿势异常	(156)
30组 颌下水肿	(161)
31-1组 腹痛(传染病)	(162)
31-2组 腹痛(其他病)∨嗳气异常	(164)
32-1组 腹围异常(传染病)	(168)
32-2组 腹围异常(其他病)	(170)
33-1组 腹泻∨反刍异常∨舌异常∨粪腥恶臭	(176)

33-2组　腹泻 ……………………………………… (181)
34组　便秘∨便干∨便秘与腹泻交替 ………… (186)
35组　咀嚼异常∨转圈 ………………………… (189)
36-1组　口流涎∧异常(传染病) ……………… (192)
36-2组　口流涎∧异常(其他病) ……………… (196)
37组　异嗜∨吞咽困难 ………………………… (199)
38-1组　眼结膜病(传染病) …………………… (202)
38-2组　眼结膜病(其他病) …………………… (205)
39组　眼球异常∨肢麻痹 ……………………… (210)
40组　眼视力异常 ……………………………… (213)
41组　蹄病 ……………………………………… (219)
42组　跛行 ……………………………………… (222)
43组　乱动 ……………………………………… (226)
44组　难动∨僵∨僵硬 ………………………… (229)
45组　强直∨抽搐∨痉挛∨震颤 ……………… (233)
46-1组　运动失调∨晃∨转圈∨肢麻痹(传染病) … (238)
46-2组　运动失调∨晃∨转圈∨肢麻痹(其他病) … (241)
47-1组　卧∨瘫痪(传染病) …………………… (245)
47-2组　卧∨瘫痪(其他病) …………………… (247)
二、羊病剖检表 …………………………………… (251)
三、羊病辅检表 …………………………………… (262)

第三章　羊病防治 …………………………………… (266)

一、羊病预防 ……………………………………… (266)
(一)羊有几类疾病？各有什么特点？ ………… (266)
(二)如何加强饲养管理？ ……………………… (266)
(三)怎样搞好羊场环境卫生？ ………………… (267)
(四)怎样严格执行检疫制度？ ………………… (267)
(五)如何给羊只免疫接种？ …………………… (269)
(六)怎样做好羊场的消毒工作？ ……………… (271)

(七)如何做好羊病的药物预防……………………(273)
　　(八)怎样做好羊只的定期驱虫工作?………………(273)
　　(九)怎样防止羊中毒?………………………………(274)
　　(十)羊群暴发传染病时应如何处理?………………(275)
二、羊病治疗——给药方法……………………………(275)
　　(一)群体给药…………………………………………(275)
　　(二)口服给药…………………………………………(276)
　　(三)灌肠法……………………………………………(276)
　　(四)胃管法……………………………………………(276)
　　(五)注射法……………………………………………(277)
三、羊85种病的防治……………………………………(278)
　　(一)羊炭疽……………………………………………(278)
　　(二)羊副结核病………………………………………(279)
　　(三)破伤风……………………………………………(279)
　　(四)羊坏死杆菌病……………………………………(280)
　　(五)山羊伪结核病……………………………………(280)
　　(六)羊土拉杆菌病……………………………………(281)
　　(七)羊放线菌病………………………………………(281)
　　(八)李氏杆菌病………………………………………(282)
　　(九)大肠杆菌病………………………………………(282)
　　(十)钩端螺旋体病……………………………………(283)
　　(十一)绵羊巴氏杆菌病………………………………(283)
　　(十二)肉毒梭菌中毒症………………………………(283)
　　(十三)布氏杆菌病……………………………………(284)
　　(十四)羊沙门氏菌病…………………………………(284)
　　(十五)羊弯杆菌病……………………………………(285)
　　(十六)羊链球菌病……………………………………(285)
　　(十七)羊快疫…………………………………………(286)
　　(十八)羊肠毒血症……………………………………(286)

(十九)羊猝疽……………………………………………(286)
(二十)羔羊痢疾…………………………………………(287)
(二十一)羊黑疫…………………………………………(287)
(二十二)羊衣原体病……………………………………(288)
(二十三)羔羊支原体病…………………………………(288)
(二十四)真菌肺炎………………………………………(289)
(二十五)腐蹄病…………………………………………(289)
(二十六)传染性结膜角膜炎……………………………(289)
(二十七)羊传染性脓疱病………………………………(290)
(二十八)口蹄疫…………………………………………(291)
(二十九)狂犬病…………………………………………(292)
(三十)伪狂犬病…………………………………………(292)
(三十一)绵羊痘…………………………………………(293)
(三十二)山羊痘…………………………………………(293)
(三十三)蓝舌病…………………………………………(293)
(三十四)山羊病毒性关节炎—脑炎……………………(294)
(三十五)绵羊痒病………………………………………(294)
(三十六)绵羊肺腺瘤病…………………………………(295)
(三十七)梅迪—维斯纳病………………………………(295)
(三十八)肝片吸虫病……………………………………(296)
(三十九)双腔吸虫病……………………………………(296)
(四十)阔盘吸虫病………………………………………(296)
(四十一)前后盘吸虫病…………………………………(296)
(四十二)血吸虫病………………………………………(296)
(四十三)脑多头蚴病……………………………………(296)
(四十四)棘球蚴病………………………………………(297)
(四十五)细颈囊尾蚴病…………………………………(297)
(四十六)绦虫病…………………………………………(297)
(四十七)消化道线虫病…………………………………(298)

(四十八)肺线虫病……………………………………(298)
(四十九)脑脊髓丝虫病………………………………(299)
(五十)疥螨病…………………………………………(299)
(五十一)痒螨病………………………………………(300)
(五十二)蠕形螨病……………………………………(300)
(五十三)羊鼻蝇蛆病…………………………………(300)
(五十四)梨形虫病……………………………………(301)
(五十五)弓形虫病……………………………………(301)
(五十六)球虫病………………………………………(302)
(五十七)口炎…………………………………………(303)
(五十八)瘤胃酸中毒…………………………………(303)
(五十九)食管阻塞……………………………………(304)
(六十)前胃弛缓………………………………………(304)
(六十一)瘤胃积食……………………………………(305)
(六十二)急性瘤胃臌胀………………………………(306)
(六十三)瓣胃阻塞……………………………………(307)
(六十四)创伤性网胃腹膜炎…………………………(307)
(六十五)创伤性心包炎………………………………(308)
(六十六)皱胃阻塞……………………………………(308)
(六十七)绵羊肠扭转…………………………………(309)
(六十八)胃肠炎………………………………………(309)
(六十九)小叶性肺炎…………………………………(310)
(七十)化脓性肺炎……………………………………(310)
(七十一)吸入性肺炎…………………………………(310)
(七十二)羔羊白肌病…………………………………(311)
(七十三)酮病…………………………………………(312)
(七十四)绵羊脱毛症…………………………………(312)
(七十五)尿结石………………………………………(312)
(七十六)佝偻病………………………………………(313)

(七十七)氢氰酸中毒……………………………………(314)
　　(七十八)有机磷中毒……………………………………(314)
　　(七十九)流产……………………………………………(315)
　　(八十)难产………………………………………………(317)
　　(八十一)阴道脱出………………………………………(319)
　　(八十二)胎衣不下………………………………………(321)
　　(八十三)子宫炎…………………………………………(323)
　　(八十四)乳房炎…………………………………………(324)
　　(八十五)创伤……………………………………………(326)
第四章　数学诊断学的理论基础与方法概要……………(328)
　一、诊断现状………………………………………………(329)
　　(一)诊断混沌……………………………………………(329)
　　(二)先进的医疗仪器设备与日俱增,但过度"辅检"的
　　　　做法不可取…………………………………………(330)
　　(三)从权威人士的论述看医学动向……………………(331)
　二、公理……………………………………………………(331)
　　(一)公理定义……………………………………………(331)
　　(二)阐释…………………………………………………(331)
　　(三)映射数学诊断学的公理……………………………(332)
　三、数学是数学诊断学之魂………………………………(333)
　　(一)数学之重要…………………………………………(333)
　　(二)初等数学……………………………………………(335)
　　(三)模糊数学……………………………………………(336)
　　(四)离散数学……………………………………………(338)
　　(五)逻辑代数……………………………………………(339)
　　(六)描述与矩阵…………………………………………(340)
　四、九点发现与求症诊病原理……………………………(341)
　　(一)关于九点发现………………………………………(341)
　　(二)求证诊病原理………………………………………(344)

五、问　答 …………………………………………（344）
　　　（一）常识部分 ……………………………………（344）
　　　（二）实践部分 ……………………………………（349）
附录　羊病症状的判定标准 ……………………………（353）
参考文献 …………………………………………………（361）
跋 …………………………………………………………（365）

第一章 羊病智能诊断卡的结构和用法

一、智能诊断卡的结构

智能诊断卡结构：上表头为病名，左为症状，右为分值，病名下为各病的总判点数（ZPDS）。表中所有症状分别按"类"进行了区分；在上表头有"统"字，下方数值表达的意思是同种症状在几种疾病中出现；有的智能诊断卡（又称诊断卡或智卡）在表头"类"下有"资格"二字，是指该卡标题所对应的主要症状，有该症状可以选取该卡来进行诊断。表右病名下每个数值为1个分值，表示在此病中的重要程度。每一种病表现几种症状，其下就有几个分值，1个分值为1个判点。该病有几种症状就有几个判点。

二、本书所用符号及其含义

见表1-1。

表1-1 本书所用符号和缩略语及其含义

符号	含义	符号	含义
∨	读"或"	Hb	血红蛋白
∧	读"和""且"	kg	千克
PDS	判点数	g	克
ZPDS	总判点数	mg	毫克
≥	大于等于	mg/kg	每千克体重用毫克
≤	小于等于	m	米
→	变为	mg	毫米
>	大于	cm	厘米
<	小于	%	百分号

续表 1-1

符 号	含 义	符 号	含 义
↑	升高	[ ]	中括弧
↓	降低	u	单位
T	体温	pH	酸碱度
P	脉搏	呼系	呼吸系统
R	呼吸	运系	运动系统
d	天	消系	消化系统
h	小时	循系	循环系统

三、智能诊断卡的使用方法

智能诊断卡用法可归结为 16 个字:取卡,问诊,打点,统计,找大,逆诊,辅检,综判。

(一)取　卡

要以羊群的主要症状取卡,如咳嗽为主,就取咳嗽卡。为提高初诊准确率,读者可依据症状取 2~3 卡复诊。

(二)问诊(或现场诊断)

建议您从所选智卡的第一项症状询问到最后一项症状,边问边检查。问诊时要求从头至尾问一遍症状,是针对该卡内的全部疾病和全部症状,这比空泛地要求"全面检查"要具体而有针对性。电脑诊疗系统和智卡,都是以症状为依据,这是能快速诊断和减少误诊的根本原因。

(三)打　点

所问症状,病羊有,就在该症状上划个钩或星做标记。

(四)统计(算点)

统计各病的判点数,就是纵向统计病羊症状在智卡中各病下出现的次数。统计时沿病名向下搜索,卡中各病要分别统计。数出病羊症状在每种病中出现的次数,该数为判点数。

(五)找 大

哪种病的判点数最多,且比第二种病的判点数大于 2 时,就可初步诊断为哪种病。如果第一、第二种病的判点数接近,二者的差数为 0 或 1 时,请做逆诊。

(六)逆 诊

智卡具有正向推理和逆向推理的功能。医者与就诊者初次接触的诊断活动,是正向推理(由症状推病名);有了病名,再问该病名的未打点的症状,就属于逆向推理。一起病例只有经过正逆双向推理才能使诊断更趋近正确。这符合人工智能的双向推理过程。

(七)辅 检

就是对一诊病名,开出"辅检"单,请化验室化验和仪器设备室做物理检查。

(八)综合判断

有了智能卡诊断的病名,再加上"辅检"的结果,就可以做综合判定了。

四、智能诊断卡用法示例

举例:2003 年 3 月,中国老促会教学效果调查组,在平山县畜牧局召开座谈会。其中一位中年人发言最精彩,占时间最多。大意是:我叫于延寿,52 岁、助工、没有学历,但是用《羊病数值诊断与防治》,将一群 70 多只牛羊的蓝舌病给诊治好了。

于延寿助工在放牧场对病羊群检查,以"呆立、掉群",在病组目录中找到"9 组离群∨呆立∨掉群",取卡,见表 1-2。取到卡,边问边检边打点,共打了 10 个点◆,见表 1-3。

10 个点◆症状:离群呆立,不吃,口臭,流红涎,舌蓝,鼻液有血,口烂,身弱,腹泻,跛行。

结果:第一诊断蓝舌病 10 点 100 分;第二诊断羊肠毒血症 3 点 15 分。按病名序号 33 蓝舌病,去第三章羊病防治,找到蓝舌病防治措施,予以治疗。诊断明确,防治就好办了。

表 1-2 9组离群∨呆立∨掉群

序	类	症 状	统	18 羊肠毒血症	19 羊猝狙	21 羊黑疫	33 蓝舌病	35 绵羊痒病	37 梅迪维斯纳病	38 肝片吸虫病	43 脑多头蚴病	73 酮病	打点
		ZPDS	9	16	13	12	27	28	16	14	25	24	
1	精神	离群呆立∨掉群∨落后	9	5	5	5	5	5	5	5	5	5	◆
2	精神	沉郁∨抑郁	2				5			5			
3	精神	委靡不振∨不佳∨委顿	3				5	5					
4	精神	神经麻痹	2					5	5				
5	精神	遇障跌倒	1					15					
6	精神	兴奋∨不安	3		5			5			5		
7	精神	昏睡∨昏迷	1			5							
8	精神	神经症状	2								5	5	
9	鼻炎肿	黏脓血痂∨糜烂∨出血∨鼻液	1				10						◆
10	鼻呼气	酮味	1									35	
11	鼻孔	扩张	1					5					
12	鼻涕	沫	1	10									
13	肝	叩肝半浊音界扩大	1							5			
14	肝	压痛	1							5			
15	羔	症状明显	1						5				
16	羔-新羔	婴儿畸形如脑积水等	1			5							
17	肌肉	震颤∨痉挛∨颤抖	1					5					
18	口	舔∨咬(唇∨腹肋∨股∨尾)部	1					15					
19	口臭		1				10						◆
20	口唇	颤	2					5			15		
21	口唇	水肿蔓延到颊耳颈胸腹	1				5						
22	口-咀嚼	空嚼	1								15		
23	口流涎	带泡沫∨血∨红	3	5			5				5		◆
24	口膜	渗血∨肿∨充血∨发绀∨淤斑∨溃烂	1				15						◆
25	口-磨牙		1	5									
26	口-舌	蓝色∨充血∨淤斑∨溃烂	1				35						◆
27	毛	产量低	1						5				
28	毛	脱毛∨易脱	3				5	5		2			

续表1-2

序	类	症状	统	18 羊肠毒血症	19 羊猝狙	21 羊黑疫	33 蓝舌病	35 绵羊痒病	37 梅迪维斯纳病	38 肝片吸虫病	43 脑多头蚴病	73 酮病	打点
29	尿-量	失禁	1								15		
30	尿-味	丙酮气味	1									35	
31	贫血		1							5			
32	乳	产量低	1							5			
33	身	瘫痪	1					5					
34	身	卧地∨卧地不起∨横卧不起∨长卧	3	5				5			5		
35	身	震颤∨颤抖∨痉挛	3	5	5			5					
36	身	渐瘦∨体重↓∨日渐消瘦	3					5	5		5		
37	身	消瘦∨瘦弱∨营养不良∨障碍	6		5		5	5	5	5			
38	身	倦息∨乏力∨易疲	1							5			
39	身	生长慢∨发育受阻	1							5			
40	身	衰弱∨虚弱	6		5			5	5	5	5		♦
41	身-皮	红∨肿∨破溃∨出血	1					10					
42	身-皮	剧痒∨擦痒在墙∨栅栏∨树干	1					10					
43	身-皮	水肿	1				5						
44	身-皮	脱水	1								15		
45	腰	搔羊腰:伸颈∨摆头∨咬唇舔舌	1					10					
46	食	吞咽困难∨有吞咽呕动作	1				5						
47	食欲	减退∨不振∨不愿采食	4					5		5	5	5	
48	食欲	无∨拒废∨厌食∨废绝	3			5	5			5			♦
49	食欲	异嗜∨异食	1							5			
50	蹄	真皮受害∨热肿烂脱壳	1				10						
51	蹄冠	蹄叶:发炎∨敏感∨痛	1				5						
52	头	高举∨后仰∨高仰∨抬起∨头后弯	4	5				10			10	5	
53	头	高举时在脑后部	1							5			
54	头	角弓反张头后弯	2	5							5		
55	头颈	痉挛∨肌肉频细震颤	2					5			5		
56	头颈	伸直∨伸颈∨摇头∨甩头	1					5					

续表1-2

序	类	症 状	统	18 羊肠毒血症	19 羊猝狙	21 羊黑疫	33 蓝舌病	35 绵羊痒病	37 梅迪维斯纳病	38 肝片吸虫病	43 脑多头蚴病	73 酮病	打点
57	头一颈肌	痉挛	1									5	
58	消一反刍	无∨停	1		5								
59	消一粪	便秘∨干	1			5							
60	消一粪	腹泻∨稀水∨软∨稀粥	2	5			5						◆
61	消一粪	含:黏脓∨黏液∨血∨混血	1			5							
62	消一粪色	黄褐色∨黄绿∨黄褐	1	15									
63	眼结膜	苍白	1									5	
64	眼结膜	黄白	1									5	
65	眼视力	失明∨凝视∨目呆∨视力模糊	3					5			2	10	
66	运一肢	麻痹	3					5	5		5		
67	黏膜色	苍白	2							5		5	
68	黏膜色	黄染	1									5	
69	动	独自奔跑	1	15									
70	动	回旋运动	1								5		
71	动	前冲∨后退	1								5		
72	动	强直∨抽∨痉挛	4	5	5						5	5	
73	动	站立失衡—虫在小脑	1								5		
74	动	震颤	1									15	
75	动	圆圈运动—向病侧	1								5		
76	动	转圈∨旋转	2								5	10	
77	动一跛行		1				5						◆
78	动一步	行为异常∨雄鸡步∨难跳∨遇沟坡跌倒	1					5					
79	动一步	失调∨踌躇∨不稳∨晃倒	4					5	5		5	5	
80	动一卧	卧∨喜卧∨不起∨难站	4	5	5				5		5		
81	腹膜	发炎	1		15								
82	腹痛	弓背∨伸腰∨望腹∨刨地∨起卧	1		5								
83	腹围	大∨肚胀∨腹胀∨增大	1	5									
84	呼出气	丙酮气味	1									35	
85	病促因	与螺∨潮湿∨低注∨池塘∨河流有关	1					5					

续表 1-2

序	类	症 状	统	18 羊肠毒血症	19 羊猝狙	21 羊黑疫	33 蓝舌病	35 绵羊痒病	37 梅迪维斯纳病	38 肝片吸虫病	43 脑多头蚴病	73 酮病	打点
86	病程	短促∨急	3		5	5		5					
87	病促因	低洼潮湿∨肝片吸虫病	1			5							
88	病促因	低洼潮湿地区	1		10								
89	病促因	肝吸虫损肝促诺菌产毒	1			5							
90	病促因	饲养密度过大助长传播流行	1							5			
91	病感途	虫-库螺	1					5					
92	病感途	呼吸道∨飞沫	1							5			
93	病感途	消化道:乳∨草∨料∨水∨工具	2	5						5			
94	病感途	血液	1							5			
95	病感途	胎盘∨垂直传播	2						5	5			
96	病感途	接触∨羊间水平∨放牧接触∨垫草	1						5				
97	病媒	螺传	1					15					
98	病势	突病∨病急	3	5	5	5							
99	病势	快	1		5								
100	病势	慢∨缓慢	4				5		5		5	5	
101	病损	巨损:羔长差∨死∨胎畸形+皮毛损	1					10					
102	病特征	发热+消瘦+黏膜卡他炎	1					15					

表 1-3 9 组 离群∨呆立∨掉群

序	类	症 状	统	18 羊肠毒血症	19 羊猝狙	21 羊黑疫	33 蓝舌病	35 绵羊痒病	37 梅迪维斯纳病	38 肝片吸虫病	43 脑多头蚴病	73 酮病	
		ZPDS	9	3	2	2	10	2	2	2	3	2	
1	精神	离群呆立∨掉群∨落后	9	5	5	5	5	5	5	5	5	5	◆
9	鼻炎肿	黏脓血痂∨糜烂∨出血∨鼻液	1					10					◆
19	口臭		1					10					◆
23	口流涎	带泡沫∨血∨红	2	5			5					5	◆

续表 1-3

序	类	症 状	统	18 羊肠毒血症	19 羊猝狙	21 羊黑疫	33 蓝舌病	35 绵羊痒病	37 梅迪维斯纳病	38 肝片吸虫病	43 多头蚴病	73	酮病
24	口膜	渗血∨肿∨充血∨发绀∨淤斑∨溃烂	1				15						♦
26	口-舌	蓝色∨充血∨淤斑∨溃烂	1				35						♦
43	身	衰弱∨虚弱	6		5		5	5	5	5	5	2	♦
51	食欲	无∨拒废∨厌食∨废绝	3			5	5				5		♦
63	消-粪	腹泻∨稀水∨软∨稀粥	2	5			5						♦
80	动-跛行		1				5						♦
		分值和		15	10	10	100	10	10	10	10	12	10
	结果	一诊:33 蓝舌病 10 点 100 分											
		二诊:18 羊肠毒血症 2 点 10 分											
		三诊:21 羊黑疫 2 点 10 分											
	结论	于:33 蓝舌病 10 点 100 分											

第二章 羊病智能诊断卡和剖检、辅检表

一、47组羊病智能诊断卡

1组 耳异常

序	类	症状	统	27 羊传染性脓疱	58 瘤胃酸中毒	68 胃肠炎	73 酮病	78 有机磷中毒
		ZPDS		14	19	17	18	22
1	耳	发凉	3		5	5		5
2		甩耳	1	10				
3		震颤	1					10
4	耳廓	龟裂∨出血∨污秽痂垢	1	5				
5		痂垢增厚∨其下肉芽增生	1	5				
6	鼻	发凉	3		10	10		10
7	鼻呼气	酮味	1				35	
8	鼻镜	丘疹∨结疱∨痂	1	10				
9	动	转圈∨旋转	1					10
10	动—卧	卧∨喜卧	2	5		5		
11	腹痛	弓背∨伸腰∨望腹∨刨地∨起卧	2			5		5
12	腹围	大∨肚胀∨腹胀∨增大	2		5			5
13		小∨卷缩	1			10		
14	呼出气	丙酮气味	1				35	
15	呼—咳		1	5				
16	呼吸	快∨促∨浅∨频数>20次/分	1			5		
17		困难	1					5
18	肌	麻痹	1					5
19		纤维性震颤	1					5
20	叫	呻吟	1			5		
21	精神	沉郁∨抑郁	2		5	5		
22		拱腰痛苦状	1		10			
23		昏睡∨昏迷	2			5		5
24		离群呆立∨掉群	1				5	
25		神经症状	2				5	5
26		痛苦状	1					15

续 1 组

序	类	症状	统	27 羊传染性脓疱	58 瘤胃酸中毒	68 胃肠炎	73 酮病	78 有机磷中毒
27		委靡不振	1			5		
28		兴奋∨不安	1					5
29		意识紊乱	1				5	
30	口	干	2		10	10		
31		口臭	1		5			
32		唇颤	1				15	
33		唇肿大外翻桑葚状	1	5				
34	口—咀嚼	空嚼	1				15	
35		困难	1	10				
36	口流涎	带泡沫∨血	1				5	
37		呕吐	1					5
38	口膜	红斑∨痂∨结节∨水疱∨脓疱∨痂	1	5				
39	口—舌	苔黄厚∨薄白	1			10		
40	尿—味	丙酮气味	1				35	
41	皮	弹性降低	1			10		
42		脓疱∨损伤∨溃疡	1	10				
43		脱水	1			15		
44		多汗	1					15
45	身	抽搐	1					5
46		瘦∨恶病质	1			5		
47		喜卧地	1		5			
48		吞咽困难∨吞咽时作呕	1	5				
49	蹄	热肿烂脱壳	1		10			
50	头	高举∨后仰∨痉挛	1				10	
51	胃	pH值低<6	1		35			
52	消—反刍	少∨慢∨停	1		5			
53	眼睑	大面积龟裂∨出血∨污秽痂垢	1	5				
54		痂垢增厚∨其下肉芽增生	1	5				
55	眼结膜	苍白	2				5	5
56		充血红∨红肿	1		5			
57		黄白	2				5	5

续1组

序	类	症状	统	27 羊传染性脓疱	58 瘤胃酸中毒	68 胃肠炎	73 瞮病	78 有机磷中毒
58	眼球	凹∨凹	2		10	10		
59	眼球	震颤	1					15
60	眼视力	弱∨障碍	2		5	10		
61		失明	1			10		
62	眼瞳孔	缩小	1					15
63	运－肢	麻痹	1					5
64	病时	过食4~6时发病	1		10			
65	病势	突病∨病急	2		5	5		
66	病特征	废食+瘤胃积食停动+酸高	1		35			
67		口唇丘疹+脓疱+溃疡+疣痂	1	15				
68		神经功能紊乱－过度兴奋	1					15
69		食欲减拒+T↑泻∨脱水∨腹痛	1			15		
70	病性	接触∨吸入有机磷而病	1					15
71	病因	1次采∨偷吃谷物精料多	1		15			
72		误食含有机磷农药的野草	1					15
73		绵羊妊后期料多	1				15	
74	病因	前胃病+霜冻料∨药过∨卫生差	1			15		

2组　叫声异常

序	类	症状	统	23 羔羊支原体病	50 脑脊髓丝虫病	58 瘤胃酸中毒	61 瘤胃积食	79 流产	83 子宫炎
		ZPDS		24	12	28	22	13	10
1	叫	哞叫	1					5	
2		呻吟	5	5	10	5	10		10
3	嗳气	不断	1				5		
4		停止	1			10			
5	鼻	发凉	1			10			
6		黏脓性	1	5					
7	鼻色	滞铁锈色	1	15					

续 2 组

序	类	症 状	统	23 羔羊支原体病	50 脑脊髓丝虫病	58 瘤胃酸中毒	61 瘤胃积食	79 流产	83 子宫炎
8	鼻涕	浆性∨水性∨鼻液	1	5					
9	动	盲目运动	1		5				
10		兴奋∨骚乱	1		10				
11		震颤	1		5				
12	动-步	困难∨蹒跚∨不稳∨倒地∨晃	1		15				
13	动-卧	卧∨喜卧∨不起∨难站	2		10		5		
14		致褥疮	1		10				
15	耳	发凉	1			10			
16	腹部	左侧轻度膨大	1				5		
17	腹痛	弓背∨伸腰∨望腹∨刨地∨起卧	2				5	5	
18		摇尾∨哞叫	1				5		
19	腹围	大∨肚胀∨腹胀∨增大	3	5		5	5		
20	呼-咳	干咳∨痛咳	1	10					
21	呼吸	困难	1	5					
22	呼-胸	触胸敏感∨痛	1	10					
23	精神	沉郁∨抑郁	3	5		5	5		
24		拱腰痛苦状	2	10		10			
25	口	干	1			10			
26	口唇	溃烂∨发疱	1	5					
27	口-咀嚼	空嚼	1		10				
28	口流涎		1	5					
29	口膜	异常	1	5					
30	口-磨牙		2	5					5
31	尿	pH值低∨少∨色浓	1			15			
32	尿-姿	时时做排尿姿势	1						5
33	乳房	疹∨烂∨疱∨发疹	1	15					
34	身	喜卧地	1		5				
35		消瘦∨瘦弱	1	5					
36	身-肷窝	略平∨稍凸∨触诊硬实	1				5		
37	身-腰背	弓背	1						5
38		弓起痛苦状	1	10					

续 2 组

序	类	症 状	统	23 羔羊支原体病	50 脑脊髓丝虫病	58 瘤胃酸中毒	61 瘤胃积食	79 流产	83 子宫炎
39	身—腰髓	支配后躯运动障碍	1		10				
40	身—姿	努责	2					10	5
41	食—采食	停止	1			5			
42	食欲	减退∨不振	5	5		5	5	5	5
43	蹄	热肿烂脱壳	1			10			
44	头	高举∨后仰∨头后弯	1				10		
45	头—颈部	肌肉强直∨痉挛	1		10				
46	胃	pH值低＜6	1			35			
47	胃肠炎		1			5			
48	胃—瘤胃	触:硬	1				40		
49		柔软	1			15			
50		蠕动弱∨停	2			10	5		
51		蠕动增强	1			5			
52		胀满触为液体	1			10			
53	胃—前胃	弛缓∨蠕动减弱	1						5
54	消—反刍	少∨慢	2	5		5			
55		无∨停	2			5	5		
56	消—粪	腹泻	2	5		5			
57		含:黏脓∨黏液∨血∨类黄绿∨黄褐	1			10			
58	眼结膜	充血红∨红肿	1			5			
59	眼流泪	黏性∨脓性物	1	5					
60	眼球	凹∨眼凹∨视力障碍	1			10			
61		上旋	1		10				
62	运—后肢	1～2侧无力∨麻痹	1		10				
63	运—肢	呈犬坐姿势	1		10				
64		发凉	1			10			
65	殖—流产		2	5				5	
66		缓慢—症状有	1					5	
67		突然—症状无	1					5	
68		小产∨流产∨早产	1					5	
69		因伤数小时∨数天排胎儿	1					15	
70		隐性:不排胎儿∨胎骨而排溶解物	1					15	

续 2 组

序	类	症 状	统	23 羔羊支原体病	50 脑脊髓丝虫病	58 瘤胃酸中毒	61 瘤胃积食	79 流产	83 子宫炎
71	殖-胎儿	被排出	1					35	
72	殖-阴门	流污红物	1						5
73		流羊水	1					10	
74	殖-子宫	炎;病程长	1						2
75		炎;娩∨助产∨宫脱∨腹膜炎等致	1						15
76	病时	过食4~6小时发病	1				10		
77	病势	突病∨病急	2			5	5		
78	病特征	发热+咳嗽+肺炎+胸膜炎	1	15					
79		反刍嗳气停∨瘤胃硬+蠕弱∨腹痛	1				15		
80		废食+瘤胃积食胀满停动+酸高	1			35			
81		行走困难+卧地不起+死	1		15				
82	病性	瘤胃充食增大壁扩张食滞难化	1				15		
83		妊娠中断不足月就排出胎儿	1					15	
84	病因	1次采∨偷吃谷物精料多	1			15			
85		过食∨粗饲∨偷料致瘤胃积食	1				15		
86		因湿发病	1		10				
87	病症	抽搐后扶站四肢强直—两侧叉开	1		10				

3-1组 鼻异常∨眼睑异常(传染病)

序	类	症 状	统	4 羊坏死杆菌病	10 钩端螺旋体病	11 绵羊巴氏杆菌病	12 肉毒梭菌中毒症	16 羊链球菌病	18 羊肠毒血症	23 羔羊支原体病	27 羊传染性脓疱病	30 伪狂犬病	33 蓝舌病	36 绵羊肺腺瘤病
		ZPDS		8	12	15	11	15	13	20	21	10	20	14
1	鼻	充血∨红肿	2		10								10	
2		出血	3		10	10								
3		红斑—小—散在	1							5				
4		结节∨小结节	2	5							5			
5		丘疹∨脓疱	1								5			
6		水疱	2								5			

14

续 3-1 组

序	类	症状	统	4 羊坏死杆菌病	10 钩端螺旋体病	11 绵羊巴氏杆菌病	12 肉毒梭菌中毒症	16 羊链球菌病	18 羊肠毒血症	23 羊支原体病	27 盖羊传染性脓疱病	30 伪狂犬病	33 蓝舌病	36 绵羊肺腺瘤病
7		炎∨糜烂∨溃烂∨坏死	2		10								10	
8		痒∨磨	1											10
9	鼻痂	1～2周痂皮干脱康复	1								5			
10		黄∨棕色疣状硬痂	1								5			
11		垢∨结痂∨脓血痂∨棕痂	6	5	5	5		5			5		5	
12		阻塞∨塞音	1											10
13	鼻涕	浆性∨水性	6			5	5	5		5			5	5
14		沫∨灰白沫∨落地如花点状	1				10							
15		脓性∨黏脓物	7			5		5		5	5	5	5	5
16		铁锈色	1							15				
17		血性∨带血	1									5		
18	动	摆动∨不便	1				10							
19		独自奔跑	1						15					
20		震颤	1		5									
21		点头运动	1				15							
22		跛行	3	5		5						5		
23		失调∨蹒跚∨僵∨易跌倒∨头弯一侧	1				10							
24		卧∨喜卧	2						5		5			
25	耳	甩耳	1									10		
26	耳廓	龟裂∨出血∨污秽痂垢	1								5			
27	腹痛	弓背∨伸腰∨望腹∨刨地∨起卧	2		5			5						
28	腹围	大∨肚胀∨腹胀∨增大	2						5	5				
29	羔-新羔	婉儿畸形如脑积水等	1									5		
30	呼-肺炎	大叶性的	1				10							
31	呼-咳		5			5				5	5			5
32	呼-咳	干咳	1							5				
33		湿咳	1											10
34		痛咳	1							10				
35	呼-叩肺	有实变区∨听肺啰音	1											10

续 3-1 组

序	类	症状	统	4 羊坏死杆菌病	10 钩端螺旋体病	11 绵羊巴氏杆菌病	12 肉毒梭菌中毒症	16 羊链球菌病	18 羊肠毒血症	23 羔羊支原体病	27 羊传染性脓疱病	30 伪狂犬病	33 蓝舌病	36 绵羊肺腺瘤病
36	呼吸	快∨促∨浅∨频数＞20次/分	2			5								5
37		头颈伸直∨鼻孔扩张	1											5
38	呼—胸壁	触压羊现敏感疼痛	1									10		
39	呼—咽喉	麻痹	1									10		
40	呼—咽喉	肿	1				10							
41	呼—音	听肺湿啰音	1											5
42	肌肉	震颤	1									10		
43	叫	呻吟	1						5					
44	精神	沉郁∨抑郁	2		5				5					
45		拱腰痛苦状	1						10					
46		离群呆立∨掉群	2						5				5	
47		委靡不振∨委顿	4			5		5				5	5	
48		兴奋∨不安	1				5							
49	口	撕脱∨啃咬痒部∧凄叫	1									10		
50		溃烂	1						5					
51	口臭		1									10		
52	口唇	疮∨结节∨水疱∨棕痂	1	10										
53		皮肤发疹	1						5					
54		肿	2				5				5			
55		肿∨外翻∨桑葚状∨化脓坏死∨咀嚼难	1								5			
56	口流涎		3				5		5		5			
57		带泡沫∨血	2			5	5							
58		流泡沫唾液	1									10		
59		唾液红色	1									5		
60	口膜	坏死	1	5										
61		渗血	1										5	
62		水疱脓疱糜烂碍食∨嚼∨咽	1								5			
63		肿∨充血∨发绀∨青紫淤斑∨溃烂	1										15	
64	口—磨牙		3				5	5	5					

续 3-1 组

序	类	症 状	统	4 羊坏死杆菌病	10 钩端螺旋体病	11 绵羊巴氏杆菌病	12 肉毒梭菌中毒症	16 羊链球菌病	18 羊肠毒血症	23 羔羊支原体病	27 羊传染性脓疱病	30 伪狂犬病	33 蓝舌病	36 绵羊肺腺瘤病
65	口上唇	1~2周痂皮干脱康复	1								5			
66		丘疹∨小结节∨水疱∨脓疱∨痂垢	1								5			
67	口一舌	蓝色	1										35	
68		肿大	1					5						
69	毛	脱毛∨易脱	1										5	
72	皮	坏死	1	15										
73		损伤∨溃疡∨脓疱	1								10			
74	皮膜	坏死∨黄疸	1		10									
75		贫血	1											5
76	乳房	皮肤疹∨烂∨疱	1								15			
77		肿	1					15						
78	身	奇痒	1									15		
79		衰竭	2		5									5
80		衰弱∨虚弱	2									5		5
81		卧地∨长卧	2						5			5		
82		震颤∨颤抖∨痉挛	1						5					
83	身-腰背	弓起痛苦状	1								10			
84	食-饮食	拒废∨停止	1		5									
85		饮食不思	1			10								
86	蹄冠	蹄叶:发炎∨敏感∨痛	1										5	
87	蹄间腺	红肿热痛∨溃烂∨挤流臭脓	1	10										
88	头	高举∨后仰∨角弓反张	1						5					
89	头颈	弯一侧∨歪斜∨偏向一侧	1				5							
90		水肿	1				10							
91	头-面	面颊肿	1					5						
92	尾	弯一侧	1				10							
93		向一侧摆动	1				10							
94	消-反刍	少∨慢	1						5					
95		无∨停	3		5	5		5						
96	眼	结节∨水疱∨棕痂	1	5										

续 3-1 组

序	类	症 状	统	4 羊坏死杆菌病	10 钩端螺旋体病	11 绵羊巴氏杆菌病	12 肉毒梭菌中毒症	16 羊链球菌病	18 羊肠毒血症	23 盖羊支原体病	27 羊传染性脓疱病	30 伪狂犬病	33 蓝舌病	36 绵羊肺腺瘤病
97	眼睑	大面积龟裂∨出血∨污秽痂垢	1									5		
98		痂垢增厚∨其下肉芽增生	1									5		
99		肿∨水肿∨痛∨闭	1				5							
100	眼角膜	炎∨疡∨翳∨云翳∨血管翳	1			5								
101	眼结膜	苍白	1		5									
102		充血红∨红肿∨泪浆性∨水性	1					5						
103		黏性∨脓性物	2					10	5					
104	运-前肢	摩擦口唇∨头部痒处	1									10		
105	病特征	发热+咳嗽	1							15				
106		发热+奇痒	1									15		
107		发热+消瘦+黏膜卡他炎	1										15	
108		黄疸+血尿+皮膜死+发热+迅衰	1		15									
109		急死	1						15					
110		口唇丘疹+脓疱+溃疡+疣痂	1								15			
111		消瘦+咳嗽+呼吸困难+死	1											15
112		运动神经麻痹∨延髓麻痹	1				15							

3-2 组 鼻异常∨眼睑异常（其他病）

序	类	症 状	统	48 肺线虫病	53 羊鼻蝇蛆病	55 弓形虫病	57 口炎	71 吸入肺炎	73 酮病
		ZPDS		13	19	8	9	14	14
1	鼻	充血∨红肿	2		10		10		
2		出血∨涕性∨带血	2		10		10		
3		渗出	1				10		
4		炎∨糜烂∨溃烂∨坏死	2		10		10		
5		痒∨摩	1		10				

续3-2组

序	类	症状	统	48 肺线虫病	53 羊鼻蝇蛆病	55 弓形虫病	57 口炎	71 吸入肺炎	73 酮病
6	鼻呼气	酮味	1						50
7	鼻痂	垢∨结痂∨脓血痂∨棕痂	4	5	5		5	5	
8		阻塞∨塞音	1		10				
9	鼻声	喷嚏∨喷鼻	2	10	10				
10	鼻涕	浆性∨水性	3		10	10		5	
11		沫∨灰白∨落地如花点状	1					10	
12		脓性∨黏脓物	3	5	5			5	
13	动	震颤	1						15
14		转圈∨旋转	2		5				10
15		失调∨蹒跚∨不稳∨易跌倒∨晃	3		5	10			5
16	耳	震颤	1						5
17	羔-死羔	脑-小脑前布非炎小死点	1			10			
18		体腔充液∨肠充血∨皮下水肿	1			10			
19	呼出气	丙酮气味	1						35
20	呼-肺	腹界扩大∨肺泡气肿∨肺脓肿	1					5	
21	呼-咳声	低哑∨嘶哑	1					15	
22	呼-咳嗽		3	5		5		5	
23		干咳∨暴发性咳	1	10					
24		干咳∨湿咳	1					5	
25		咳出线虫(成虫∨幼虫)∨黏团	1	40					
26		伸颈低头	1					5	
27		运动∨夜咳重	1	15					
28	呼吸	快∨促∨浅∨频数>20次/分	2	5				5	
29	呼吸式	腹式∨腹部煽动显著	1					10	
30	呼-音	声粗重如拉风箱	1	10					
31	精神	沉郁∨抑郁	1					5	
32		离群呆立∨掉群	1						5
33		神经症状∨意识紊乱	3		5	5			5
34		兴奋∨不安∨烦躁不安	1		5				
35	口	充血∨渗出∨溃烂∨结痂	1				10		
36	口唇	颤∨空嚼	1						15
37	口流涎	带泡沫∨血	2		5			5	

续 3-2 组

序	类	症 状	统	48 肺线虫病	53 羊鼻蝇蛆病	55 弓形虫病	57 口炎	71 吸入肺炎	73 酮病
38	口炎	充血∨渗出∨溃烂∨结痂	1				10		
39	毛	粗乱无光∨逆立	1	5					
40	贫血		1	10					
41	乳房	充血∨渗出∨溃烂∨结痂	1				10		
42	身	渐瘦∨体重↓日渐消瘦	2	5	5				
43	头	高举∨后仰∨角弓反张	1						5
44	头颈	伸直∨伸颈∨摇头∨甩头	1		5			5	
45		弯一侧∨歪斜∨偏向一侧	2		5				5
46	眼睑	肿∨水肿∨痛∨闭	1		5				
47	眼结膜	苍白	2	5					5
48	眼流泪	浆性∨水性	1		10				
49	眼视力	弱∨障碍∨视力模糊∨紊乱	2			10			10
50	运一股	内侧充血∨渗出∨溃烂∨结痂	1				10		
51	运一肢	麻痹	1		5				
52	运一肘	充血∨渗出∨溃烂∨结痂	1				10		
53	黏膜色	黄染	1						5
54	病特征	咳+喘+流涕+听肺捻发音	1					15	

4-1 组 咳∨听叩胸肺声音异常(传染病)

序	类	症 状	统	5 山羊伪结核病	10 钩端螺旋体病	11 绵羊巴氏杆菌病	23 羔羊支原体病	27 羊传染性脓疱	34 山羊关节炎	36 绵羊肺腺瘤病	37 梅迪维斯纳病
		ZPDS		12	18	26	31	10	13	18	13
1	呼一咳		8	5	5	5	5	5	5	5	5
2		干咳	1		5						
3		湿咳	2	10						10	
4		痛咳	1				10				
5	鼻	炎烂痂血红肿	1		10						
6		痒∨摩	1							10	

续 4-1 组

序	类	症状	统	5 山羊伪结核病	10 钩端螺旋体病	11 绵羊巴氏杆菌病	23 羔羊支原体病	27 羊传染性脓疱	34 山羊关节炎	36 绵羊肺腺瘤病	37 梅迪维斯纳病
7		黏脓性∨黏性∨分泌物	3			5	5			5	
8	鼻孔	扩张	1								5
9	鼻色	出血	1		5						
10		涕铁锈色	1			15					
11	鼻声	塞音	1							10	
12	鼻涕	浆性∨水性∨鼻液	3			5	5			5	
13		脓性∨脓血痂	1					5			
14		脓血痂	1			10					
15	鼻黏膜	坏死	1		5						
16	呼-肺	结节含淡黄绿色干酪样物	1	5							
17		叩诊有浊音	1						5		
18		听诊有湿啰音	1						5		
19	呼-咳	痛咳	1				5				
20	呼-叩肺	有实变区	1						5		
21		有浊音区	1								5
22	呼-听	听肺啰音	1							10	
23	呼-听肺	干啰音∨湿啰音	1								5
24	呼吸	快∨促∨浅∨频数>20次/分	4	5		5			5		5
25		困难	5			5			5	5	10
26		头颈伸直∨鼻孔扩张	1						5		
27	呼-胸	一侧胸膜肺炎	1				5				
28		触胸敏感	1				5				
29		水肿	1			5					
30	叫	呻吟	1				5				
31	病特征	成山羊(关节∨肺∨乳房)发炎	1						15		
32		发热＋咳嗽	1				15				
33		黄疸血尿＋皮膜死发热迅衰	1		15						
34		局部淋巴结干酪样坏死	1	10							
35		口唇丘疹＋脓疱＋溃疡＋疣痂	1					15			
36		潜伏期长＋肺泡上皮增生	1							15	
37		消瘦＋咳嗽＋呼吸困难＋死	1								15

续 4-1 组

序	类	症状	统	5 山羊伪结核病	10 钩端螺旋体病	11 绵羊巴氏杆菌病	23 羔羊支原体病	27 羊传染性脓疱	34 山羊关节炎	36 绵羊肺腺瘤病	37 梅迪维斯纳病
38	动	震颤	1				5				
39	动-步	失调∨蹒跚∨不稳∨倒地∨晃	2						2		5
40	耳	甩耳	1					10			
41	腹围	大∨肚胀∨腹胀∨增大	1				5				
42	精神	沉郁∨抑郁	3		5	5			5		
43		拱腰痛苦状	1				10				
44		离群孤立∨掉群	1								5
45		神经对称性麻痹	1								5
46		神经麻痹	1								5
47		委靡不振∨不佳∨较差	1				5				
48	口	溃烂∨发疹	1					5			
49	口-咀嚼	困难∨障碍	1				10				
50	口流涎		1				5				
51	口膜	坏死	1		5						
52		异常	3		5		5	5			
53	口-磨牙		1				5				
54	淋巴结	淋巴结慢慢增大	1	5							
55		脓稀∨牙膏样∨干酪样	1	5							
56		颈∨肩前∨股前淋巴增大	1	5							
57	尿-色	血尿∨血红蛋白尿∨血色素尿	1		10						
58	皮	经伤感染	1	5							
59		脓疱	1					10			
60		水肿	1			5					
61		损伤∨溃疡	1					5			
62	皮-黄疸		1		10						
63	皮膜	坏死	1		10						
64	贫血		1						5		
65	乳房	间质乳房炎(为乳房型)	1						15		
66		疹∨烂∨疱∨发疹	1					15			
67	身	进行性消瘦	1						5		
68		局部炎	1	5							

续 4-1 组

序	类	症状	统	5 山羊伪结核病	10 钩端螺旋体病	11 绵羊巴氏杆菌病	23 羔羊支原体病	27 羊传染性脓疱	34 山羊关节炎	36 绵羊肺腺瘤病	37 梅迪维斯纳病
69		衰竭	2		5					5	
70		衰弱∨虚弱	5	5		5			5	5	5
71		消瘦∨瘦弱∨营养不良∨障碍	8	5	5	5	5	5	5	5	5
72	身一腰背	弓起痛苦状	1				10				
73	食	吞咽困难∨有吞咽作呕动作	2					5	5		
74	食一饮食	拒废∨停止	1	5							
75	食一饮食	饮食不思	1		5						
76	食欲	减退∨不振	2			5	5				
77		无∨拒废∨厌食∨废绝	2			5	5				
78	头一颈部	水肿	1		5						
79	头一脑	2~6月龄羔脑脊髓炎一麻痹	1						15		
80	温一热型	稽留热(含数日)	1				10				
81	温一体温	38.5℃~40℃一正常∨不高	2							5	5
82		41℃~43℃升高∨发热	3		5	5	5				
83	消一反刍	少∨慢	1				5				
84		无∨停	1			5	5				
85	消一粪	便秘∨干	1				5				
86		腹泻∨稀水∨软稀粥	3		5	5	5				
87		腹泻一病后期	1		5						
88		含:黏脓∨黏液∨血∨混血	2		5	5					
89		血水	1			5					
90	眼角膜	发炎	1				5				
91	眼结膜	苍白∨黄白	1		5						
92		紫绀	1			5					
93	眼流泪		1				5				
94	殖一流产		2		10	5					

4-2组 咳∨听叩胸肺声音异常(其他病)

序	类	症 状	统	44 棘球蚴病	48 肺线虫病	55 弓形虫病	57 口炎	59 食管阻塞	69 小叶肺炎	70 化脓性肺炎	71 吸入肺炎
		ZPDS		6	20	14	14	13	15	7	24
1	呼—咳		8	5	5	5	5	5	5	5	5
2		暴发性咳	1		10						
3		干咳	2		5						5
4		咳后卧地∨不愿起立	1	15							
5		伸颈低头	1								5
6		声低哑∨嘶哑	1								15
7		湿咳	1								5
8		食误入气管	1					5			
9		线虫(成虫∨幼虫)∨黏团	1		40						
10		运动∨夜咳重	1		15						
11	鼻	黏脓性∨黏性∨分泌物	1								5
12	鼻痂	排黏稠物附鼻痂	1		10						
13	鼻孔	逆水	1					15			
14	鼻腔	充血∨渗出∨溃烂∨结痂	1				5				
15	鼻声	喷嚏∨喷鼻	1		10						
16	鼻涕	灰白泡沫落地如花点状	1								10
17		浆性∨水性∨鼻液	2			5					5
18		脓性∨脓血痂	1								5
19		脓血痂	1		5						
20	呼—肺	病区呼吸音消失	1							10	
21		病灶散在性	1							15	
22		叩诊现局灶浊音区	1							10	
23	呼—叩胸	不规则半浊音区(肺下区)	1						5		
24		高朗	1						5		
25	呼—听肺	肺泡音弱∨无	1						5		
26		捻发音	2							15	15
27		闻啰音∨干啰音∨湿啰音	3		10					5	
28		音弱∨无	1								15
29	呼吸	快∨促∨浅∨频数>20次/分	3		5				5		5
30		困难	5		5	5			5	5	5
31		困难—混合式	1					5			

续 4-2 组

序	类	症状	统	44 棘球蚴病	48 肺线虫病	55 弓形虫病	57 口炎	59 食管阻塞	69 小叶肺炎	70 化脓性肺炎	71 吸入肺炎
32		越困难越呈现低弱痛咳	1						10		
33		症状	1			5					
34	呼吸式	腹式∨腹部煽动显著	1								10
35	呼－胸	触胸敏感	2							5	5
36		水肿	1		5						
37	呼－音	声粗重如拉风箱	1		10						
38	病特征	采食咀嚼困难＋流涎＋痛	1				15				
39		呼吸难＋弛张热＋浊∨捻发音	1						15		
40		咳＋喘＋流涕＋听肺捻发音	1								15
41	动	盲目运动	1	15							
42	动－步	失调∨蹒跚∨不稳∨倒地∨晃	1			10					
43	腹围	大∨肚胀∨腹胀∨增大	1					5			
44	羔－死羔	脑·小脑前布非炎小死点	1			10					
45	羔－死羔	体腔充液∨肠充血∨皮下水肿	1			10					
46	精神	沉郁∨抑郁	1								5
47		兴奋∨不安	1					5			
48	口－咀嚼	困难∨障碍	1				5				
49	口流涎		3			5	5	5			
50	口膜	潮红肿	1				15				
51		异常	1								
52	口炎	卡他性∨水疱性∨溃疡性	1				5				
53	毛	粗乱无光∨逆立	2	5	5						
54		脱毛∨易脱	1	5							
55	皮	黄疸	1			5					
56		水肿	1		5						
57	贫血		1		10						
58	身	渐瘦∨体重↓∨日渐消瘦	1		5						
59		消瘦∨瘦弱∨营养不良∨障碍	2	5	5						
60		吞咽困难∨有吞咽作呕动作	1					10			
61	食－采食	减少∨停止∨障碍	2				5	5			
62	食管	胸部现痛	1					5			
63	食欲	减退∨不振	2			5					5

续 4-2 组

序	类	症状	统	44 棘球蚴病	48 肺线虫病	55 弓形虫病	57 口炎	59 食管阻塞	69 小叶肺炎	70 化脓性肺炎	71 吸入肺炎
64		无∨拒废∨厌食∨废绝	2			5					5
65	头	水肿	1		5						
66	头颈	伸直∨伸颈∨摇头∨甩头	2						10		5
67	头-颈	突起可触及食块	1					35			
68	胃管	受阻	1					35			
69	胃-瘤胃	膨胀-食堵胸部气管	1					5			
70	温-热型	稽留热(含数日)	1			10					
71		弛张热(日温差1.1℃~2.5℃)	2						15		15
72		间歇热	1							10	
73	温-体温	40℃~41℃微热∨微升∨略高	2						5		5
74		41℃~43℃升高∨发热	5			5	5		5	5	5
75	消-粪	腹泻∨稀水∨软∨稀粥	2			5					
76	眼结膜	苍白∨黄白	1		5						
77	眼	流泪	1			10					
78	眼视力	弱∨障碍∨视力模糊∨紊乱	1			10					
79	殖-流产	娩前4~6周	1			15					

5-1组 呼吸快(传染病)

序	类	症状	统	1 羊炭疽	5 山羊伪结核病	9 大肠杆菌病	11 绵羊巴氏杆菌病	21 羊黑疫	36 绵羊肺腺瘤病	37 梅迪维斯纳病
		ZPDS		15	9	30	22	10	17	16
1	呼吸	快∨促∨浅∨频数>20次/分	7	5	5	5	5	5	5	5
2		喘	1			5				
3		困难	5	5		5	5	5	5	5
4		困难∧日重	1							5
5		头颈伸直∨鼻孔扩张	1						5	
6	呼-叩肺	有实变区	1						5	

续 5-1 组

序	类	症状	统	1 羊炭疽	5 山羊伪结核病	9 大肠杆菌病	11 绵羊巴氏杆菌病	21 羊黑疫	36 绵羊肺腺瘤病	37 梅迪维斯纳病
7	呼-叩胸	有浊音区	1							5
8	呼-听	听肺啰音	1						10	
9	呼-听肺	干啰音∨湿啰音	1							5
10	呼-音	听肺湿啰音	1						5	
11	呼-咳		4		5		5		5	5
12		干咳	1							5
13		湿咳	2		10				10	
14	鼻	痒∨摩	1						10	
15		黏脓性∨黏性分泌物∨黏液性	2				5		5	
16	鼻孔	扩张	1							5
17	鼻色	出血	1			5				
18	鼻声	塞音	1						10	
19	鼻涕	浆性∨水性∨鼻液	2				5		5	
20		脓血痂	1				10			
21	病布	肝蛭疫区	1					5		
22	病程	短促∨急	2			5		5		
23	病促因	低洼潮湿∨肝片吸虫病	1					5		
24	病特征	消瘦+咳嗽+呼吸困难+死	1						15	
25	病因	因湿发病	1					10		
26	动	强直∨抽∨痉挛	2	5			5			
27		游泳状	1	10						
28		震颤	1				5			
29		跛行	1				5			
30		步失调∨蹒跚∨不稳∨倒地∨晃	3	5		5				2
31		瘫痪∨轻瘫	1							2
32		卧∨喜卧∨不起∨难站	2				5			2
33	腹痛	弓背∨伸腰∨望腹∨刨地∨起卧	2			5	5			
34		大(膨)	1			5				
35		大∨肚胀∨腹胀∨增大	2	5		5				
36	精神	闭目	1				5			
37		沉郁∨抑郁	3		5		5	5		

续 5-1 组

序	类	症 状	统	1 羊炭疽	5 山羊伪结核病	9 大肠杆菌病	11 绵羊巴氏杆菌病	21 羊黑疫	36 绵羊肺腺瘤病	37 梅迪维斯纳病
38		昏睡∨昏迷	3	5		5		5		
39		离群呆立∨掉群	2						5	5
40		神经症状	1			5				
41		委靡不振∨不佳∨较差∨欠佳	3			5	5	5		
42		兴奋∨不安	1	5						
43		兴奋∨不安(病缓时)	1	5						
44		眩晕	1	5						
45		症状有	1				5			
46	口一磨牙		2	5		5				
47	淋巴结	病在头∨颈∨肩前∨股前∨乳房淋	1		5					
48		淋巴结慢慢增大	1		5					
49		慢慢增大	1		5					
50		脓稀∨牙膏样∨干酪样	1		5					
51	尿一色	血尿	1	5						
52	皮	经伤感染	1				5			
53		水肿	1				5			
54	贫血		1						5	
55	身	不能起立	1			5				
56		局部炎	1		5					
57		衰竭	2			5			5	
58		衰弱∨虚弱	5		5	5	5		5	5
59		体重减轻	1							5
60		消瘦∨瘦弱∨营养不良∨障碍	5		5		5		5	5
61		虚脱一迅速	1							
62	食欲	减退∨不振	2			5	5			
63		无∨拒废∨厌食∨废绝	2					5	5	
64	天然孔	七窍出血不易凝固	1	40						
65	消一类	便秘∨干	1				5			
66		腹泻	2			5	5			
67		含:泡沫∨气泡∨乳块	1			10				
68		含:黏脓∨黏液∨血∨混血	3	5		5	5			

续 5-1 组

序	类	症 状	统	1 羊炭疽	5 山羊伪结核病	9 大肠杆菌病	11 绵羊巴氏杆菌病	21 羊黑疫	36 绵羊肺腺瘤病	37 梅迪维斯纳病
69		失禁∨里急后重	1			10				
70	消—粪味	腥臭∨腥恶臭∨恶臭	1			10				
71	眼角膜	炎∨疡∨翳∨云翳∨血管翼	1				5			
72	眼结膜	紫绀	1	5						
73	眼视力	弱∨障碍∨视力模糊∨紊乱	1				5			
74	运—关节	炎	1				5			
75		肺痛	1			10				
76	运—肢	麻痹	1							5

5-2 组　呼吸快（其他病）

序	类	症 状	统	43 脑多头蚴病	47 消化道线虫病	48 肺线虫病	54 梨形虫病	58 瘤胃酸中毒	61 瘤胃积食	63 瓣胃阻塞	67 绵羊肠扭转	69 小叶肺炎	71 吸入肺炎	77 氢氰酸中毒	82 胎衣不下
		ZPDS		23	13	20	19	23	20	17	26	13	22	18	12
1	呼吸	60 次/分以上	1								10				
2	呼吸	快∨促∨浅∨频数>20 次/分	12	5	5	5	5	5	5	5	5	5	5	5	5
3	呼吸	困难	4			5						5	5	5	
4	呼吸	困难—混合式	1												
5	呼吸	微弱	1								10				
6	呼吸	越困难越呈现低弱痛咳	1								10				
7	呼—叩胸	不规则半浊音区（肺下区）	1									5			
8		高朗	1												
9	呼—听肺	肺泡音弱∨无	1									5			
10		捻发音	2									15	15		
11		干啰音∨湿啰音	3			10						5	5		
12		音弱∨无	1										15		

续 5-2 组

序	类	症状	统	43脑多头蚴病	47消化道线虫病	48肺线虫病	54梨形虫病	58瘤胃酸中毒	61瘤胃积食	63瓣胃阻塞	67绵羊肠扭转	69小叶肺炎	71吸入肺炎	77氢氰酸中毒	82胎衣不下
13	呼一音	声粗重如拉风箱	1			10									
14		听啰音	1			5									
15	呼一咳嗽		2									5	5		
16		干咳∨暴发性咳	1			10									
17		干咳∨湿咳	1										5		
18		咳出线虫(成虫∨幼虫)∨黏团	1			40									
19		伸颈低头	1										5		
20		运动∨夜咳重	1			15									
21		声低哑∨嘶哑	1										15		
22	呼吸	越因难越呈现低弱痛咳	1									10			
23	呼一肺	肺脓肿∨肺泡气肿∨腹界扩大	1										5		
24	呼吸式	腹式∨腹部煽动显著	1										10		
25	呼一胸	触胸敏感	2									10	10		
26	嗳气	不断∨停止	1						10						
27	鼻	发凉	1					10							
28	鼻	黏脓性∨黏性分泌物	1										5		
29	鼻痂	黏稠物附鼻痂	1			10									
30	鼻声	鼾声	1				10								
31		喷嚏∨喷鼻	1			10									
32	鼻涕	灰白泡沫落地如花点状	1										10		
33		浆性∨水性∨鼻液	1										5		
34		脓性∨脓血痂	1										5		
35		脓血痂	1		5										
36	病性	产后4~6小时胎衣仍排不下来	1												15
37		瘤胃充食增大∨壁扩张∨食滞	1						15						
38		药∨食误咽入肺发炎	1										15		

续 5-2 组

序	类	症 状	统	43 脑多头蚴病	47 消化道线虫病	48 肺线虫病	54 梨形虫病	58 瘤胃酸中毒	61 瘤胃积食	63 瓣胃阻塞	67 绵羊肠扭转	69 小叶肺炎	71 吸入肺炎	77 氢氰酸中毒	82 胎衣不下
39	病因	1次采V偷吃谷物精料多	1					15							
40		1次吃大量青苗	1											15	
41		过食V粗饲V偷料致瘤胃积食	1						15						
42		剪毛饱食、翻体粗暴	1								10				
43		缺运动V钙V维生素+饲养失调体弱	1												15
44		感冒未愈	1									15			
45		饮水失宜＋吃秕糠粗纤维V泥沙	1							15					
46		有异物入肺史	1										15		
47	动	呆立不动	1								10				
48		回旋运动V盲目运动	2	5				5							
49		前冲V后退V前冲后撞	2	10							10				
50		强直V抽V痉挛V强迫运动	1	5											
51		震颤	2					5						5	
52		转圈V旋转V站立失衡	1	5											
53	动-步	失调失衡V蹒跚V不稳V倒地V晃	3	5							5			5	
54	动-卧	急起急卧	1								10				
55		瘫痪V轻瘫	1							5					
56		卧V喜卧V不起V难站	5	5			5		5	5					
57	耳	发凉	1					10							
58	腹	叩之如鼓V触诊敏感拒按	1								10				
59	腹	左侧轻度膨大	1					5							
60	腹痛	弓背V伸腰V望腹V刨地V起卧	3					5			5			5	
61		摇尾V哞叫	1					5							

续 5-2 组

序	类	症 状	统	43 脑多头蚴病	47 消化道线虫病	48 肺线虫病	54 梨形虫病	58 瘤胃酸中毒	61 瘤胃积食	63 瓣胃阻塞	67 绵羊肠扭转	69 小叶肺炎	71 吸入肺炎	77 氢氰酸中毒	82 胎衣不下
62		重剧∨镇痛药无效	1								15				
63	腹围	大∨肚胀∨腹胀∨增大	5					5	5	5	5			5	
64	肌肉	震颤∨痉挛∨颤抖	1										5		
65	叫	呻吟	2					5	10						
66	精神	沉郁∨抑郁	6	5			5	5	5				5	5	
67		烦躁不安	1								5				
68		反应弱∨无	1										15		
69		拱腰痛苦状	1						10						
70		痉挛抽搐	1	5											
71		离群呆立∨掉群	1	5											
72		神经症状	1	5											
73		委靡不振∨不佳∨较差∨委顿	5				5		5	5	5				5
74		兴奋→沉郁→衰弱	1										5		
75		兴奋∨不安	1	5											
76		遇障停∨直走倒	1	15											
77	口	干	1					10							
78	口唇	翘唇∨沾白色泡沫一少量	1										10		
79	口流涎	白色泡沫∨血	1										5		
80	淋巴结	肩前淋巴结肿大核桃—鸭蛋大,触痛	1				5								
81		体表淋巴结肿大	1				5								
82	毛	粗乱无光∨逆立	2		5	5									
83	尿—量	少∨色浓	1					10							
84		失禁	1	15											
87	皮肤	弹性丧失	1					5							
88	贫血	眼贫血	2		5	10									
89	身	蹲膀	1								10				

续5-2组

序	类	症 状	统	43 脑多头蚴病	47 消化道线虫病	48 肺线虫病	54 梨形虫病	58 瘤胃酸中毒	61 瘤胃积食	63 瓣胃阻塞	67 绵羊肠扭转	69 小叶肺炎	71 吸入肺炎	77 氢氰酸中毒	82 胎衣不下
85	皮	蝉	1				35								
86		水肿	2		5	5									
90		渐瘦∨体重↓∨日渐消瘦	4	5	5	5	5								
91		倦怠乏力	1									5			
92		全身反射减少∨消失	1											5	
93		生长慢∨发育受阻	1		5										
94		卧地∨卧地不起	1	5											
95		喜卧地	2					5							5
96		消瘦∨瘦弱∨营养不良∨障碍	5	5	5	5	5						5		
97	身-肷	两肷内吸	1								10				
98	身-肷窝	略平∨稍凸∨触诊硬实	1						5						
99	身-腰背	弓背∨伸腰	2								10				10
100	身-姿	努责	1												10
101	食欲	减退∨不振	7	5			5	5	5	5			5		5
102		无∨拒废∨厌食∨废绝	6	5			5		5	5			5		
103	蹄	热肿烂脱壳∨蹄叶炎	1					10							
104		踢蹄骚动	1								10				
105	头	高举∨后仰∨高仰∨抬起	2	10					10						
106		高举时虫在脑后部	1	5											
107		摆头∨回头顾腹	1								10				
108		水肿	1			5									
109	头颈	伸直∨伸颈∨摇头∨甩头	1										5		
110	头-下颌	间隙水肿	1		10										
111		脱水	1					5							
112	尾	时而摇尾,不排粪尿	1							15					

续 5-2 组

序	类	症状	统	43 脑多头蚴病	47 消化道线虫病	48 肺线虫病	54 梨形虫病	58 瘤胃酸中毒	61 瘤胃积食	63 瓣胃阻塞	67 绵羊肠扭转	69 小叶肺炎	71 吸入肺炎	77 氢氰酸中毒	82 胎衣不下
113	胃	pH值低<6	1					55							
114	胃—瓣胃	触硬∨蠕动消失	1							40					
115		小叶发炎∨坏死	1									5			
116		阻塞因胃力弱食聚瓣叶间变干	1							15					
117	胃肠炎		2		5				5						
118	胃—瘤胃	触:硬	1						40						
119		听蠕动音强∨弱	1								10				
120		积食∨膨胀	2						5					10	
121	消—粪	便秘∨干	2				5		5						
122		不排便	1							15					
123		带虫	1		15										
124		腹泻	3		5		5	5							
125		含:黏脓∨黏液∨血∨混血	1					5							
126	消—消化	障碍∨不良∨紊乱	1		10										
127	眼结膜	苍白	4		5	5	5				5				
128		充血红∨红肿	3				5	5					5		
129		发绀	2						5		5				
130		黄白	3		5	5	5								
131		黄染—轻	1				5								
132	眼球凹	视力弱∨障碍∨模糊∨紊乱	2	5				5							
133	眼瞳孔	散大	1											10	
134	运—后肢	跗关节污胎衣	1												15
135		弹腹	1								10				
136	运—肢	发凉∨水肿	2				5		10						
137		僵∨僵硬	1						10						
138		麻痹∨后肢麻痹	2	5										5	
139	诊—触诊	肩关节水平线上下现痛苦	1							5					
140		右第7~9肋间现痛苦	1							5					

续 5-2 组

序	类	症状	统	43 脑多头蚴病	47 消化道线虫病	48 肺线虫病	54 梨形虫病	58 瘤胃酸中毒	61 瘤胃积食	63 瓣胃阻塞	67 绵羊肠扭转	69 小叶肺炎	71 吸入肺炎	77 氢氰酸中毒	82 胎衣不下
141	诊-确诊	不排粪+瓣胃大∧痛∧硬	1							40					
142	殖-胎衣	垂露阴门外V滞留V腐败	1												15
143	殖-阴门	流恶露杂有灰白碎片V脉管	1												15

6-1 组 呼吸困难(传染病)

序	类	症状	统	1 羊炭疽	9 大肠杆菌病	11 绵羊巴氏杆菌病	16 羊链球菌病	23 羔羊支原体病	24 真菌肺炎	33 蓝舌病	34 山羊关节炎	36 绵羊肺腺瘤病	37 梅迪维斯纳病
		ZPDS		16	23	23	20	25	11	23	15	16	15
1	呼吸	喘	1		5								
2		困难	10	5	5	5	5	5		5	5	5	5
3		困难∧日重	1										5
4		困难-病程稍长加重	1						10				
5		头颈伸直V鼻孔扩张	1								5		
6	呼吸	快V促V浅V频数>20次/分	5	5	5	5						5	5
7	呼-肺	叩诊有浊音	1						5				
8		听诊有湿啰音	1						5				
9	呼-叩肺	有实变区	1								5		
10		有浊音区	1								5		
11	呼-听肺	听肺啰音	1								10		
12		干啰音V湿啰音	2								5	5	
13	呼-叩胸	浊音区大V听摩擦音V支气管呼吸音	1						10				
14	呼-咳		5			5		5			5	5	5
15		干咳	2					5				5	
16		湿咳	1								10		
17		痛咳V触压胸壁敏感疼痛	1			10							

续 6-1 组

序	类	症 状	统	1 羊炭疽	9 大肠杆菌病	11 绵羊巴氏杆菌病	16 羊链球菌病	23 羔羊支原体病	24 真菌肺炎	33 蓝舌病	34 山羊关节炎	36 绵羊肺腺瘤病	37 梅迪维斯纳病
18	呼－咽喉	肿	1				10						
19	鼻	炎烂痂血红肿	1							10			
20		痒∨摩	1									10	
21		黏脓性∨黏性分泌物∨黏液性	4			5		5		5		5	
22	鼻痂	脓血痂	1							5			
23	鼻镜	∨鼻膜:糜烂出血	1							5			
24	鼻孔	扩张	1										5
25	鼻色	出血	1			5							
26		涕铁锈色	1					15					
27	鼻声	塞音	1									10	
28	鼻涕	混血∨带血	1							5			
29		浆性∨水性鼻液	5			5	5	5		5		5	
30		脓性∨脓血痂	1					5					
31		脓血痂	1			10							
32	病促因	阴湿	1						5				
33	病感途径	接触∨羊间水平∨放牧接触∨垫草	2					5	5				
34	病率	阴湿地高	1						5				
35	病特征	肺脏肉芽肿结节	1						10				
36	病又名	肺曲霉菌病	1						10				
37	病原-霉	烟曲霉为主(6种真菌)	1						10				
38	动	不愿动∨不愿走	1						10				
39		强直∨抽∨痉挛	3	5		5	5						
40		游泳状	1	10									
41		震颤	1					5					
42		转圈∨旋转	1								5		
43	动-跛行		3				5				5	2	·
44	动-步	失调失衡∨蹒跚∨不稳∨倒地∨晃	3	5							5		5
45	动-卧	卧∨喜卧∨不起∨难站	2		5								5
46	腹痛	弓背∨伸腰∨塑腹∨刨地∨起卧	2		5	5							
47	腹围	大(膨)	1		5								

续 6-1 组

序	类	症状	统	1 羊炭疽	9 大肠杆菌病	11 绵羊巴氏杆菌病	16 羊链球菌病	23 羔羊支原体病	24 真菌肺炎	33 蓝舌病	34 山羊关节炎	36 绵羊肺腺瘤病	37 梅迪维斯纳病
48		大∨肚胀∨腹胀∨增大	3	5	5			5					
49	精神	闭目	1		5								
50		沉郁∨抑郁	5		5	5		5	5		5		
51		呻吟∨拱腰痛苦状	1					10					
52		昏睡∨昏迷	2	5	5								
53		离群呆立∨掉群	2							5			5
54		神经症状	1		5								
55		兴奋∨不安	1	10									
56		眩晕	1	5									
57		症状有	1		5								
58	口	溃烂	1					5					
59	口唇	水肿蔓延到颊耳颈胸腹∨口臭	1							10			
60		肿	1				5						
61	口流涎		1					5					
62	口膜	肿∨充血∨发绀∨青紫淤斑∨溃烂∨渗血	1							15			
63	口-磨牙		4	5	5		5	5					
64	口-舌	充血∨发绀∨青紫淤斑∨溃烂	1							5			
65		蓝色	1							35			
66		肿大	1				5						
67	淋巴结	腘淋巴结∨肩前淋巴结肿大	1								5		
68		颌淋巴结肿	1			10							
69	毛	脱毛∨易脱∨痊愈后被毛脱落	1								5		
70	尿-色	血尿	1	5									
71	皮	水肿	3			5	5						
72	贫血		1									5	
73	乳房	间质性乳房炎(可算4乳房型)	1								15		
74		疹∨烂∨疱∨皮肤发疹	1					15					
82		肿	1					15					
75	身	进行性消瘦	1								5		
76		衰竭	2	5							5		
77		衰弱∨虚弱	6	5	5	5				5	5	5	5

续 6-1 组

序	类	症 状	统	1 羊炭疽	9 大肠杆菌病	11 绵羊巴氏杆菌病	16 羊链球菌病	23 羔羊支原体病	24 真菌肺炎	33 蓝舌病	34 山羊关节炎	36 绵羊肺腺瘤病	37 梅迪维斯纳病
78		脱水	1		5								
79		消瘦∨瘦弱∨营养不良∨障碍	7		5	5		5		5	5	5	5
80	身-腰背	弓起痛苦状	1					10					
81	食-饮食	饮食不思	1			10							
82	食欲	减退∨不振	5		5	5	5	5	5				
83		无∨拒废∨厌食∨废绝	3			5		5		5			
84	蹄	真皮受害∨热肿烂脱壳	1							10			
85	蹄冠	蹄叶;发炎∨敏感∨痛	1							5			
86	天然孔	七窍出血不易凝固	1	40									
87	头颈	弯一侧∨歪斜∨偏向一侧	2								5		5
88	头-颈部	水肿	1			10							
89	头-面	面颊肿	1				5						
90	头-脑	2~6月龄羔脑脊髓炎-麻痹	1									15	
91	温-寒战	战栗	2	5									
92	温-热型	稽留热(含数日)	2					10	10				
93	温-体温	41℃~43℃升高∨发热	6	5	5	5	5	5		5			
94	消-粪	含:泡沫∨气泡∨乳块	1		10								
95		含:黏脓∨黏液∨血∨混血	5	5		5	5			5			
96		松软	1				5						
97	消-粪	泻粪发白∨腥恶臭∨失禁∨里急后重	1		15								
98	眼睑	肿∨水肿∨痛∨闭	1				5						
99	眼角膜	炎∨翼∨云翳∨血管翳∨疡	1			5							
100	眼结膜	充血红∨红肿	1				5						
101		紫绀	2	5				5					
102	眼流泪	浆性∨水性∨黏性∨脓性物	2				5	5					
103	眼视力	弱∨障碍∨视力模糊∨紊乱	1		5								
104	运-肢	麻痹	1										5
105	殖-流产		2			5	5						

6-2组 呼吸困难(其他病)

序	类	症状	统	49 肺线虫病	53 羊鼻蝇蛆病	55 弓形虫病	62 急性瘤胃臌胀	67 绵羊肠扭转	69 小叶肺炎	70 化脓性肺炎	71 吸入肺炎	77 氢氰酸中毒	78 有机磷中毒
		ZPDS		19	21	12	11	24	13	6	20	18	24
1	呼吸	困难	9	5	5	5	5		5	5	5	5	5
2		困难－混合式	1						5				
3		微弱	1					10					
4		越困难越呈现低弱痛咳	1						10				
5		60次/分以上	1					10					
6		快∨浅∨频数>20次/分	5	5				5	5		5	5	
7	呼-肺	病区呼吸音消失∨叩诊有浊音区	1							10			
8	呼-叩胸	不规则半浊音区(肺下区)	1						5				
9	呼-听肺	肺泡音弱∨无∨叩胸高朗	1						5				
10		捻发音	2						15		15		
11		干啰音∨湿啰音	3	10					5		5		
12		音弱∨无	1								15		
13	呼-音	声粗重如拉风箱	1	10									
14		听啰音	1	5									
15	呼-咳嗽		5	5		10			5	5	5		
16		低哑∨嘶哑	1								15		
17		干咳∨暴发性咳	1	10									
18		干咳∨湿咳	1								5		
19		咳出线虫(成虫∨幼虫)∨黏团	1	40									
20		伸颈低头	1								5		
21		运动∨夜咳重	1	15									
22	呼吸	越困难越呈现低弱痛咳	1						10				
23		呼吸腹式∨腹部煽动显著	1								10		
24	呼-胸	触胸敏感	2						10		10		
25	嗳气	停止	1				10						
26	鼻	发凉	1										10
27		痒∨摩∨炎烂痂血红肿	1		10								
28		黏脓性∨黏性分泌物∨黏液性	2		10						5		
29	鼻痂	排黏稠物附鼻痂	1	10									
30		阻塞∨鼻出血	1										

续 6-2 组

序	类	症 状	统	49 肺线虫病	53 羊鼻蝇蛆病	55 弓形虫病	62 急性瘤胃臌胀	67 绵羊肠扭转	69 小叶肺炎	70 化脓性肺炎	71 吸入肺炎	77 氢氰酸中毒	78 有机磷中毒
31	鼻声	喷嚏∨喷鼻	2	10	10								
32	鼻涕	灰白泡沫落地如花点状	1								10		
33		混血∨带血	1		10								
34		浆性∨水性∨鼻液	3		10	10					5		
35		脓性∨脓血痂	2		10						5		
36		脓血痂	2	5	5								
37	病因	小叶肺炎未治愈	1							15			
38	动	强迫运动∨呆立不动∨前冲后撞	1					10					
39		震颤	2									5	5
40		转圈∨旋转	1		5								
41	动一步	失调失衡∨蹒跚∨不稳∨倒地∨晃	5		5	10	5	5			5		
42	动一卧	卧∨喜卧∨不起∨难站∨急起急卧	1					5					
43	腹壁	触诊敏感拒按∨紧张	2				10	15					
44	腹部	臌胀严重叩之如鼓	1				10						
45	腹痛	弓背∨伸腰∨望腹∨刨地∨起卧	4				5	5				5	5
46		重剧∨镇痛药无效	1					15					
47	腹围	大∨肚胀∨腹胀∨增大	4				5	5				5	5
48	羔－死羔	皮下水肿	1			10							
49	精神	沉郁∨抑郁	2								5	5	
50		反应弱∨无	1									15	
51		昏睡∨昏迷	1										5
52		神经症状	3		5	5							5
53		痛苦状	1									15	
54		兴奋→沉郁→衰弱	1										5
55		兴奋∨不安	4		5		5					5	5
56	口唇	翘唇∨沾白色泡沫	1					10					
57	口流涎		3			5						5	5
58		白色泡沫∨血	1									5	
59		呕吐	1										5
60	毛	粗乱无光∨逆立	1	5									

续 6-2 组

序	类	症状	统	49 肺线虫病	53 羊鼻蝇蛆病	55 弓形虫病	62 急性瘤胃膨胀	67 绵羊肠扭转	69 小叶肺炎	70 化脓性肺炎	71 吸入肺炎	77 氢氰酸中毒	78 有机磷中毒
61	尿—量	失禁	1										15
62	皮	水肿	1	5									
63	皮—汗	多汗	1										15
64	身	抽搐	1										5
65		蹲腑	1					10					
66		渐瘦∨体重↓∨日渐消瘦	2	5	5								
67		全身反射减少∨消失	1								5		
68		消瘦∨瘦弱∨营养不良∨障碍	3	5	5						5		
69	身—肷	两肷内吸	1					10					
70	身—肷窝	左肷窝向外突出∨高于髋节∨脊背	1				10						
71	身—腰背	弓背	1					10					
72		伸腰	1					10					
73	食欲	减退∨无∨拒废∨厌食∨废绝	3		5						5		5
74	蹄	踢蹄骚动∨回头顾腹∨摆头	1					10					
75		水肿	1	10									
76	头颈	伸直∨伸颈∨摇头∨甩头	2		5						5		
77		弯一侧∨歪斜∨偏向一侧	1			5							
78	尾	时而摇尾，不排粪尿	1					15					
79	胃—瘤胃	听蠕动音强∨弱	1					10					
80		膨胀∨叩呈鼓音	2				40				10		
81		膨胀因食易发酵料产气多致前胃病	1					10					
82		蠕动消失	1					10					
83	温—热型	稽留热(含数日)	1			10							
84		弛张热(含日温差1.1℃～2.5℃)	2						15		15		
85		间歇热	1							10			
86	温—体温	41℃～43℃升高∨发热	6			5		5	5	5	5		5
87	消—呕吐	粪含：黏脓∨黏液∨血∨混血	1										10
88	眼睑	肿∨水肿∨痛∨闭	1		5								
89	眼结膜	苍白	3	5				10					5
90		充血红∨红肿	1									5	

续 6-2 组

序	类	症 状	统	49 肺线虫病	53 羊鼻蝇蛆病	55 弓形虫病	62 急性瘤胃臌胀	67 绵羊肠扭转	69 小叶肺炎	70 化脓性肺炎	71 吸入肺炎	77 氢氰酸中毒	78 有机磷中毒
91		发绀	2				5	5					
92		黄白	2	5									5
93	眼流泪	浆性∨水性	2		10	10							
94	眼视力	弱∨障碍∨视力模糊∨紊乱	1			10							
95	眼瞳孔	散大	1								10		
96		缩小	1										15
97	运-肢	发凉	1										10
98		后肢弹腹	1					10					
99		麻痹	3		5							5	5
100	殖-流产	其他症状不明显	2			5							5
101	殖-阴道	流水	1										15

7 组 咳痛∨胸痛

序	类	症 状	统	23 羔羊支原体病	64 创伤网胃腹膜炎	65 创伤心包炎	69 小叶肺炎
		ZPDS		30	14	5	14
1	呼-痛咳	痛咳	1	10			
2		越困难越呈现低弱痛咳	1				10
3	呼-胸壁	触压现敏感疼痛	1	10			
4		疼痛	2		15	15	
8	呼-咳嗽		2	5			5
7	呼-咳	干咳∨痛咳	1	10			
9	呼-叩胸	不规则半浊音区(肺下区)	1				5
10		高朗	1				5
11	呼-听肺	肺泡音弱∨无	1				5
12		捻发音	1				
13		干啰音∨湿啰音	1				
14	呼吸	快∨促∨浅∨频数>20次/分	1				5

续7组

序	类	症 状	统	23 羔羊支原体病	64 创伤网胃腹膜炎	65 创伤心包炎	69 小叶肺炎
15		困难	2	5			5
16		困难－混合式	1			5	
17		越困难越呈现低弱痛咳	1				10
18	呼－胸	触胸敏感	2	10			10
19		叩胸浊音区大∨摩擦音	1	10			
20		支气管呼吸音	1	10			
21	呼－音	听胸摩擦音	1	15			
22	鼻	黏脓性∨黏性分泌物∨黏液性	1	5			
23	鼻镜	干燥	1		5		
24	鼻色	涕铁锈色	1	15			
25	鼻涕	浆性∨水性∨鼻液	1	5			
26	病促因	阴雨∨寒冷∨潮湿∨营养缺∨密∨挤	1	5			
27	病势	突病∨病急	1				5
28		慢∨缓慢	1				5
33	病特征	发热＋咳嗽	1	15			
34		呼吸困难＋弛张热＋浊＋捻发音	1				15
35		前胃弛缓＋胸痛＋间歇嗳气	1		10		
36		因湿发病	1	10			
37	动	不愿下坡	1		10		
38		不愿意急转弯	1		10		
39		谨慎	1		10		
40	腹膜	粘连	1			10	
41	腹围	大∨肚胀∨腹胀∨增大	1	5			
42	叫	呻吟	1	5			
43	精神	沉郁∨抑郁	2	5	5		
44		拱腰痛苦状	1	10			
45	口流涎	溃烂∨发疹	1	5			
46	口－磨牙		1	5			
47	乳房	皮肤发疹	1	5			
48		疹∨烂∨疱	1	15			
49	身	消瘦∨瘦弱∨营养不良∨障碍	1	5			

续 7 组

序	类	症 状	统	23 盖羊支原体病	64 创伤网胃腹膜炎	65 创伤心包炎	69 小叶肺炎
50	身－腰背	弓背	1		10		
51		弓起痛苦状	1	10			
52	食欲	减退∨不振	2	5	5		
53		无∨拒废∨厌食∨废绝	1	5			
54	头－颌下	水肿	1			10	
55	头－颈	静脉怒张,粗如手指	1			15	
56	胃－瘤胃	臌胀－慢性	1		10		
57	消－粪	腹泻	1	5			
58	眼流泪	黏性∨脓性物	1	5			
59	运－肘肌	颤动	1		10		
60	运－肘头	外展	1		15		
61	诊用拳	顶压剑状软骨吟痛躲	1		20		
62		冲击胃、心区吟痛躲	1		20		
63	殖－流产		1	5			

8-1 组 沉郁∨抑郁∨角膜异常（传染病）

序	类	症 状	统	8 羊李氏杆菌病	9 大肠杆菌病	11 绵羊巴氏杆菌病	14 羊沙门氏菌病	21 羊黑疫	23 盖羊支原体病	24 真菌肺炎	26 传染性结膜角膜炎	29 狂犬病	34 山羊关节炎
		ZPDS		17	31	31	9	13	32	7	25	17	23
1	精神	沉郁∨抑郁	10	5	5	5	5	5	5	5	5	5	5
2		昏睡∨昏迷	3	5	5				5				
3		离群呆立∨掉群	1						5				
4		神经麻痹	1									5	
5		神经麻痹－喉头∨后躯∨下颌	1									5	
6		神经症状	2	5							5		
7	—	委靡不振∨不佳∨较差	3		5								

续 8-1 组

序	类	症状	统	8 羊李氏杆菌病	9 大肠杆菌病	11 绵羊巴氏杆菌病	14 羊沙门氏菌病	21 羊黑疫	23 羊支原体病	24 羔羊肺炎	26 真菌性角膜炎	29 传染性结膜角膜炎	34 狂犬病	山羊关节炎
8		兴奋∨不安	1										5	
9	鼻	黏脓性∨黏性分泌物∨黏液性	2			5			5					
10	鼻色	出血	1			5								
11		涕铁锈色	1						15					
12	鼻涕	浆性∨水性∨鼻液	2			5			5					
13		脓血痂	1			10								
14	羔	急性败血症	1				10							
15		急性败血症迅死	1	5										
16		2~6月龄－面神经麻痹	1										15	
17	羔一粪	腹泻	1				10							
18	肌	嚼肌麻痹∨咽麻痹	1	10										
19	叫	呻吟	1						5					
20	口	溃烂	1						5					
21	口唇	皮肤发疹	1						5					
22	口－咀嚼	困难∨障碍	1	10										
23	口流涎		2						5			5		
24	口－磨牙		3		5				5			5		
25	皮	水肿	1		5									
26		损伤∨溃疡	1									5		
27		舔咬伤口致不愈	1										10	
28	乳	减少	1							5				
29	乳房	间质性乳房炎(可算4乳房型)	1											15
30		皮肤发疹	1						5					
31		疹∨烂∨疱	1						15					
32	身	进行性消瘦	1											5
33		起卧不安	1									5		
34		生长慢∨发育受阻	1								5			
35		衰竭	1		5									
36		衰弱∨虚弱	3		5	5								5
37		卧地∨卧地不起∨横卧不起∨长卧	4				5			5		5		5

续 8-1 组

序	类	症 状	统	8 羊李氏杆菌病	9 大肠杆菌病	11 绵羊巴氏杆菌病	14 羊沙门氏菌病	21 羊黑疫	23 盖羊支原体病	24 真菌肺炎	26 传染性结膜角膜炎	29 狂犬病	34 山羊关节炎
38		消瘦∨瘦弱∨营养不良∨障碍	4		5	5			5				5
39		虚脱-迅速	1		5								
40		因生长慢∨成本增∨药费	1								5		
41	身-腰背	弓起痛苦状	1						10				
42	食	吃难-失明致行	1								5		
43		吞咽困难∨吞咽作呕	2									5	5
44	食欲	减退∨不振	7	5	5	5			5	5	5	5	
45		无∨拒废∨厌食∨废绝	4			5	5	5	5				
46	头	高举∨后仰∨高仰∨抬起∨头后弯	1	10									
47		角弓反张	2	10									10
48	头颈	面麻痹	1	15									
49		弯一侧∨歪斜∨偏向一侧	1										5
50		强直	1	15									
51	头-面	神经麻痹	1									5	
52	消-反刍	少∨慢	2						5			5	
53		无∨停	2			5		5					
54	消-粪	便秘∨干	1			5							
55		腹泻∨稀水∨软∨稀粥	4		5	5	5		5				
56		腹泻-病后期	1			5							
57		腹泻-轻微	1		5								
58		含∨泡沫∨气泡	1		10								
59		含∨乳块	1		10								
60		含∨黏脓∨黏液∨血∨混血	2		5	5							
61		失禁∨里急后重	1		10								
62		血水	1		5								
63	消-粪色	泻粪发白	1		15								
64	消-粪味	腥臭∨腥恶臭∨恶臭	1		10								
65	眼	1∨2侧患病	1								10		
66		震颤-眼球	1									5	
67	眼睑	肿∨水肿∨痛∨闭	1								10		

续 8-1 组

序	类	症状	统	8 羊李氏杆菌病	9 大肠杆菌病	11 绵羊巴氏杆菌病	14 羊沙门氏菌病	21 羊黑疫	23 羔羊支原体病	24 真菌肺炎	26 传染性结膜角膜炎	29 狂犬病	34 山羊关节炎
68	眼角膜	瘢痕∨混浊	1								10		
69		溃疡∨溃疡穿孔∨充血	1								15		
70		小点－白∨灰白	1								10		
71		炎	2			5					15		
72		疡	1			5							
73		翳∨云翳∨血管翳	2				5				10		
74	眼结膜	炎∨乳白色∨增厚	1								40		
75		充血红∨红肿	1								10		
76		紫绀	1					5					
77	眼流泪		2					5			5		
78		大量	1								15		
79		畏光	1								10		
80		黏性∨脓性物	1						5				
81	眼－前房	蓄脓	1								10		
82	眼球	化脓	1						5				
83	眼视力	弱∨障碍∨视力模糊∨紊乱	1		5								
84		失明－双目∨脑病对侧的	2								15	5	
85	眼瞬膜	红肿	1								10		
86	运－四肢	僵硬	1										5
87	运－肢	1～4肢麻痹	1										5
88		游泳状	1	10									
89	殖	性欲亢进	1									5	
90	殖－产羔	产羔率下降	1								10		
91	殖－流产		3	10			5		5				
92		妊娠最后2个月	1				5						
93	动	不愿动∨不愿走	1							10			
94		强直∨抽搐挛	1		5								
95		摔跤－失明致行	1								5		
96		游泳－划动	1									5	
97		游泳状	1	10									
98		震颤	1		5								

续 8-1 组

序	类	症状	统	8 羊李氏杆菌病	9 大肠杆菌病	11 绵羊巴氏杆菌病	14 羊沙门氏菌病	21 羊黑疫	23 羔羊支原体病	24 真菌肺炎	26 传染性结膜角膜炎	29 狂犬病	34 山羊关节炎
99		转圈∨旋转	2	10									5
100	动-跛行		2			5							5
101	动-步	失调失衡∨蹒跚∨不稳∨倒地∨晃	2		5								5
102	动-卧	卧∨喜卧∨不起∨难站	1		5								
103	腹痛	弓背∨伸腰∨望腹∨刨地∨起卧	2		5	5							
104	腹围	大（膨胀）	1		5								
105		大∨肚胀∨腹胀∨增大	2		5				5				
106	呼-咳		3			5			5				5
107		干咳∨痛咳	1						10				
108	呼吸	喘	1						5				
109		快∨促∨浅∨频数>20次/分	3		5	5		5					
110		困难	5		5	5			5	5			5
111		困难-病程稍长加重	1						10				
112	呼-胸	触胸敏感	1						10				
113		叩胸浊音区大∨摩擦音	1						10				
114		触压羊现敏感疼痛	1						10				
115	呼-音	听胸摩擦音	1						15				
116	病程	短促∨急	2		5			5					
117	病促因	暴晒∨风沙∨扬尘∨蝇类	1								5		
118		受寒∨运输∨饲管失当	1			5							
119		低注潮湿	1					5					
120		阴雨∨寒冷∨潮湿∨营养缺∨密∨挤	1						5				
121	病龄	营养膘情较好羊	1					10					
122	病龄-羔	8日龄至6月龄	3		5								5
123	发病率	阴湿地高	1							5			
124	病期	2～5天	1			5							
125	病势	羊群暴发1次持续10～15天	1				5						
126		突病∨病急	2			5		5					
127	病死率	高	1	5									

续 8-1 组

序	类	症状	统	8羊李氏杆菌病	9大肠杆菌病	11绵羊巴氏杆菌病	14羊沙门氏菌病	21羊黑疫	23羔羊支原体病	24真菌肺炎	26传染性结膜角膜炎	29狂犬病	34山羊关节炎
128	病特征	成山羊(关节+肺∨乳房)发炎	1										15
129		发热+咳嗽	1						15				
130		腹泻	1		15								
131		肝坏死	1					15					
132		面麻痹	1	15									
133		神经功能紊乱-转圈	1	15									
134		神障+兴奋↑+狂躁意乱+终死	1									15	
135	病因	疯犬咬伤病	1									15	
136		气候营养不良潮湿污秽	1		10								
137		因湿发病	2					10	10				

8-2 组 沉郁∨抑郁(其他病)

序	类	症状	统	43脑多头蚴病	45细颈囊尾蚴病	46绦虫病	54梨形虫病	58瘤胃酸中毒	60前胃弛缓	61瘤胃积食	64创伤网胃腹膜炎	68胃肠炎	71吸入肺炎	75尿结石	77氢氰酸中毒
		ZPDS		26	10	30	18	30	20	21	16	28	16	13	21
1	精神	沉郁∨抑郁	12	5	5	5	5	5	5	5	5	5	5	5	5
2		昏睡∨昏迷	1								5				
3		离群	1	5											
4		神经症状	2	5		5									
5		委顿	1					5							
6		委靡∨不振∨不佳∨较差	5		5	5			5	5		5			
7		兴奋→沉郁→衰弱	1												5
8		兴奋∨不安	2	5									5		
9	嗳气	不断	1						5						
10		停止	2					10	10						
11	鼻	发凉	2				10				10				

续 8-2 组

序	类	症 状	统	43 脑多头蚴病	45 细颈囊尾蚴病	46 绦虫病	54 梨形虫病	58 瘤胃酸中毒	60 前胃弛缓	61 瘤胃积食	64 创伤网胃腹膜炎	68 胃肠炎	71 吸入肺炎	75 尿结石	77 氢氰酸中毒
12		黏脓性∨黏性分泌物	1										5		
13	鼻镜	干燥	1								5				
14	鼻声	鼾声	1				10								
15	鼻涕	灰白泡沫落地如花点状	1										10		
16		浆性∨水性∨鼻液	1										5		
17		脓性∨脓血痂	1										5		
18	羔	症状明显	2	5	10										
19	公羊	丧失配种能力	1											5	
20	肌肉	震颤∨痉挛∨颤抖	2			5									5
21	叫	呻吟	2					5		10					
22	口	干	2					10				10			
23		经常作咀嚼动作	1			5									
24		口臭	1								5				
25	口	流涎带泡沫∨血	2			5									5
26	口舌	苔黄厚∨薄白	1								10				
27	口周	泡沫	1			5									
28	毛	粗乱无光∨逆立	2			5			5						
29	尿难	滴频	1											15	
30	尿-量	少	2					10				10			
31		失禁	1	15											
32	尿-色	色浓	2					10				10			
33		血尿∨混血	2				10							10	
34	尿痛	痛苦哞叫	1											5	
35	皮	弹性降低	1									10			
36		黄疸	1		10										
37		蜱	1				35								
38		水肿	1			5									
39	贫血		1			10									
40	身	恶病质	1								5				

续 8-2 组

序	类	症 状	统	43 脑多头蚴病	45 细颈囊尾蚴病	46 绦虫病	54 梨形虫病	58 瘤胃酸中毒	60 前胃弛缓	61 瘤胃积食	64 创伤网胃腹膜炎	68 胃肠炎	71 吸入肺炎	75 尿结石	77 氢氰酸中毒
41		渐瘦∨体重↓∨生长受阻	5	5	5	5	5					5			
42		倦怠∨乏力∨易疲	1						5						
43		全身反射减少∨消失	1												5
44		衰弱∨虚弱	1	5											
45		卧地∨卧地不起∨横卧不起	3	5				5	5						
46		消瘦∨瘦弱∨营养不良∨障	6	5	5	5	5					5			5
47	身-肷窝	略平∨稍凸∨触诊硬实	1							5					
48	身-腰背	弓背	1								10				
49	身-姿	努责-排尿	1											5	
50	食-饮欲	增加∨渴	1			5									
51	食欲	减退∨不振∨厌食∨废绝	10	5		5	5	5	5	5	5	5	5	5	5
52	蹄叶炎	热肿烂脱壳	1					10							
53	头	高举∨后仰∨高仰∨抬起	3	10		10				10					
54		高举蚴在脑后部	1	2											
55		后仰∨仰头倒地∨角弓反张	1			10									
56	头颈	伸直∨伸颈∨摇头∨甩头	1										5		
57	头	下垂-蚴在脑正前部	1	5											
58	胃-瘤胃	触:硬	1							40					
59		膨胀	1												10
60		膨胀-慢性	1								10				
61		敏感↑触痛	1							5					
62		柔软	2					15	15						
63		蠕动弱∨停	2						10	5					
64		蠕动增强∨减弱∨停止	1								5				
65		胀满触为液体	1						10						

续8-2组

序	类	症状	统	43脑多头蚴病	45细颈囊尾蚴病	46绦虫病	54梨形虫病	58瘤胃酸中毒	60前胃弛缓	61瘤胃积食	64创伤网胃腹膜炎	68胃肠炎	71吸入肺炎	75尿结石	77氢氰酸中毒
66	胃-前胃	弛缓∨蠕动减弱∨兴奋性↓	2						15		10				
67	胃-皱胃	敏感↑触痛	1								5				
68	消-反刍	少∨慢	3					5	5		5				
69		无∨停	4					5	5	5	5				
70	消-粪	便秘∨干	2			5	5								
71	消-粪	便秘腹泻交替	1						5						
72		带虫节片	1			15									
73		腹泻∨稀水∨软∨稀粥	5			5	5	5	5			5			
74		含:坏死脱落物	1									15			
75		含:黏脓∨黏液∨血∨混血	2						5			5			
76	消-粪色	黄绿∨黄褐	1					15							
77	消-粪味	腥臭∨腥恶臭∨恶臭	1									15			
78	消-肛	肛挂虫	1			40									
79	眼结膜	苍白	2			5	5								
80		充血红∨红肿	3					5	5						5
81		黄白	2			5	5								
82		黄染-轻	1				5								
83		紫绀	1								5				
84	眼球	凹∨眼凹	2					10			10				
85	眼视力	弱∨障碍∨视力模糊∨紊乱	2	5				5							
86		失明-双目∨脑病对侧的	1	5											
87	眼瞳孔	散大	1												10
88	运-后肢	不敢高抬	1										15		
89		麻痹	2	5											5
90	运-肢	发凉	2					10			10				
91		僵∨僵硬	1				10								
92		麻痹	2	5											5

续 8-2 组

序	类	症状	统	43 脑多头蚴病	45 细颈囊尾蚴病	46 绦虫病	54 梨形虫病	58 瘤胃酸中毒	60 前胃弛缓	61 瘤胃积食	64 创伤网胃腹膜炎	68 胃肠炎	71 吸入肺炎	75 尿结石	77 氢氰酸中毒
93	运-肘肌	颤动	1								10				
94	运-肘头	外展	1								15				
95	诊断	临症+剖检见虫及病变	1		50										
96		生前困难	1		5										
97	诊用拳	顶压剑状软骨吟痛躲	1								20				
98	诊用手	冲击胃、心区吟痛躲	1								20				
99	动	不愿下坡	1								10				
100		回旋运动	1	5											
101		急转弯谨慎	1								10				
102		盲目运动	1					5							
103		前冲∨后退	1	5											
104		强直∨抽∨痉挛	2	5		5									
105		震颤	3			5		5							5
106		转圈∨旋转	2	5											
107	动-步	小	1										10		
108		失调∨踯躅∨不稳∨倒地∨晃	2	5											5
109	动-卧	瘫痪∨轻瘫∨起立困难	1			5									
110		卧∨喜卧∨不起∨难站	6	5		5	5		5	5		5			
111	耳	发凉	2					10				10			
112	腹壁	压痛	1		10										
113	腹部	左侧轻度膨大	1							5					
114	腹水	增加	1		10										
115	腹痛	弓背∨伸腰∨望腹∨侧地起卧	5			10				5		5		5	5
116		摇尾哞叫	1							5					
117	腹围	大∨肚胀∨腹胀∨增大	6					5	5	5		5			
118		小∨卷缩	1								10				

续8-2组

序	类	症状	统	43 脑多头蚴病	45 细颈囊尾蚴病	46 绦虫病	54 梨形虫病	58 瘤胃酸中毒	60 前胃弛缓	61 瘤胃积食	64 创伤网胃腹膜炎	68 胃肠炎	71 吸入肺炎	75 尿结石	77 氢氰酸中毒
119	呼	咳声低哑∨嘶哑∨干咳∨湿咳	1										15		
120		咳嗽伸颈低头	1										5		
121		听肺捻发音	1										15		
122	呼吸	快∨促∨浅∨频数＞20次/分	6	5			5	5		5			5		5
123		困难	2										5		5
124	呼吸式	腹式∨腹部煽动显著	1										10		
125		呼-胸壁疼痛∨触胸敏感	2								15		10		
126	病程	缓慢∨缠绵-慢性胃肠炎	1									5			
127	病时	过食4～6小时发病	1						10						
128	病势	突病∨病急∨快	5					5	5		5	5			5
129		慢∨缓慢	2	5		5									
130		快-吃青苗15分钟突然发作	1												5
131	病特征	发病急+呼吸难+肌颤现缺氧	1												15
132		反刍嗳气停瘤胃硬∨蠕弱∨腹痛	1						15						
133		废食+瘤胃积食胀满停动	1							35					
134		排尿障碍∧肾区痛	1											10	
135		前胃弛缓+胸痛+间歇瞪气	1								10				
136		食欲反刍嗳气∨胃蠕动弱停	1						15						
137		食欲减拒+腹泻∨脱水∨腹痛	1									15			
138	病因	1次采∨偷吃谷物精料多	1					15							
139		1次吃大量青苗	1												15
140		与犬接触密切	1		10										
141		过食∨粗饲∨偷料	1							15					
142		胃病未愈+(霜冻料∨卫生差)	1									15			
143		羊弱+草难消化∨运动少	1						15						
144		有异物入肺史	1										15		

9组 离群∨呆立∨掉群∨神经麻痹

序	类	症 状	统	18 羊肠毒血症	19 羊猝狙	21 羊黑疫	33 蓝舌病	35 绵羊痒病	37 梅迪维斯纳病	38 肝片吸虫病	43 脑多头蚴病
		ZPDS		17	13	9	23	26	12	11	22
1	精神	离群呆立∨掉群∨落后	8	5	5	5	5	5	5	5	5
2	精神	沉郁∨抑郁	2			5					5
3		委靡不振∨不佳∨委顿	3			5	5	5			
4		神经麻痹	2					5	5		
5		神经遇障跌倒	1					15			
6		兴奋∨不安	3		5			5			
7		昏睡∨昏迷	1			5					
8		神经症状	1								5
9	鼻炎肿	黏脓血痂∨糜烂∨出血∨鼻液	1				10				
10	鼻孔	扩张	1							5	
11	鼻涕	沫	1	10							
12	肝	压痛∨叩肝半浊音界扩大	1							5	
13	羔	症状明显	1								5
14	羔-新羔	娩儿畸形如脑积水等	1				5				
15	肌肉	震颤∨痉挛∨颤抖	1					5			
16	口	舔舌∨咬(唇∨腹肋∨股∨尾)部	1					15			
17	口臭	口唇水肿蔓延到颊耳颈胸腹	1				10				
18	口唇	颤	1						5		
19	口流涎	带泡沫∨血∨红	2	5			5				
20	口膜	渗血∨肿∨充血∨发绀∨淤斑∨溃烂	1				15				
21	口-磨牙		1	5							
22	口-舌	蓝色∨充血∨淤斑∨溃烂	1				35				
23	毛	产量低	1							5	
24		脱毛∨易脱	3				5	5	5		
25	尿	失禁	1								15
26	乳	产量低	1							5	
27	身	瘫痪	1					5			
28		卧地∨卧地不起∨横卧不起∨长卧	3	5				5			5
29		震颤∨颤抖∨痉挛	3	5	5			5			

续 9 组

序	类	症状	统	18 羊肠毒血症	19 羊猝疽	21 羊黑疫	33 蓝舌病	35 绵羊痒病	37 梅迪维斯纳病	38 肝片吸虫病	43 脑多头蚴病
30		渐瘦∨体重↓∨日渐消瘦	3					5	5		5
31		消瘦∨瘦弱∨营养不良∨障碍	6		5		5	5	5	5	5
32		倦息∨乏力∨易疲∨生长慢	1							10	
33		衰弱∨虚弱	6		5		5	5	5	5	5
34	身-皮	红∨肿∨破溃∨出血	1					10			
35	身-皮	剧痒∨擦痒在墙∨栅栏∨树干	1					10			
36	身-皮	水肿	1				5				
37	腰	摇羊腰:伸颈∨摆头∨咬唇舔舌	1					10			
38	食	吞咽困难∨有吞咽呕作动作	1				5				
39	食欲	减退∨不振∨不愿采食	3					5		5	5
40		厌食∨废绝	3			5	5				5
41		异嗜∨异食	1							5	
42	蹄	炎痛∨真皮受害∨热肿烂脱壳	1				10				
43	头	高举∨后仰∨高仰∨抬起∨头后弯	3	5				10			10
44		角弓反张头后弯	1	5							
45	头颈	痉挛∨肌肉频细震颤	1					5			
46		伸直∨伸颈∨摇头∨甩头	1					5			
47	消-反刍	无∨停	1		5						
48	消-粪	便秘∨干	1				5				
49		腹泻∨稀水∨软∨稀粥	2	5			5				
50		含:黏脓∨黏液∨血∨混血	1				5				
51	消-粪色	黄褐色∨黄绿∨黄褐	1	15							
52	眼视力	失明∨凝视∨目呆∨视力模糊	2					5			5
53	运-肢	麻痹	3					5	2		5
54	黏膜	苍白	1							5	
55	动	独自奔跑	1	15							
56		前冲∨后退∨回旋运动	1								5
57		强直∨抽∨痉挛	3	5	5						5
58		站立失衡-蚴在小脑	1								5
59		转圈∨旋转	1								5
60	动-跛行		1				5				

续 9 组

序	类	症 状	统	18 羊肠毒血症	19 羊猝阻	21 羊黑疫	33 蓝舌病	35 绵羊痒病	37 梅迪维斯纳病	38 肝片吸虫病	43 脑多头蚴病
]61	动—步	行为异常∨雄鸡步∨难跳∨遇沟坡跌倒	1					5			
62		失调∨蹒跚∨不稳∨晃倒	3					5	5		5
63	动—卧	卧∨喜卧∨不起∨难站	4	5	5				5		5
64	腹膜	发炎	1		15						
65	腹痛	弓背∨伸腰∨塑背∨刨地∨起卧	1	5							
66	腹围	大∨肚胀∨腹胀∨增大	1								
67	病分布	与螺∨潮湿低洼∨池塘∨河流关	1					5			
68	病程	短促∨急	3		5	5		5			
69	病促因	低洼潮湿∨肝片吸虫病	1			5					
70		低洼潮湿地区	1		10						
71	病势	突病∨病急	3	5	5	5					
72		快	1		5						
73		慢∨缓慢	3				5		5		5
74	病损	巨损、羔长差∨死∨胎畸形+皮毛损	1					10			
75	病特征	发热+消瘦+黏膜卡他炎	1				15				
76		急死	2	15	15						
77		病程慢	1						5		

10 组 昏睡∨昏迷

序	类	症 状	统	1 羊炭疽	6 羊土拉杆菌病	8 李氏杆菌病	9 大肠杆菌病	17 羊快疫	21 羊黑疫	68 胃肠炎	78 有机磷中毒
		ZPDS	17	16	13	19	19	13	26	27	
1	精神	昏睡∨昏迷	8	5	5	5	5	5	5	5	5
2		沉郁∨抑郁	4		5	5		5	5		
3		委廉不振∨不佳∨较差∨委顿	4		5	5		5	5		
4		兴奋∨不安	3	5	5						5
5		离群呆立∨掉群	1						5		

续 10 组

序	类	症 状	统	1 羊炭疽	6 羊土拉杆菌病	8 李氏杆菌病	9 大肠杆菌病	17 羊快疫	21 羊黑疫	68 胃肠炎	78 有机磷中毒
6	鼻	发凉	2							10	10
7	羔	病重	1		5						
8	羔－粪	腹泻－间歇性∨持续	1		5						
9	羔－新羔	死胎	1		10						
10	肌	嚼肌麻痹∨咽麻痹∨咀嚼难	1			10					
11		麻痹	1								5
12	肌肉	震颤∨痉挛∨颤抖	1								5
13	口	干	1							10	
14		口臭	1							5	
15	口流涎	带泡沫∨血(数分钟至几小时死)	1					15			
16		呕吐	1								5
17	口－磨牙		2	5				5			
18	口－舌	苔黄厚∨薄白	1							10	
19	淋巴结	肿大	1		5						
20	尿－量	少	1							10	
21		失禁	1								15
22	尿－色	色浓	1							10	
23		血尿	1	5							
24	皮	弹性降低	1							10	
25	皮－汗	多汗	1								15
26	身	抽搐	2					5			5
27		渐瘦∨体重↓∨日渐消瘦	1							5	
28	死时	死在放牧中∨早晨	1					15			
29	天然孔	七窍出血不易凝固	1	40							
30	头	高举∨后仰∨高仰∨抬起∨头后弯	1			10					
31		角弓反张	1			10					
32	头颈	面麻痹	1			15					
33		强直	1			15					
34	脱水		1							15	
35	温－寒战	战栗	1		5						
36	消－反刍	无∨停	1						5		
37	消－粪	腹泻	5		5		5	5		5	5

续10组

序	类	症状	统	1 羊炭疽	6 羊土拉杆菌病	8 李氏杆菌病	9 大肠杆菌病	17 羊快疫	21 羊黑疫	68 胃肠炎	78 有机磷中毒
38		含:坏死脱落物	1							15	
39		含:泡沫∨气泡∨乳块	1				10				
40		含:黏脓∨黏液∨血∨混血	4	5			5			5	5
41		失禁∨里急后重∨泻粪发白	1				10				
42	消一粪味	腥臭∨腥恶臭∨恶臭	2							15	
43	消一呕吐		1								10
44	眼	震颤—眼球	1								15
45	眼结膜	苍白∨黄白	1							5	
46		紫绀	1	5							
47	眼球	凹∨眼凹	1							10	
48	眼瞳孔	缩小	1								15
49	运一关节	肿痛	1				10				
50	运一后肢	瘫软∨软弱∨瘫痪	1		15						
51	运一肢	发凉	2							10	10
52		僵∨僵硬	1		15						
53		麻痹	1								5
54		游泳状	1			10					
55	黏膜色	苍白	1							5	
56		发绀	1	10							
57	诊一确诊	症+接毒史和分析+胆碱酯酶	1								35
58	殖一流产		3		10	10					5
59		流死胎	1		15						
60	殖一阴道	流水	1								15
61	动	不便	1		5						
62		不愿动∨不愿走∨无力难动	1					5			
63		强直∨抽∨痉挛	2	5				5			
64		游泳状	2	10		10					
65		震颤	1								5
66		转圈∨旋转	1			10					
67	动一步	僵硬	1		5						
68		失调失衡∨踌躇∨不稳∨倒地∨晃	3	5	5			5			
69	动一卧	卧∨喜卧∨不起∨难站	2				5		5		

续 10 组

序	类	症状	统	1 羊炭疽	6 羊土拉杆菌病	8 李氏杆菌病	9 大肠杆菌病	17 羊快疫	21 羊黑疫	68 胃肠炎	78 有机磷中毒
70	耳	发凉	2							10	10
71	腹痛	弓背∨伸腰∨望腹∨刨地∨起卧	4				5	5		5	5
72	腹围	大(臌)	1				5				
73		大∨肚胀∨腹胀∨增大	3	5			5				5
74		小∨卷缩	1							10	
75	呼吸	喘	1				5				
76		快∨促∨浅∨频数>20次/分	3	5			5	5			
77		困难	3	5			5				5
78	病分布	肝蛭疫区	1						5		
79	病程	短促∨急	3				5	10	5		
80		缓慢∨缠绵	1						5		
81	病促因	低洼潮湿	1						5		
82		气候变∨阴雨∨寒冷∨饥饿∨冰雪	1					5			
83	病龄	6月龄至5岁∨成羊	3				5	5			
84		营养膘情较好羊	2					10	10		
85	病势	最急性经过	1	5							
86		突发∨病急	4	5				5	5	5	
87	病死率	高	1			5					
88	病特征	发热+肌肉僵硬+淋巴结肿大	1		35						
87		腹泻	1				15				
88		面麻痹∨转圈	1			15					
89		神经功能紊乱-过度兴奋	1								10
90		食欲减拒∨腹泻∨脱水∨腹痛	1							15	
91		突发+病程短	1					15			
92	病因	潮湿低洼沼泽污染草水+促因	1					5			
93		饿食带霜草病	1					15			
94		前胃病+饲管不当(霜冻料∨药过∨卫生差)	1							15	
95		因湿发病	1						10		
96	病症	常来不及表现症状突死	1					15			

11组 神经症状

序	类	症状	统	9 大肠杆菌病	29 狂犬病	43 脑多头蚴病	46 绦虫病	53 羊鼻蝇蛆病	55 弓形虫病	73 酮病	78 有机磷中毒
		ZPDS		26	9	18	29	19	13	25	28
1	精神	神经症状	8	5	5	5	5	5	5	5	5
2		沉郁∨抑郁	4	5	5	5	5				
3		烦躁不安-啃咬或擦痒	1					5			
4		昏睡∨昏迷	2	5							5
5		离群呆立∨掉群	2			5			5		
6		神经麻痹	1		5						
7		委靡不振	2	5			5				
8		兴奋∨不安	4		5	5		5			5
9	鼻	发凉	1							10	
10		痒∨摩∨炎烂瘀血红肿	1					10			
11	鼻呼气	酮味	1							35	
12	鼻	痂阻塞∨喷嚏∨喷鼻	1					10			
13	鼻涕	混血∨带血∨脓血痂	1					10			
14		浆性∨水性∨鼻液	2					10	10		
15	羔-死羔	脑-小脑前布非炎小死点	1						10		
16		皮下水肿	1						10		
17	肌	麻痹	1								5
18	肌肉	震颤∨痉挛∨颤抖	2					5			5
19	口	经常做咀嚼动作	1					5			
20	口唇	颤∨口空嚼	1							15	
21	口流涎		5		5		5		5	5	5
22		带泡沫∨血	2					5			5
23		呕吐	1								5
24	口-磨牙		2	5	5						
25	口周	泡沫	1					5			
26	毛	粗乱无光∨逆立	1					5			
27	尿-量	失禁	2			15					15
28	尿-味	丙酮气味	1							35	
29	皮	水肿	1					5			
30		损伤∨溃疡	1		5						
31		脱水	1							15	

续 11 组

序	类	症 状	统	9 大肠杆菌病	29 狂犬病	43 脑多头蚴病	46 绦虫病	53 羊鼻蝇蛆病	55 弓形虫病	73 酮病	78 有机磷中毒
32	皮-汗	多汗	1								15
33	身	不能起立	1	5							
34		抽搐	1								5
35		渐瘦∨体重↓∨日渐消瘦	3			5	5	5			
36		消瘦∨瘦弱∨营养不良∨障碍	4	5		5	5	5			
37		虚脱-迅速	1	5							
38	食-饮欲	增加∨渴	1					5			
39	食欲	减退∨不振	7	5	5	5	5	5		5	5
40		无∨拒废∨厌食∨废绝	3			5		5			5
41	头	高举∨后仰∨高仰∨抬起∨后弯	3			10	10		5		
42		后仰∨仰头倒地	1				5				
43		角弓反张	1			10					
44		角弓反张∨头后弯	1						5		
45	头颈	痉挛∨肌肉频细震颤	1						5		
46		伸直∨伸颈∨摇头∨甩头	1					5			
47		弯一侧∨歪斜∨偏向一侧	2			5			5		
48	胃-前胃	弛缓∨蠕动减弱	1							10	
49	消-粪	便秘∨干	1			5					
50		带虫节片	1				15				
51		腹泻	4	5			5		5		5
52		含:泡沫∨气泡∨乳块	1	10							
53		含:黏脓∨黏液∨血∨混血	2	5							5
54		失禁∨里急后重∨粪发白	1	15							
55	消-粪味	腥臭∨腥恶臭∨恶臭	1	10							
56	消-肛	肛挂虫	1				40				
57	消-呕吐		1								10
58	眼	震颤-眼球	1								15
59	眼流泪	浆性∨水性	2					10	10		
60	眼视力	失明∨弱	4	5		5			10	10	
61	眼瞳孔	缩小	1								15
62	运-关节	发炎∨肿痛	1	10							
63	运-肢	发凉	1								10

续11组

序	类	症状	统	9 大肠杆菌病	29 狂犬病	43 脑多头蚴病	46 绦虫病	53 羊鼻蝇蛆病	55 弓形虫病	73 酮病	78 有机磷中毒
64		麻痹	3			5		5			5
65	黏膜色	苍白	2							5	5
66		黄染	1							5	
67	殖－流产		2						5		5
68		在娩前4～6周	1							15	
69	动	强直∨抽∨痉挛	3			5	5			5	
70		震颤	3				5			15	5
71		转圈∨旋转	4			5	5	5		10	
72	动－步	失调失衡∨蹒跚∨不稳∨倒地	5	5		5		5	10	5	
73	动－卧	瘫痪∨轻瘫∨起立困难	1				5				
74		卧∨喜卧∨不起∨难站	3	5		5	5				
75	耳	发凉	1								10
76		震颤	1							5	
77	腹痛	弓背∨伸腰∨望腹∨刨地∨起卧	3	5			10				5
78	腹围	大(膨胀)	3	5			5				5
79	呼出气	丙酮气味	1							35	
80	呼－咳嗽		1					10			
81	呼吸	喘	1	5							
82		快∨促∨20次/分	2	5		5					
83		困难	4	5				5		5	5
84	病程	短促∨急	1								
85	病势	慢∨缓慢	4			5	5	5		5	
86	病特征	腹泻	1	15							
87		神经功能紊乱－过度兴奋	1								10
88		神障+兴奋+狂躁意乱+终死	1		15						
89		绵羊妊后期料多	1							15	
90		气候营养不良潮湿污秽	1	5							

12-1组 精神差(传染病)

序	类	症 状	统	2 羊副结核病	6 羊土拉杆菌病	9 大肠杆菌病	11 绵羊巴氏杆菌病	16 羊链球菌病	21 羊黑疫	28 口蹄疫	30 伪狂犬病	31 绵羊痘	32 山羊痘	33 蓝舌病	35 绵羊痒病
		ZPDS		14	17	20	21	20	12	13	12	12	12	24	21
1	精神	委顿	4		5						5			5	5
2		委靡不振∨不佳	10	5	5	5	5	5	5		5	5	5		
3		神经麻痹∨遇障跌倒∨神经症状	2				5								5
4		兴奋∨不安	2		5										5
5		离群呆立∨掉群	3						5					5	5
6		昏睡∨昏迷	3						5						
7		沉郁∨抑郁	3			5		5							
8	鼻	发炎∨红肿∨∨带血∨分泌物∨脓血痂	4				10	5			10			10	
9	鼻涕	浆性∨水性∨鼻液	3				5	5						5	
10	羔	病率多	2									5	5		
11		病重∨症全∨昏睡∨兴奋不安	1		5										
12		死率很高	1		5										
13	羔—粪	间歇性腹泻∨持续	1		5										
14	羔—新羔	娩儿畸形如脑积水等	1											5	
15		死胎	1			10									
16	肌肉	震颤∨痉挛∨颤抖	2								10				5
17	口	啃咬痒部∧喽叫∨撕脱毛	1								10				
18	口唇	肿	1					5							
19	口流涎	带泡沫∨血红色	3						5	5				5	
20	口膜	水疱∨溃扬∨糜烂	1							5					
21	口—磨牙		2			5		5							
22	口—舌	蓝色∨渗血∨溃烂∨肿∨充血	1											35	
23		肿大	1					5							
24	口水疱	溃烂在龈∨唇内∨舌面∨颊膜	1							5					
25	毛	粗乱无光∨逆立∨脱毛∨易脱	2	5										5	
26	皮	痘疹→化脓坏疽溃扬恶臭	2									15	15		
27		红∨肿∨破溃∨出血	1												10

续 12-1 组

序	类	症状	统	2 羊副结核病	6 羊土拉杆菌病	9 大肠杆菌病	11 绵羊巴氏杆菌病	16 羊链球菌病	21 羊黑疫	28 口蹄疫	30 伪狂犬病	31 绵羊痘	32 山羊痘	33 蓝舌病	35 绵羊痒病
28		红斑1~2天→丘疹凸硬白	2									10	10		
29		丘疹∨水疱∨脓疱干缩→痂脱留瘢痕	2									10	10		
30		水肿	3				5	5						5	
31		体温降水疱→脓疱体温升	2									10	10		
32	皮痘	绵羊患	1									40			
33		山羊患	1										40		
34		在无毛∨少毛处	2									10	10		
35	乳房	疹∨烂∨疱	1							15					
36		肿	1					15							
37	身	渐瘦∨体重↓∨日渐消瘦	2	5											5
38		剧痒∨奇痒∨瘙痒	2								15				10
39		衰弱∨虚弱	5	5		5	5							5	5
40		瘫痪	1												5
41		卧地∨卧地不起∨横卧不起∨长卧	3	5							5				5
42		消瘦∨瘦弱∨营养不良∨障碍	5	5		5	5							5	5
43		震颤∨颤抖∨痉挛	1												5
44	身-腰背	人搔羊痒:伸颈∨摆头∨咬唇∨舔舌	1												5
45	食	吞咽困难∨有吞咽作呕动作	1								5				
46	食欲	不愿采食	1												5
47		减退∨不振	7			5	5	5		5	5	5			
48		无∨拒废∨厌食∨废绝	4				5		5		5			5	
49	死	突死急死(6∨9∨数小时内)	2				5		5						
50	蹄	真皮受害∨热肿烂脱壳	1											10	
51	蹄冠	蹄叶:发炎∨敏感∨痛	1							5					
52	蹄皮	热肿烂脱壳	1							10					

续 12-1 组

序	类	症状	统	2 羊副结核病	6 羊土拉杆菌病	9 大肠杆菌病	11 绵羊巴氏杆菌病	16 羊链球菌病	21 羊黑疫	28 口蹄疫	30 伪狂犬病	31 绵羊痘	32 山羊痘	33 蓝舌病	35 绵羊痒病
53		水疱∨溃疡∨糜烂	1							5					
54	头	高举∨后仰∨高仰∨抬起∨角弓反张	1												10
55	头-面	面颊肿	1					5							
56	温-热型	稽留热(含数日)	1											10	
57	消-反刍	无∨停	3				5	5	5						
58	消-粪	便秘∨干	2				2							5	
59		腹泻	6	5	5	5	5	5						5	
60		含:泡沫∨气泡∨乳块	2	10		10									
61		含:黏脓∨黏液∨血∨混血	5	5		5	5	5						5	
62		失禁∨里急后重∨泻粪发白	1			15									
63		松软	1					5							
64	消-粪味	腥臭∨腥恶臭∨恶臭	2	10		10									
65	眼睑	肿∨水肿∨痛∨闭	1					5							
66	眼角膜	炎∨扬∨翳∨云翳∨血管翳	1					5							
67	眼结膜	充血红∨红肿	1					5							
68	眼流泪	浆性∨水性∨黏性∨脓性物	1					10							
69	眼球	凹∨眼凹	1	10											
70	眼视力	凝视∨目光呆滞	1												5
71	运-关节	肿痛	1			10									
72	运-后肢	瘫软∨软弱∨瘫痪	1		15										
73	运-前肢	摩擦口唇∨头部痒处	1								10				
74	运-肢	僵∨僵硬	1		15										
75		麻痹∨软弱无力	1												5
76	黏膜	痘疹∨化脓	2									15	15		
77	殖-流产		4		10			5				5	5		
78		流死胎	1		15										
79		妊娠母羊	2									5	5		
80	动	不便	1	5											

续 12-1 组

序	类	症状	统	2 羊副结核病	6 羊土拉杆菌病	9 大肠杆菌病	11 绵羊巴氏杆菌病	16 羊链球菌病	21 羊黑疫	28 口蹄疫	30 伪狂犬病	31 绵羊痘	32 山羊痘	33 蓝舌病	35 绵羊痒病
81	动－跛行		3				5			5				5	
82	动－步	(高举∨驴跑∨雄鸡)步态	1												5
83		不能跳跃∨遇坡等跌倒	1												5
84		僵硬	1		5										
85		失调失衡∨蹒跚∨不稳∨倒地∨晃	2		5										5
86	动－卧	卧∨喜卧∨难站	2	5		5									
87	腹痛	弓背∨伸腰∨望腹∨刨地∨起卧	2			5	5								
88	腹围	肚胀∨腹胀∨增大	1			5									
89		小∨卷缩	1	5											
90	呼吸		1				5								
91		快∨促∨浅∨频数>20次/分	3			5	5	5							
92		喘∨困难∨微弱	4		5	5	5							5	
93	呼－咽喉	麻痹	1								10				
94		肿	1					10							
95	病龄	营养膘情较好羊	1					10							
96	病－流行	大流行－新疫区	1							5					
97	病势	突病－病急	2					5		5					
98		慢∨缓慢	2	5										5	
99	病死率	1%～2%	1							5					
100	病特征	发热＋肌肉僵硬＋淋巴结肿大	1		35										
101		发热＋奇痒	1								15				
102		发热＋消瘦＋黏膜卡他	1										15		
103		腹泻	1			15									
104		肝坏死	1						15						
105		口蹄水疱溃烂(含乳房)	1							15					
106	病因	因湿发病	1							10					

12-2组 精神差(其他病)

序	类	症 状	统	46 绦虫病	54 梨形虫病	60 前胃弛缓	61 瘤胃积食	63 瓣胃阻塞	67 绵羊肠扭转	68 胃肠炎	79 流产	82 胎衣不下	83 子宫炎
		ZPDS		22	20	17	24	15	23	22	11	12	7
1	精神	委顿	2		5				5				
2		委靡不振∨不佳∨较差	9	5	5	5	5	5		5	5	5	5
3		烦躁不安—因啃咬擦痒	1						5				
4		昏睡∨昏迷	1						5				
5		神经症状	1	5									
6		沉郁∨抑郁	5	5	5	5	5			5			
7	嗳气	不断	1				5						
8		停止	2			10	10						
9	鼻	发凉	1						10				
10	鼻声	鼾声	1		10								
11	耳	发凉	1						10				
12	肌肉	震颤∨痉挛∨颤抖	1	5									
13	叫	哞叫	1								5		
14	叫	呻吟	1				10						
15	口	干∨口臭	1						10				
16		经常∨咀嚼∨涎带泡沫∨血∨红色	1	5									
17	口—磨牙		1										
18	口—舌	苔黄厚∨薄白	1						10				
19	毛	粗乱无光∨逆立∨脱毛∨易脱	2	5		5							
20	尿—量	少∨色浓	1						10				
21	尿—色	血尿∨血红蛋白尿	1		5								
22	尿—姿	时时做排尿姿势	1										
23	皮	蜱	1		35								
24		水肿	1	5									
25	身	蹲脖	1						10				
26		渐瘦∨体重↓∨日渐消瘦	3	5	5				5				
27		倦怠乏力	2			5		5					
28		喜卧地	2			5						5	
29		消瘦∨瘦弱∨营养不良∨障碍	3						5				
30	身—肷	两肷内吸	1				10						

续 12-2 组

序	类	症 状	统	46 绦虫病	54 梨形虫病	60 前胃弛缓	61 瘤胃积食	63 瓣胃阻塞	67 绵羊肠扭转	68 胃肠炎	79 流产	82 胎衣不下	83 子宫炎
31	身-肷窝	略平∨稍凸∨触诊硬实	1				5						
32	身-腰背	弓背∨弓腰∨伸腰	3						5			5	5
33	身-姿	努责	3								10	10	5
34	食-采食	停止	1				5						
35	食-饮欲	增加∨渴	1	5									
36	食欲	减退∨不振	6	5	5	5		5		5		5	
37		无∨拒废∨厌食∨废绝	6		5	5	5			5	5	5	
38	蹄	踢蹄骚动	1						10				
39	头	摆头∨回头顾腹	1						10				
40		高举∨后仰∨高仰∨抬起∨角弓反张	2	10			10						
41	尾	时面摇尾,不排粪尿	1						15				
42	胃-瓣胃	触硬∧蠕动消失	1					40					
43	胃-瘤胃	触:硬	1				40						
44		腹听诊瘤胃蠕动音强∨弱失	3			5	5	5					
45		柔软	1			15							
46	胃-前胃	弛缓∨蠕动减弱	2			20							5
47	温-热型	稽留热(含数日)	1		5								
48	消-反刍	少∨慢	1			5							
49		无∨停	2			5	5						
50	消-粪	便秘∨干	3	5	5			5					
51		不排便	1					15					
52		带虫节片	1	15									
53		腹泻	4	5	5	5				5			
54		含:黏脓∨血∨坏死物	1							15			
55	消-粪色	暗黑	1					10					
56	消-粪味	腥臭∨腥恶臭∨恶臭	1							15			
57	消-肛	肛挂虫	1	40									
58	眼结膜	苍白∨黄白	3	5	5				10				
59		充血红∨红肿	1		5								
60		发绀	2				5	5					
61	眼球	凹∨眼凹	1							10			

续 12-2 组

序	类	症状	统	46 绦虫病	54 梨形虫病	60 前胃弛缓	61 瘤胃积食	63 瓣胃阻塞	67 绵羊肠扭转	68 胃肠炎	79 流产	82 胎衣不下	83 子宫炎
62	运-后肢	跗关节污胎衣	1									15	
63	运-肢	发凉	1							10			
64		后肢弹腹	1					10					
65		僵∨僵硬	1		10								
66	黏膜色	苍白	1		5								
67		发绀	1					5					
68		黄染	1		5								
69	诊-确诊	不排粪+瓣胃大∧痛∧硬	1					40					
70	殖-流产	突然∨缓慢∨小产∨流产∨早产	1								5		
71		因伤数小时∨数天排胎儿	1								15		
72		隐性:不排胎儿∨胎骨而排溶解物	1								15		
73	殖-胎儿	被排出	1								35		
74	殖-胎衣	滞留∨腐败∨垂露阴门外	1									15	
75	殖-阴门	流恶露污红∨腐败∨恶臭	1									15	
76		流污红物	1										10
77		流羊水	1								10		
78	殖-子宫	卡他∨出血∨化脓性	1										10
79	殖-病因	助产∨宫脱∨腹膜炎导致	1										1
80	动-步	失调∨踉跄∨不稳∨倒地	1							5			
81	动-卧	急起急卧	1							10			
82		瘫痪∨轻瘫∨起立困难	2	5				5					
83		卧∨喜卧∨不起∨难站	7	5	5	5	5		5	5			
84	腹壁	叩之如鼓∨触诊敏感拒按	1							15			
85	腹部	左侧轻度膨大	1				5						
86	腹痛	弓背∨伸腰∨望腹∨刨地∨起卧	5	10			5		5	5			
87		摇尾∨哞叫	1				5						
88		重剧∨镇痛药无效	1							15			
89	腹围	大∨肚胀∨腹胀∨增大	5	5		5	5		5	5			
90		小∨卷缩	1							10			
91	呼吸	快∨促∨浅∨频数>20次/分	5		5		5		5		5		
92		困难∨微弱	1					5					

续 12-2 组

序	类	症状	统	46 绦虫病	54 梨形虫病	60 前胃弛缓	61 瘤胃积食	63 瓣胃阻塞	67 绵羊肠扭转	68 胃肠炎	79 流产	82 胎衣不下	83 子宫炎
93	发病	快	1				5						
94	病时	剪毛后	1							15			
95	病势	突病∨病急	2				5			5			
96		慢∨缓慢	1	5									
97	病特征	瓣胃大+坚硬+难排粪+腹胀	1					15					
98		反刍嗳气停∨瘤胃硬∨蠕弱∨腹痛	1					15					
99		食欲反刍嗳气乱∨胃蠕动弱停	1			15							
100	病性	产后4~6小时胎衣仍排不下来	1									15	
101		妊娠中断不足月就排出胎儿	1								15		
102	病因	过食∨粗饲∨偷料致瘤胃积食	1				15						
103		剪毛饱食、翻体粗暴	1						15				
104		胃病未愈+(霜冻料∨药过∨卫生差)	1							15			
105		缺运动∨饲养失调体弱	1									15	
106		羊弱+草难消∨变料多运动少	1			15							
107		饮水失宜+吃秕糠粗纤维∨泥沙	1				15						

13-1 组 兴奋不安(传染病)

序	类	症状	统	1 羊炭疽	6 羊土拉杆菌病	12 肉毒梭菌中毒症	19 羊狪疽	29 狂犬病	35 绵羊痒病
		ZPDS		19	16	12	16	14	18
1	精神	兴奋∨不安	6	5	5	5	5	5	5
2		委顿	2		5				5
3		沉郁∨抑郁	1					5	
4		委靡不振∨不佳∨较差∨欠佳	1		5				
5		昏睡∨昏迷	2	5	5				
6		离群呆立∨掉群	2				5		5

续 13-1 组

序	类	症 状	统	1 羊炭疽	6 羊土拉杆菌病	12 肉毒梭菌中毒症	19 羊猝狙	29 狂犬病	35 绵羊痒病
7		神经麻痹∨神经症状∨遇障跌倒	2					5	5
8	鼻涕	浆性∨水性∨鼻液	1			5			
9	病程	短促∨急	2				5		
10	病促因	低洼潮湿地区	1				10		
11	病季	春∨春初∨晚春	1				5		
12		四季∨春末∨夏初多	1					5	
13		夏∨夏末	2	5	5				
14		冬∨冬末	1				5		
15	病龄	6月龄至5岁∨成羊	2				5		5
16	病-流行	地方流行	2	5			5		
17		散发	2	5				5	
18	病势	突病∨病急∨快∨最急性经过	2	5			5		
19	病特征	发热+肌肉僵硬+淋巴结肿大	1		35				
20		急死	1				15		
21		神障+兴奋↑+狂躁意乱+终死	1					15	
22		运动神经麻痹	1			15			
23		因湿发病	1				10		
24	动	不便	2		5	5			
25		强直∨抽∨痉挛	2	5			5		
26		游泳状	1	10					
27		点头运动	1			15			
28	动-步	(高举∨驴跑∨雄鸡)步态	1						5
29		不能跳跃∨遇沟坡等障碍跌倒	1						5
30		僵硬	2						
31		头弯一侧	1		10				
32		失调失衡∨蹒跚∨不稳∨倒地∨晃	4	5	5	5			5
33	动-卧	卧∨喜卧∨不起∨难站	1				5		
34	腹围	大∨肚胀∨腹胀∨增大	1	5					
35	羔-类	腹泻-间歇性∨持续	1		5				
36	羔-新羔	死胎	1		10				

续 13-1 组

序	类	症状	统	1 羊炭疽	6 羊土拉杆菌病	12 肉毒梭菌中毒症	19 羊猝狙	29 狂犬病	35 绵羊痒病
37	呼吸	快∨促∨浅∨频数>20次/分	1	5					
38		困难	1	5					
39	呼吸式	腹式∨胸式	1			10			
40	肌肉	震颤∨痉挛∨颤抖	1						5
41	口	舔舌	1						15
42		咬(唇∨腹肋∨股∨尾)部	1						15
43	口流涎	带泡沫∨血	2			5		5	
44	口-磨牙		2	5				5	
45	淋巴结	肿-体表的	1		5				
46	尿-色	血尿	1	5					
47	皮	红∨肿∨破溃∨出血	1						10
48		损伤∨溃疡	1					5	
49		舔咬伤口致不愈	1					5	
50	皮痒	剧痒	1						5
51	身	衰弱∨虚弱	2				5		5
52		瘫痪	1						5
53		卧地∨卧地不起∨横卧不起∨长卧	2					5	5
54		消瘦∨瘦弱∨营养不良∨障碍	2				5		5
55		震颤∨颤抖∨痉挛	2						5
56	身-腰	伸颈∨摆头∨咬唇∨舔舌	1						5
57	食	吞咽困难∨有吞咽呕动作	1					5	
58	食欲	减退∨不振	1					5	
59	天然孔	七窍出血不易凝固	1	40					
60	头	高举∨后仰∨高仰∨抬起∨头后弯	1						10
61	头颈	伸直∨伸颈∨摇头∨甩头	1					5	
62	头颈尾	弯一侧∨歪斜∨偏向一侧	1			10			
63	尾	向一侧摆动	1			10			
64	温-寒战	战栗	1	5					
65	消-反刍	无∨停∨少∨慢	1					2	
66	消-粪	腹泻含:黏脓∨黏液∨血∨混血	2	5	5				

续 13-1 组

序	类	症 状	统	1 羊炭疽	6 羊土拉杆菌病	12 肉毒梭菌中毒症	19 羊猝疽	29 狂犬病	35 绵羊痒病
67	眼结膜	紫绀	1	5					
68	眼视力	凝视∨目光呆滞	1						5
69	运一后肢	软弱无力∨肢麻痹	1						5
70		瘫软∨软弱∨瘫痪	1			15			
71	运一肢	僵∨僵硬	1			15			
72	黏膜色	发绀	1	10					
73	殖一流产	流死胎	1			15			

13-2 组 兴奋不安(其他病)

序	类	症 状	统	43 脑多头蚴病	50 疥螨病	51 痒螨病	53 羊鼻蝇蛆病	59 食管阻塞	62 急性瘤胃膨胀	67 绵羊肠扭转	75 尿结石	77 氢氰酸中毒	78 有机磷中毒
		ZPDS		22	13	15	18	16	14	26	14	21	23
1	精神	烦躁不安-因啃咬擦痒	4		5	5	5		5				
2		兴奋→沉郁→衰弱	1									5	
3		兴奋∨不安	6	5			5	5	5		5		5
4		沉郁∨抑郁	3	5							5	5	
5		昏睡∨昏迷	1										5
6		离群	1	5									
7		神经症状	3	5									5
8		委顿	1							5			
9	嗳气	停止	1						10				
10	鼻	发凉	1										10
11	鼻孔	逆水	1				15						
12	鼻涕	浆性∨水性鼻液	1				10						
13	鼻	炎∨烂∨血∨红肿∨痒∨摩∨痂阻	1				10						
14	病季	春∨春初∨晚春	2		5	5							
15		春末夏初放牧羊群	1					5					

续 13-2 组

序	类	症状	统	43 脑多头蚴病	50 疥螨病	51 痒螨病	53 羊鼻蝇蛆病	59 食管阻塞	62 急性瘤胃臌胀	67 绵羊肠扭转	75 尿结石	77 氢氰酸中毒	78 有机磷中毒
16		秋∨秋末∨秋初	2		5	5							
17		冬∨冬末	2		5	5							
18	病时	剪毛后	1								15		
19	病始于	毛密温湿恒定皮-背臀尾	1			15							
20		柔软毛短皮-口鼻眼耳	1		15								
21	病势	突病∨病急	2					5			5		
22		慢∨缓慢	2	5			5						
23		快-吃青苗15分钟突然发作	1									5	
24	病特征	发病急+呼吸难+肌震颤现缺氧	1									15	
25		排尿障碍∧肾区痛	1								10		
26		神经功能紊乱-过度兴奋	1										10
27	病因	1次吃大量青苗	1									15	
28		吃易发酵∨霜霉料	1						15				
29		剪毛饱食、翻体粗暴	1							10			
30		尿盐成结石	1								15		
31		气管炎-误入异物	1					5					
32		因过饥吃块状饲料而病	1						15				
33	虫-寄	皮肤表面	1			10							
34		皮肤角化层下凿隧道	1		10								
35	虫-蛆	幼虫20~30毫米像桑葚寄羊鼻孔	1				10						
36	虫足	4对短粗,后足不超体缘	1		10								
37		4对细长,多超出体缘	1			10							
38	动	呆立不动	1								10		
39		前冲∨后退	1	5									
40		前冲后撞∨强迫运动	1							10			
41		强直∨抽∨痉挛	1	5									
42	震颤		2									5	5
43		转圈∨旋转∨回旋运动	2	5		5							
44	动-步	小	1								10		
45		失调失衡∨踌躇∨不稳∨倒地∨晃	5	5			5	5	5		5		

续 13-2 组

序	类	症 状	统	43 脑多头蚴病	50 疥螨病	51 痒螨病	53 羊鼻蝇蛆病	59 食管阻塞	62 急性瘤胃臌胀	67 绵羊瘤肠扭转	75 尿结石	77 氢氰酸中毒	78 有机磷中毒
46	动-卧	急起急卧	1							10			
47	卧∨喜卧∨不起∨难站		2	5						5			
48	耳	发凉	1										10
49	腹壁	叩之如鼓∨触诊敏感拒按	1							15			
50	腹部	触诊紧张	1						10				
51		臌胀-严重	1						10				
52	腹痛	弓背∨伸腰∨塑腹∨刨地∨起卧	5						5	5	5	5	5
53		重剧∨镇痛药无效	1							15			
54	腹围	大∨肚胀∨腹胀∨增大	6					5	5	5			
55	公羊	丧失配种能力	1								5		
56	呼-肺炎	异物性肺炎	1					5					
57	呼-咳	食误入气管	1					5					
58	呼吸	60次/分以上	1							10			
59		快∨促∨浅∨频数>20次/分	3	5						5		5	
60	困难		4				5		5			5	5
61		微弱	1							10			
62	肌	麻痹	1										5
63	肌肉	震颤∨痉挛∨颤抖	2									5	5
64	口唇	翘唇	1							10			
65	口唇	沾白色泡沫-少量	1							10			
66	口流涎	白色泡沫∨血	1								5		
67	口流涎	呕吐	1										10
68	口流涎		1					5					
69	毛	粗乱无光∨逆立	1		5								
70	毛	大片被毛脱落	1			15							
71	毛	脱毛∨易脱	1		5								
72	尿闭	发生尿毒症	1								5		
73	尿-量	滴频	1								15		
74	尿-量	失禁	2	15									15
75	尿-量	失禁因膀胱麻痹	1	5									
76	尿难	混血∨尿痛苦哞叫	1								35		
77	皮	现痂皮∨龟裂	2		10	10							

续 13-2 组

序	类	症状	统	43 脑多头蚴病	50 疥螨病	51 痒螨病	53 羊鼻蝇蛆病	59 食管阻塞	62 急性瘤胃臌胀	67 绵羊肠扭转	75 尿结石	77 氢氰酸中毒	78 有机磷中毒
78	皮－汗	多汗	1										15
79	皮痒	剧痒－围墙柱栏擦痒	2		15	15							
80	皮痒	影响采食和休息	2		10	10							
81	皮因	擦啃现丘疹∨结节∨水疱∨脓疱	2		10	10							
82	身	蹲腰	1								10		
83		衰弱∨虚弱	1	5									
84		卧地∨卧地不起∨横卧不起∨长卧	1	5									
85		消瘦∨瘦弱∨营养不良∨障碍	5	5	5	5	5				5		
86	身－肷窝	突起	1						10				
87		左肷窝向外突出∨高于髋节∨脊背	1						10				
88	身－腰背	弓背∨伸腰∨两肷内吸	1								10		
89	身－姿	努责－排尿	1								5		
90	食	吞咽困难∨有吞咽呕作动作	1					10					
91	食－采食	停止	1					5					
92	食管	胸部现痛	1					5					
93	食欲	减退∨不振	4	5			5			5			5
94		无∨拒废∨厌食∨废绝	3	5			5						5
95	蹄	踢蹄骚动	1								10		
96	头	摆头∨回头顾腹	1								10		
97	头	高举∨后仰∨高仰∨抬起∨头后弯	1	10									
98	头	石灰头	1		15								
99	头颈	伸直∨伸颈∨摇头∨甩头	2				5	10					
100	头颈	弯一侧∨歪斜∨偏向一侧	1				5						
101	头－颈	突起可触及食块	1					35					
102	头－下垂	蚴在脑正前部	1	5									
103	尾	时而摇尾,不排粪尿	1								15		
104	胃－瘤胃	腹听诊瘤胃蠕动音强∨弱	1						10				
105		臌胀	1									10	
106		叩呈鼓音∨蠕动弱∨次少	1						40				

续 13-2 组

序	类	症状	统	43 脑多头蚴病	50 疥螨病	51 痒螨病	53 羊鼻蝇蛆病	59 食管阻塞	62 急性瘤胃膨胀	67 绵羊肠扭转	75 尿结石	77 氢氰酸中毒	78 有机磷中毒
107	消一反刍	无∨停∨少∨慢	1						5				
108	消一粪	腹泻含:黏脓∨黏液∨血∨混血	1										5
109	眼球	震颤∨瞳孔缩小	1										15
110	眼睑	肿∨水肿∨痛∨闭	1				5						
111	眼结膜	充血红∨红肿	1									5	
112		紫绀	1						5				
113	眼流泪	浆性∨水性	1				10						
114	眼瞳孔	散大	1									10	
115	运一后肢	不敢高抬	1								15		
116		麻痹	2	5								5	
117	运一肢	发凉	1										10
118		后肢弹腹	1							10			
119		麻痹	4	5			5					5	5
120	黏膜色	苍白	1										5
121		鲜红	1									10	
122	诊一全阻	水∨唾液不能咽下,从口鼻流出	1					5					
123		阻物上方存液体手摸波动感	1					5					
124	殖一流产	∨阴道流水	1										10

14 组 磨牙

序	类	症状	统	1 羊炭疽	16 羊链球菌病	17 羊快疫	18 羊肠毒血症	23 羔羊支原体病	29 狂犬病	83 子宫炎
		ZPDS		16	22	20	20	27	18	11
1	口一磨牙		7	5	5	5	5	5	5	10
2	鼻	黏脓性∨黏性分泌物∨黏液性	1					5		
3	鼻色	沸铁锈色	1					15		
4	鼻涕	浆性∨水性∨黏液	2		5			5		
5		沫	1			10				

续 14 组

序	类	症 状	统	1 羊炭疽	16 羊链球菌病	17 羊快疫	18 羊肠毒血症	23 羔羊支原体病	29 狂犬病	83 子宫炎
6		脓性∨脓血痢	1		5					
7	动	不愿动∨不愿走	1			5				
8		独自奔跑	1						15	
9		强直∨抽∨痉挛	4	5	5	5	5			
10		无力难动	1			5				
11		游泳状	1	10						
12	动-步	失调失衡∨蹒跚∨不稳∨倒地∨晃	2	5		5				
13	动-卧	卧∨喜卧∨不起∨难站	1				5			
14	腹痛	弓背∨伸腰∨望腹∨刨地∨起卧	2			5	5			
15	腹围	大∨肚胀∨腹胀∨增大	3	5			5	5		
16	呼-咳	痛咳∨干咳	1					10		
17	呼吸	快∨促∨浅∨频数>20次/分	1	5						
18		困难	3	5	5			5		
19	呼-胸壁	触压痛	1					10		
20	呼-咽喉	肿	1		10					
21	叫	呻吟	2				5			10
22	精神	沉郁∨抑郁	2				5	5		
23		冲撞墙壁	1						15	
24		拱腰痛苦状	1					10		
25		昏睡∨昏迷	2	5		5				
26		狂暴不安∨攻击人畜	1						15	
27		离群呆立∨掉群	1				5			
28		神经麻痹	1						5	
29		神经麻痹-喉头∨后躯∨下颌	1						5	
30		委靡不振∨不佳∨较差	2		5					5
31		兴奋∨不安	2	5					5	
32		兴奋期无∨短	1						5	
33		眩晕	1	5						
34		意识紊乱	1						10	
35	口	溃烂	1					5		
36	口唇	皮肤发疹	1					5		

续 14 组

序	类	症 状	统	1 羊炭疽	16 羊链球菌病	17 羊快疫	18 羊肠毒血症	23 盖羊支原体病	29 狂犬病	83 子宫炎
37		肿	1		5					
38		口流涎	4			5	5	5	5	
39		带泡沫∨血(数分钟至几小时死)	2			15	5			
40	口膜	异常	1					5		
41	口-舌	肿大	1		5					
42	淋巴结	颌淋巴结肿	1		10					
43	尿-色	血尿	1	5						
44	尿-姿	时时作排尿姿势	1							5
45	皮	水肿	1		5					
46		损伤∨溃疡	1						5	
47		舔咬伤口致不愈	1						5	
48	乳房	皮肤发疹	1					5		
49		疹∨烂∨疱	1					15		
50		肿	1		15					
51	身	抽搐	1			5				
52		起卧不安	1						5	
53		衰弱∨虚弱	1			5				
54		卧地∨卧地不起∨横卧不起∨长卧	2			5		5		
55		消瘦∨瘦弱∨营养不良∨障碍	2			5		5		
56		震颤∨颤抖∨痉挛	1			5				
57	身-腰背	弓背∨弓起痛苦状	2					10		10
58	身-姿	努责	1							5
59	食欲	减退∨不振	4		5			5	5	5
60		无∨拒废∨厌食∨废绝	1					5		
61	天然孔	七窍出血不易凝固	1	40						
62	头	高举∨后仰∨高仰∨抬起∨头后弯	1				5			
63		角弓反张头后弯	1				5			
64	头-面	面颊肿	1		5					
65	胃-前胃	弛缓∨蠕动减弱	1							5
66	温-寒战	战栗	1	5						
67	消-反刍	少∨慢	2					5	5	

续 14 组

序	类	症　状	统	1 羊炭疽	16 羊链球菌病	17 羊快疫	18 羊肠毒血症	23 羔羊支原体病	29 狂犬病	83 子宫炎
68		无∨停	1		5					
69	消一粪	腹泻	4		5	5	5	5		
70		含:黏脓∨黏液∨血∨混血	2	5	5					
71		松软	1		5					
72	消一粪色	黄褐色	1				5			
73		黄绿∨黄褐	1				15			
74	眼睑	肿∨水肿∨痛∨闭	1		5					
75	眼结膜	充血红∨红肿	1		5					
76		紫绀	2	5				5		
77	眼流泪	浆性∨水性∨粘脓性	2		5			5		
78	殖一流产		2		5			5		
79	殖一阴户	流污红物	1							5
80	殖一子宫	炎:分:卡他性、出血性、化脓性	1							10
81	殖一子宫	炎:娩∨助产∨宫脱∨腹膜炎等致	1							15
82	病程	短促∨急	1			10				
83	病促因	气候变∨阴雨∨寒冷∨饥饿∨冰雪	1			5				
84	病势	突病∨急	3	5		5	5			
85	病特征	发热+咳嗽	1					15		
86		急死	1				15			
87		神障+兴奋↑+狂躁意乱+终死	1						15	
88		突发+病程短+皱胃出血炎	1			15				
89	病羊	营养膘情较好羊	2			10	10			
90	病因	潮湿低洼沼泽污染草水+促因	1			10				
91		饿食带霜草	1			15				
92		疯犬咬伤病	1						15	

15-1组 流产∨角膜异常(传染病)

序	类	症 状	统	6 羊土拉杆菌病	8 李氏杆菌病	10 钩端螺旋体病	13 羊布氏杆菌病	14 羊沙门氏菌病	15 羊弯杆菌病	16 羊链球菌病	22 羊衣原体病	23 盖羊支原体病	31 绵羊痘	32 山羊痘
		ZPDS		18	16	21	14	18	14	22	17	27	17	17
1	殖一流产		11	10	10	10	5	5	5	5	5	5	5	5
2		初产母羊流产	1				15							
3		地方流行性	1								10			
4		多数痊愈	1								10			
5		流一停一流(1~2年)	1				15							
6		流一次	2				20			5				
7		率:20%~30%	1							5				
8		死胎∨死羔∨弱胎∨弱羔	3	15				10	5					
9		先兆:无∨轻一少量阴道分泌物	1					10						
10	殖一时间	妊娠3~4个月	1				15							
11		妊娠4~5个月(孕后期)	1					5						
13		妊娠中后期	1								5			
14		妊娠最后2个月	1					5						
15		主要表现(少~50%)	1			25								
16		子宫炎∨脓毒症∨腹膜炎→死	1							10				
17	殖一胎衣	滞留	1							5				
18	殖一阴道	流水∨流脓物	2			15				5				
19	殖一子宫	炎∨脓	1							10				
20	鼻涕	铁锈色	1									15		
21	鼻	炎烂痂血红肿	1		10									
22	鼻涕	黏脓性∨黏性∨脓性∨脓血痂	2							5		5		
23		浆性∨水性鼻液	2							5		5		
24	鼻黏膜	坏死	1			5								
25	动	不便	1	5										
26		强直∨抽∨痉挛	1							5				
27		游泳状∨转圈∨旋转∨倒地	1		10									
28	动一跛行		2				5			5				
29	动一步	僵硬	1	5										

续 15-1 组

序	类	症状	统	6 羊土拉杆菌病	8 李氏杆菌病	10 钩端螺旋体病	13 羊布氏杆菌病	14 羊沙门氏菌病	15 羊弯杆菌病	16 羊链球菌病	22 羊衣原体病	23 羔羊支原体病	31 绵羊痘	32 山羊痘
30		失调失衡∨蹒跚∨不稳∨倒地∨晃	1	5										
31	腹膜	炎	1							10				
32	腹痛	弓背∨伸腰∨望腹∨刨地∨起卧	1						5					
33	腹围	大∨肚胀∨腹胀∨增大	1									5		
34	羔	病率多	2										5	5
35		病重∨症全	1	5										
36		死率很高	1	5										
37	羔一粪	腹泻	1					10						
38	公羊	附睾炎∨睾丸炎	1				10							
39	呼一咳	干咳∨痛咳	2		5							10		
40	呼吸	困难	2						5			5		
41	呼一胸	触胸敏感	1									10		
42	呼一咽喉	肿	1							10				
43	叫	呻吟	1									5		
44	精神	沉郁∨抑郁	3		5			5				5		
45		拱腰痛苦状	1									10		
46		昏睡∨昏迷	2	5	5									
47		委顿	1	5										
48		委靡不振∨不佳∨较差	4	5						5			5	5
49		兴奋∨不安	1	5										
50	口	干	2							5		10		
51		啃咬痒部∧凄叫	1				10							
52		渗出∨溃烂∨结痂	1									10		
53		咬（唇∨腹肋∨股∨尾）部	1					10						
54	口臭		2					10				5		
55	口唇	震颤	1						5					
56		肿	1	5										
57	口一咀嚼	经常作咀嚼动作	1							5				
58		困难∨障碍	1			10								
59	口流涎		3				5	5		5				

续 15-1 组

序	类	症状	统	6 羊土拉杆菌病	8 李氏杆菌病	10 钩端螺旋体病	13 羊布氏杆菌病	14 羊沙门氏菌病	15 羊弯杆菌病	16 羊链球菌病	22 羊衣原体病	23 盖羊支原体病	31 绵羊痘	32 山羊痘
60		带泡沫∨血∨唾液红色	2					5		5				
61		流泡沫唾液	1				10							
62	口膜	潮红∨充血	1									10		
63		坏死	1	5										
64		渗血	1					5						
65		水疱脓疱糜烂碍食∨嚼∨咽	1			5								
66		异常	2	5		5								
67		肿∨充血∨发绀∨青紫淤斑∨溃烂	1					15						
68	口-磨牙		1		5									
69	口-舌	充血∨发绀	1					5						
70		蓝色	1					35						
71		青紫淤斑∨溃烂	1					5						
72		苔黄厚∨薄白	1									10		
73		舔舌	1					15						
74		肿大	1		5									
75	口炎	渗出∨溃烂∨结痂	1								10			
76	口周	泡沫	1							5				
77	尿	污染水土	1			5								
78	尿-色	血红蛋白尿	1			10								
79		血尿	1			5								
80		血色素尿	1			10								
81	皮	痘疹→化脓坏疽溃疡恶臭	2										10	10
82		红斑1~2天→丘疹凸硬白	2										10	10
83		脓疱干缩→痂脱留瘢痕	2										10	10
84		丘疹→结节2~3天→水疱	2										10	10
85		丘疹→终止	2										5	5
86		水疱液增,央脐状	2										10	10
87		水肿	1							5				
88		体温降水疱→脓疱体温升	2										10	10
89	皮痘	绵羊患-绵羊天花	1										40	
90		山羊患	1											40

续 15-1 组

序	类	症 状	统	6 羊土拉杆菌病	8 李氏杆菌病	10 钩端螺旋体病	13 羊布氏杆菌病	14 羊沙门氏菌病	15 羊弯杆菌病	16 羊链球菌病	22 羊衣原体病	23 羔羊支原体病	31 绵羊痘	32 山羊痘
91		在无毛∨少毛处	2										10	10
92		在眼、唇、鼻、颊、尾、肢内侧	2										10	10
93		在阴唇、乳房或阴囊、包皮	2										10	10
94	皮-黄疸		1			10								
95	皮肤	痘∨化脓炎	2										15	15
96		红斑∨丘疹∨水疱∨脓疱∨痂∨愈	2										10	10
97		坏死	1			10								
98	乳房	皮肤发疹	1								5			
99		疹∨烂∨疱	1									15		
100		肿	1							15				
101	身	卧地∨卧地不起∨长卧	1				5							
102		消瘦∨瘦弱∨营养不良∨障碍	2				5					5		
103		衰竭	1				5							
104	身-腰背	弓起痛苦状	1									10		
105	食欲	减∨不振∨不思	5		5					5	5	5	5	5
106		无∨拒∨厌∨废∨停	3				5		5		5			
107	头颈	高举∨后仰∨高仰∨抬起∨头后弯	1		10									
108		角弓反张	1											
109		强直	1		15									
110	头-面	麻痹	1		15									
111		面颊肿	1							5				
112	消-反刍	少∨慢	1								5			
113		无∨停	2			5								
114	消-粪含	含:黏脓∨黏液∨血∨混血	2			5								
115	消-粪泻	腹泻∨稀水∨软∨稀粥	6	5		5		5	5	5	5			
116		腹泻-人动物	1						5					
117	眼睑	肿∨水肿∨痛∨闭	1								5			
118	眼角膜	炎	1				5							
119		疡	1				5							
120		翳∨云翳∨血管翳	2				5				5			

续 15-1 组

序	类	症状	统	6 羊土拉杆菌病	8 李氏杆菌病	10 钩端螺旋体病	13 羊布氏杆菌病	14 羊沙门氏菌病	15 羊弯杆菌病	16 羊链球菌病	22 羊衣原体病	23 羔羊支原体病	31 绵羊痘	32 山羊痘
121	眼结膜	炎	1								5			
122		苍白∨黄白	1			5								
123		充血红∨红肿	1							5				
124		紫绀	1									5		
125	眼流泪	浆性∨水性	3							5	5	5		
126		黏性∨脓性物	2							10		5		
127	运-肢	后肢瘫软∨软弱∨瘫痪	1	15										
128		僵∨僵硬	1	15										
129	运-关节炎	关节炎肿∨滑液囊炎	2				5			5				
130	运-肢	游泳状	1		10									
131	病势	羊群暴发1次持续10～15天	1					5						
132	病死率	高	1		5									
133	病特征	发热+肌肉僵硬+淋巴结肿大	1	35										
134		发热+咳嗽	1									15		
135		黄疸+血尿+皮膜死+发热+迅衰	1			15								
136		面麻痹	1		15									
137		神经功能紊乱-转圈	1		15									
138	病因	因湿发病	1									10		
139	病-预后	8～15天痊愈	1	10										

15-2组 流产(其他病)

序	类	症状	统	42 血吸虫病	55 弓形虫病	78 有机磷中毒	79 流产	85 创伤
		ZPDS		10	11	20	13	8
1	殖-流产		5	5	5	5	5	5
2		缓慢-症状有	1				5	
3		他症不明显	1			10		
4		突然-症状无	1				5	
5		外伤也可以造成流产	1					5
6		小产∨流产∨早产	1				5	
7		因伤数小时∨数天排胎儿	1				15	
8		隐性:不排胎儿胎骨而排溶解物	1				15	
9		在:娩前4～6周	1		15			
10	殖-胎儿	被排出	1				35	
11	殖-阴道	流水∨流脏物	1			15		
12	殖-阴门	流羊水	1				10	
13	殖-孕	导致不孕∨影响受胎	1	10				
14	鼻	发凉	1			10		
15	鼻涕	浆性∨水性∨鼻液	1		10			
16	动	震颤	1			5		
17	动-步	失调失衡∨蹒跚∨不稳∨倒地∨晃	1			10		
18	耳	发凉	1			10		
19	腹痛	弓背∨伸腰∨望腹∨刨地∨起卧	2			5	5	
20	腹围	大∨肚胀∨腹胀∨增大	1			5		
21	腹下	水肿	1	10				
22	呼-咳嗽	呼吸症状	1			10		
23	呼吸	困难	2		5	5		
24	叫	哞叫	1				5	
25	精神	昏睡∨昏迷∨兴奋∨不安	1			5		
26		神经症状	2		5	5		
27		痛苦状	1			15		
28		委靡不振∨不佳∨较差∨欠佳	1				5	
29	尿失禁	∨皮多汗	1			15		
30	黏膜色	苍白	2	5	5			
31	皮	黄疸	1	10				

87

续 15-2 组

序	类	症 状	统	42 血吸虫病	55 弓形虫病	78 有机磷中毒	79 流产	85 创伤
32	贫血		1	15				
33	身	渐瘦∨体重↓∨瘦弱∨营养不良	1	10				
34	身一姿	努责	1				10	
35	食欲	减∨无∨拒∨厌∨废∨停	2			5	5	
36	蹄	溃烂∨烂斑∨腐∨化脓∨坏死	1					10
37	头颈	颌下水肿	1	10				
38	消一粪含	含：黏脓∨黏液∨血∨混血	2	10		5		
39	消一粪泻	腹泻∨稀水∨软∨稀粥	3	5	5	5		
40	消一呕吐		1			10		
41	眼流泪		1		10			
42	眼结膜	苍白∨黄白∨眼球震颤∨眼瞳孔缩小	1			10		
42	眼视力	弱∨障碍∨视力模糊∨紊乱	1		10			
44	运一肢	麻痹∨发凉	1			5		
45	伤口	化脓	1					10
46	创面	肿∨痛∨增温∨流脓∨厚脓痂	1					10
47	创腔	深∧口小：创囊∨脓肿∨蜂窝织炎	1					10
48	创伤	出血+痛+伤口开裂	1					15
49	创缘	肿∨痛∨增温∨流脓∨厚脓痂	1					10
50	诊一确诊	症+接毒史和分析+胆碱酯酶	1			35		

16 组 阴门流脏物∨子宫炎

序	类	症 状	统	13 羊布氏杆菌病	15 羊弯杆菌病	22 羊衣原体病	27 羊传染性脓疱	78 有机磷中毒	79 流产	81 阴道脱出	82 胎衣不下	83 子宫炎
		ZPDS		10	11	11	13	22	13	8	14	12
1	殖一阴唇	羊肿∨溃疡	2			5			5			
2	殖一阴道	羊分泌物一黏液性	1		5							
3		全脱如拳大∧宫颈闭锁	1							15		
4		脱:羊全身现症一体温高 40℃	1							10		
5		脱出阴门外	1							15		

续16组

序	类	症 状	统	13 羊布氏杆菌病	15 羊弯杆菌病	22 羊衣原体病	27 羊传染性脓疱	78 有机磷中毒	79 流产	81 阴道脱出	82 胎衣不下	83 子宫炎
6		黏膜发红∨青紫∨水肿∨损伤	1							10		
7		黏膜∨出血∨结痂∨污草粪	1							10		
8		脱如桃大∧仅阴道入口部脱出	1							15		
9		饲管长∨年大∨腹压大∨过力	1							15		
10	殖—阴门	流恶露∨腐败∨臭∨碎片	1								15	
11		流污红物∨流脏物	3	15		5						5
12		流羊水	2					15	10			
13		母羊皮肤溃疡	1				5					
14	殖—流产		6	5	5	5		5	5		5	
15		初产母羊流产	1	15								
16		地方流行性∨多数痊愈	1		10							
17		缓慢—症状有	1						5			
18		流—停—流(间1~2年)	1		15							
19		流1次	2	20		5						
20		率:20%~30%	1			5						
21		弱胎∨弱羔∨死胎∨死羔	2		10	5						
22		先兆:无∨轻	1		10							
23		突然∨小产∨流产∨早产	1						5			
24		因伤数小时∨数天排胎儿	1						15			
25		阴门:附黏液∨痂∨脓物∨恶露	1		10							
26		隐性:不排胎儿∨胎骨而排溶解物	1						15			
27		在:妊娠中后期	1			5						
28		在:孕3~4月	1	15								
29		在:孕4~5个月(孕后期)	1		5							
30		主要表现(少至50%)	1	25								
31	殖—胎儿	被排出	1						35			
32	殖—胎衣	垂露阴门外	1								15	
33		滞留∨腐败	2			5					10	
34	殖—阴囊	公羊脓疱∨溃疡∨囊鞘肿胀	1				5					
35	殖—子宫	分泌物少	1									5
36		坏死∨卡他∨出血∨化脓性	1									5
37		炎:病程长∨较急性轻微	1									10

续 16 组

序	类	症 状	统	13 羊布氏杆菌病	15 羊弯杆菌病	22 羊衣原体病	27 羊传染性脓疱	78 有机磷中毒	79 流产	81 阴道脱出	82 胎衣不下	83 子宫炎
38		炎；娩∨助产∨宫脱∨腹膜炎等致	1									15
39	殖子宫炎	娩∨助产∨宫脱∨腹膜炎等致	1									15
40		脓	1		10							
41	耳	发凉	1					10				
42		甩耳	1				10					
43	腹痛	弓背∨伸腰∨望腹∨刨地∨起卧	3		5			5	5			
44	腹围	大∨肚胀∨腹胀∨增大	1					5				
45	呼一咳		1			5						
46	呼吸	快∨促∨浅∨频数>20次/分	1							5		
47	呼吸	困难	1			5						
48	肌	麻痹∨震颤∨痉挛∨颤抖	1					5				
49	叫	咩叫	1						5			
50		呻吟	1									5
51	精神	昏睡∨昏迷	1					5				
52		痛苦状	1					15				
53		委靡不振∨不佳∨较差∨欠佳	2						5		5	
54		兴奋∨不安	1					5				
55	口	干	1		5							
56		啃咬痒部∧凄叫	1	10								
57		渗出∨溃烂∨结痂	1				10					
58	口唇	震颤	1		5							
59	口流涎	流泡沫唾液	1		10							
60	口膜	潮红∨炎渗出∨溃烂∨结痂	1				10					
61	尿-量	失禁	1					15				
62	尿-姿	时时作排尿姿势	1								5	
63	皮	脓疱∨损伤∨溃疡	1				10					
64	皮-汗	多汗	1					15				
65	乳房∨乳头	脓疱∨烂斑∨痂垢-病羔吸乳致	1				10					
66	身	抽搐	1					5				
67		卧-喜卧地	1							5		
68		消瘦∨瘦弱∨营养不良∨障碍	1				5					
69	身-腰背	弓背∨拱腰	2							5	5	

续 16 组

序	类	症状	统	13 羊布氏杆菌病	15 羊弯杆菌病	22 羊衣原体病	27 羊传染性脓疱	78 有机磷中毒	79 流产	81 阴道脱出	82 胎衣不下	83 子宫炎
70	身-姿	努责	3							10	10	10
71	食	吞咽困难∨	1				5					
72	食欲	减∨不振∨不思	3				5				5	5
73		无∨拒∨厌∨废∨停	3				5	5			5	
74	胃-前胃	弛缓∨蠕动减弱	1									5
75	消-粪含	含：黏脓∨黏液∨血∨混血	1									5
76	消-粪泻	腹泻∨稀水∨软∨稀粥	2		5			5				
77	消-呕吐		1					10				
78	眼角膜	炎	1	5								
79	眼球震颤	瞳孔缩小	1					15				
80	运-关节	多发关节炎	2	5		5						
81	运-后肢	蹄关节污胎衣	1								15	
82	运-肢	发凉	1					10				
83	黏膜色	苍白	1					5				
84	病龄	6月龄至5岁∨成羊	1				5					
85	病龄-盖	8日龄~6月龄	1				5					
86	病特征	口唇丘疹+脓疱+溃疡+疣痂	1				15					
87		神经功能紊乱-过度兴奋	1					10				
88		产后4~6小时胎衣仍排不下来	1								15	
89		妊娠中断不足月就排出胎儿	1						15			
90		缺运动∨饲养失调体弱	1							15		

17-1组 新生羔羊∨羔羊疾病(传染病)

序	类	症 状	统	6 羊土拉杆菌病	8 李氏杆菌病	9 大肠杆菌病	13 羊布氏杆菌病	14 羊沙门氏菌病	20 羔羊痢疾	22 羊衣原体病	31 绵羊痘	32 山羊痘	33 蓝舌病	34 山羊关节炎
		ZPDS		14	17	33	10	24	31	24	15	15	23	22
1	背	弓背	1					5						
2	鼻	炎烂痂血红肿	1										10	
3	鼻涕	混血∨带血∨脓痂	1										5	
4		浆性∨水性∨鼻液	1										5	
5	病龄	2日龄至6月龄	1		5									
6	肠炎	部分病例	1							5				
7	动	跛行	4			5			5				5	5
8		不便	1	5										
9		关节炎肿痛	3			10	5			5				
10		失调失衡∨蹒跚∨不稳∨摇∨晃倒	3	5		5								5
11		卧∨喜卧∨不起∨难站	2			5				5				
12		游泳—划动	2		10									5
13		肢僵∨僵硬∨步僵硬	2	15										5
14		肢麻∨瘫软∨软弱∨瘫痪	2	15					5					
15		转圈∨旋转	2		10									5
16	粪	失禁里急后重	1						10					
17		便秘∨干	1										5	
18		含泡沫∨气泡∨乳块	1			10								
19		含黏脓∨血	4			5		5	5				5	
20		黄绿∨黄白∨灰白色	1					5						
21		失禁∨里急后重	1					10						
22		味恶臭∨腥恶臭	3			10		5	5					
23		泻∨稀水∨软∨稀粥	5	5		5		5	5				5	
24		泻粪发白	1			15								
25	腹	触:胃肠有疙瘩	1						10					
26	腹痛	∨压痛—弓背∨伸腰∨望腹∨刨∨起卧	2			5			5					
27	腹围	大∨肚胀∨腹胀∨增大	2			5			5					
28		小(卷)	1						10					

续 17-1 组

序	类	症状	统	6 羊土拉杆菌病	8 李氏杆菌病	9 大肠杆菌病	13 羊布氏杆菌病	14 羊沙门氏菌病	20 羔羊痢疾	22 羊衣原体病	31 绵羊痘	32 山羊痘	33 蓝舌病	34 山羊关节炎
29	公羊	睾丸炎∨附睾炎	2				15			5				
30	呼	支气管炎	1				5							
31	呼吸	咳嗽	1											5
32	呼吸	喘∨难∨快∨促∨浅∨频数>20次/分	4			5			5				5	6
33	肌	僵硬	1							5				
34	肌	嚼肌麻痹∨咽麻痹	1		10									
35	精神	闭目	2			5			5					
36		沉郁∨抑郁	5		5	5		5	5				5	
37		昏睡∨昏迷	4	5	5	5			5					
38		离群呆立∨掉群	2						5			5		
39		神经症状	2			5			5					
40		委靡不振∨委顿	7	5		5		5	5		5	5	5	
41		兴奋∨不安	1	5										
42	口	啃咬痒部∧凄叫	1				10							
43		渗出∨溃烂∨坏死∨结痂	4	5		5		5	10					
44	口臭		1				10							
45	口唇	翘唇	1						5					
46		水肿蔓延到颊耳颈胸腹	1				5							
47		沾白色泡沫-少量	1						5					
48	口流	白沫	1					5						
49	口流涎		6	5	5	5	5	5	5					
50		带泡沫∨血(数分钟-几小时死)	1		15									
51		流泡沫唾液	1			10								
52		唾液红色	1						5					
53	口膜	潮红∨充血	2					10	10					
54		痛	1					10						
55		异常	2	5	5									
56		肿∨充血∨发绀∨青紫淤斑∨溃烂	1				15							
57		肿胀	1					10						

续 17-1 组

序	类	症状	统	6 羊土拉杆菌病	8 李氏杆菌病	9 大肠杆菌病	13 羊布氏杆菌病	14 羊沙门氏菌病	20 羔羊痢疾	22 羊衣原体病	31 绵羊痘	32 山羊痘	33 蓝舌病	34 山羊关节炎
58	口	磨牙	2		5	5								
59	口-舌	充血∨发绀	1					5						
60		蓝色	1										35	
61		青紫淤斑∨溃烂	1					5						
62		肿大	1		5									
63	口炎	渗出∨溃烂∨结痂	1							10				
64	发病	传染快∧死得快	1						10					
65	毛	痊愈后被毛脱落	1										5	
66		脱毛∨易脱	1										5	
67	皮	痘疹	2								15	15		
68		痘疹→化脓坏疽溃疡恶臭	2								10	10		
69		红斑1~2天→丘疹凸硬白	2								10	10		
70		脓疱干缩→痂脱留瘢痕	2								10	10		
71		丘疹→结节2~3天→水疱	2								10	10		
72		丘疹→终止	2								5	5		
73		水疱液增,中央脐状	2								10	10		
74		水肿	1										5	
75		体温降水疱→脓疱体温升	2								10	10		
76	皮痘	绵羊患-绵羊天花	1								40			
77		山羊患	1									40		
78		在无毛∨少毛处	2								10	10		
79	皮膜	红斑∨丘疹∨水疱∨脓疱∨痂∨愈	2								10	10		
80	身	倒地	1					5						
81		弓背而立	1							5				
82		身不适	1							5				
83		生长慢∨营养障碍∨渐瘦∨体重↓	2							5				5
84		衰弱∨虚弱	5			5		5	5				5	5
85		卧地∨卧地不起∨长卧	4			5		5	5					5
86		消瘦∨瘦弱∨营养不良∨障碍	3			5							5	5

续 17-1 组

序	类	症状	统	6 羊土拉杆菌病	8 李氏杆菌病	9 大肠杆菌病	13 羊布氏杆菌病	14 羊沙门氏菌病	20 羔羊痢疾	22 羊衣原体病	31 绵羊痘	32 山羊痘	33 蓝舌病	34 山羊关节炎
87		吞咽困难∨	2										5	5
88	食欲	减∨不振∨不思	6		5	5		5			5	5	5	
89		无∨拒∨厌∨废∨停	3					5	5				5	
90	死	大批死	1						10					
91		急性败血症迅死	1		5									
92		突死	1				5							
93	蹄	红肿热痛∨敏感	1										10	
94		溃烂∨烂斑∨腐∨化脓∨坏死	1										10	
95		脱壳∨蹄壁分离	1										10	
96	体温	升至40℃~41℃	1					5						
97	头	低头	1											
98	头颈	高举∨后仰∨高仰∨后弯	1		10									
99		角弓反张	2		10									5
100		弯一侧∨歪斜∨偏向一侧	1											5
101		强直	1		15									
102	头-面	麻痹	2		15									5
103	眼角膜	混浊∨溃疡∨糜烂	1							5				
104		炎疡	1				5							
105		翳∨云翳∨血管翳	1							5				
106		翳∨云翳∨血管翳	1				5							
107	眼结膜	滤泡1~10毫米	1							5				
108		炎	1							5				
109	眼流泪	充血水肿	1							5				
110	眼球	震颤	1											5
111	眼视力	弱∨障碍∨视力模糊∨紊乱	1		5									
112		失明-双目∨脑病对侧的	1											5
113	黏膜	痘疹	2								15	15		
114	殖-流产	初产∨流1次∨在孕3~4个月	7	10	10		5	5		5				
115	殖-胎	娩儿畸形如脑积水等	1										10	
116		死胎	1	10										

续 17-1 组

序	类	症 状	统	6 羊土拉杆菌病	8 李氏杆菌病	9 大肠杆菌病	13 羊布氏杆菌病	14 羊沙门氏菌病	20 羔羊痢疾	22 羊衣原体病	31 绵羊痘	32 山羊痘	33 蓝舌病	34 山羊关节炎
117	病程	短∨急∨突死	1						5					
118		短促∨急	1			5								
119	病促因	母瘦∨羔瘦∨骤冷∨冻∨饥∨饱	1						5					
120	病龄	15~30日龄	1					5						
121		2~7日龄	4	15		15			15			15		
122		6月龄至5岁∨成羊	2		5									5
123		各龄	2					5						5
124	病龄-羔	8日龄至6月龄	1											5
125	病率	死率均高	1						10					
126	病特征	成山羊慢发(关节+肺∨乳房)炎	1											15
127		发热+肌肉僵硬+淋巴结肿大	1	35										
128		发热+消瘦+黏膜卡他炎	1										15	
129		腹泻	1			15								
130		面麻痹	1		15									
131		神经功能紊乱-转圈	1		15									
132		剧烈腹泻+小肠溃疡	1						15					

17-2 组 新生羔羊∨羔羊疾病(其他病)

序	类	症 状	统	38 肝片吸虫病	43 脑多头蚴病	45 细颈囊尾蚴病	55 弓形虫病	56 球虫病	72 羔羊白肌病	74 绵羊脱毛症	76 佝偻病
		ZPDS		12	26	8	9	15	10	10	13
1	鼻涕	浆性∨水性∨鼻液	1				10				
2	动	跛行	1								10
3		负重困难	1								5

续 17-2 组

序	类	症状	统	38 肝片吸虫病	43 脑多头蚴病	45 细颈囊尾蚴病	55 弓形虫病	56 球虫病	72 羔羊白肌病	74 绵羊脱毛症	76 佝偻病
4		前冲∨后退	1		5						
5		强直∨抽∨痉挛	1		5						
6		失调失衡∨踉跄∨不稳∨摇∨晃倒	3		5		10				10
7		爬行以腕关节着地∧后躯难抬	1								10
8		卧∨喜卧∨不起∨难站	1		5						
9		无力	1						5		
10		站立困难	1						10		
11		肢麻∨瘫软∨软弱∨瘫痪	1		5						
12		肢展开如青蛙	1								10
13		转圈∨旋转	1		5						
14	粪	便秘∨干	1							10	
15		含黏脓∨血	1					10			
16		味:恶臭∨腥恶臭	1					10			
17		泻∨稀水∨软∨稀粥	3				5	5		5	
18	腹水	增加	1			10					
19	腹痛	∨压痛-弓背∨伸腰∨望腹∨刨∨起卧	2			10				10	
20	骨	长骨弯曲	1								10
21	关节	痛∨肿-腕∨跗∨球关节明显	1								
22	呼-咳嗽		1				10				
23	呼吸	喘∨难∨快∨促∨浅∨频数>20次/分	3		5		5				5
24	精神	沉郁∨抑郁	2		5	5					
25		对声惊恐	1		5						
26		痉挛抽搐	1		5						
27		离群呆立∨掉群	3	5	5						5
28		前行遇障抵物呆立	1		5						
29		神经症状	2		5		5				
30		委靡不振∨委顿	2						10	5	
31		兴奋∨不安	1		5						
32		遇障停∨直走倒	1		15						
33	毛	被毛脱落∨无光泽灰暗∨不良	1							35	

续 17-2 组

序	类	症 状	统	38 肝片吸虫病	43 脑多头蚴病	45 细颈囊尾蚴病	55 弓形虫病	56 球虫病	72 羔羊白肌病	74 绵羊脱毛症	76 佝偻病
34		产量低	1	5							
35		脱毛∨易脱	1	5							
36	尿	血尿	1						5		
37	尿-量	失禁	1		15						
38	皮	黄疸	1			10					
39	乳	产量低	1	5							
40	身	发育迟缓	1					10			
41		倦怠∨乏力∨易疲	1	5							
42		强直性痉挛→麻痹	1					10			
43		生长慢∨营养障碍∨渐瘦∨体重↓	5	10	5	10		15			5
44		衰弱∨虚弱	3	5	5	5					
45		卧地∨卧地不起∨长卧	3		5			10			5
46		消瘦∨瘦弱∨营养不良∨障碍	5				5			5	
47	食	互啃被毛	1							10	
48		异食癖∨喜污类∨舔土	3	5						10	5
49	食欲	减∨不振	3	5	5		5				
50		无∨拒∨厌∨废∨停	2		5		5				
51	死	严重者	2			5	5				
52	死-突死	牧中受惊吓(奔跑∨兴奋)死	1						35		
53	体温	升至40℃~41℃	1				10				
54	头颈	高举∨后仰∨高仰∨抬起∨头后弯	1		10						
55		高举时蚴在脑后部	1		5						
56		颔下水肿	1	5							
57	胃肠	臌胀	1							10	
58	消化	不良	1							10	
59	循-心跳	加快	1								5
60	血	贫血-渐进性	1					10			
61	眼睑	肿∨水肿∨痛∨闭	1	5							
62	眼流泪	充血水肿	1				10				
63	眼视力	弱∨障碍∨视力模糊∨紊乱	3		5		10		10		
64		失明-双目∨脑病对侧的	1		5						

续 17-2 组

序	类	症状	统	38 肝片吸虫病	43 脑多蚴病	45 细颈囊尾蚴病	55 弓形虫病	56 球虫病	72 羔羊白肌病	74 绵羊脱毛症	76 佝偻病
65	药物	治疗不能控制病情	1						5		
66	殖-流产		1			5					
67	病龄	<1岁急性病	1					10			
68		6月龄至5岁∨成羊	1					5			
69	病特征	羔羊肠炎+消瘦+贫血+发育不良	1					15			
70		同群发病	1					5			
71		数周羔+弓背+肢无力卧+难动	1					15			

18组 尿色∨尿量异常

序	类	症状	统	1 羊炭疽	10 钩端螺旋体病	43 脑多蚴病	54 梨形虫病	58 瘤胃酸中毒	68 胃肠炎	72 羔羊白肌病	73 酮病	75 尿结石	78 有机磷中毒	83 子宫炎
		ZPDS		17	17	29	17	26	23	13	22	16	26	13
1	尿-色	混血	1									55		
2		色浓	2					10	10					
3		血红蛋白尿	2		10		5							
4		血尿	4	5	15		15			5				
5		血色素尿	1		10									
6	尿-量	滴频	1									15		
7		少	2					10	10					
8		失禁	2		15								15	
9	病特征	排尿障碍∧肾区痛	1									10		
10	尿痛	痛苦呼叫	1									5		
11	尿-味	丙酮气味	1								35			
12	尿-姿	努责∨排尿姿势	2									5		5
13	鼻	发凉	3					10	10				10	
14		炎烂痂血红肿	1		10									
15	鼻呼气	酮味	1								55			
16	鼻声	鼾声	1				10							

续18组

序	类	症状	统	1 羊炭疽	10 钩端螺旋体病	43 脑多头蚴病	54 梨形虫病	58 瘤胃酸中毒	68 胃肠炎	72 羔羊白肌病	73 酮病	75 尿结石	78 有机磷中毒	83 子宫炎
17	鼻黏膜	坏死	1		5									
18	羔-精神	不振	1							5				
19	羔-尿	血尿	1							5				
20	羔-身	强直性痉挛→麻痹	1							10				
21	羔-死前	昏迷呼吸困难	1							5				
22	羔-同群	发病	1							5				
23	羔-突死	受惊吓(奔跑∨兴奋)死	1							35				
24	羔-卧地	不愿起	1							10				
25	羔-无症		1							5				
26	羔-药物	治疗不能控制病情	1							5				
27	羔-运动	无力	1							5				
28	羔-站立	困难	1							10				
29	公羊	丧失配种能力	1									5		
30	肌	麻痹	1										5	
31		震颤∨痉挛∨颤抖	1										5	
32	叫	呻吟	2					5						5
33	精神	沉郁∨抑郁	5			5		5	5			5		
34		拱腰痛苦状	1						10					
35		昏睡∨昏迷	3	5					5			5		
36		惊恐-对声	1			5								
37		痉挛抽搐	1			5								
38		离群	1			5								
39		离群呆立∨掉群	1								5			
40		前行遇障抵物呆立	1			5								
41		神经症状	3									5	5	
42		痛苦状	1									15		
43		委顿	1				5							
44		委靡不振∨不佳∨较差∨欠佳	3					5	5					5
45		兴奋∨不安	4	5		5						5	5	
46		兴奋∨不安(病缓时)	1	5										
47		眩晕	1	5										

续 18 组

序	类	症状	统	1 羊炭疽	10 钩端螺旋体病	43 脑多蚴病	54 梨形虫病	58 瘤胃酸中毒	68 胃肠炎	72 羔羊白肌病	73 酮病	75 尿结石	78 有机磷中毒	83 子宫炎
48		意识紊乱	1								5			
49		遇障停∨直走倒	1			15								
50	动	回旋运动	1			5								
51		盲目运动	1					5						
52		前冲∨后退	1			5								
53		强直∨抽∨痉挛	3	5		5					5			
54		游泳状	1	10										
55		站立失衡-蚴在小脑	1			5								
56		震颤	3					5			15		5	
57		圆圈运动-向病侧	1			5								
58		转圈∨旋转	2			5					10			
59	动-步	小	1									10		
60		失调失衡∨踌躇∨不稳∨倒地∨晃	3	5		5					5			
61	动-卧	卧∨喜卧∨不起∨难站	3		5	5		5						
62	耳	发凉	3				10		10				10	
63		震颤	1								5			
64	腹痛	弓背∨伸腰∨望腹∨刨地∨起卧	3						5			5	5	
65	腹围	大∨肚胀∨腹胀∨增大	4	5				5				5		
66		小∨卷缩	1						10					
67	呼出气	丙酮气味	1								35			
68	呼-咳嗽		1		5									
69	呼吸	快∨促∨浅∨频数＞20次/分	4	5			5	5	5					
70		困难	2	5									5	
71	口-磨牙		1	5										
72	口-咀嚼	困难∨障碍	1		10									
73	皮	弹性降低	1						10					
74		蝉	1				35							
75		脱水	1								15			
76		弹性丧失	1					5						
77	皮-汗	多汗	1										15	

续 18 组

序	类	症状	统	1 羊炭疽	10 钩端螺旋体病	43 脑多头蚴病	54 梨形虫病	58 瘤胃酸中毒	68 胃肠炎	72 羔羊白肌病	73 酮病	75 尿结石	78 有机磷中毒	83 子宫炎
78	皮-黄疸		1		10									
79	皮膜	坏死	1		10									
80	身	抽搐	1										5	
81		渐瘦∨体重↓	3			5	5		5					
82		衰竭	1		5									
83		消瘦∨瘦弱	4		5	5	5							
84	身-腰背	弓背	1											5
85	身-姿	努责	2								5			5
86		努责-排尿	1									5		
87	食-饮食	拒废∨停止	1		5									
88	食欲	减退∨不振	8			5	5	5	5		5	5	5	
89		无∨拒废∨厌食∨废绝	5			5	5	5	5			5		
90	蹄	热肿烂脱壳	1						10					
91	天然孔	七窍出血不易凝固	1	40										
92	头	高举∨后仰∨仰∨抬起∨头后弯	2			10							5	
93		高举蚴在脑后部	1			5								
94		角弓反张头后弯	1										5	
95	头颈	痉挛∨肌肉频细震颤	1										5	
96		弯一侧∨歪斜∨偏向一侧	1			5								
97	头-颈肌	痉挛	1										5	
98	头-下垂	(蚴在脑正前部)	1			5								
109	胃-瘤胃	柔软∨蠕动弱∨停	1					15						
110	胃-前胃	驰缓∨蠕动减弱	2								10			5
111	温-寒战	战栗	1	5										
112	消-反刍	少∨慢∨无∨停	2		5			5						
113	消-粪	便秘∨干	1				5							
114		腹泻∨稀水∨软稀粥	5		5		5		5			5		
115		含:坏死脱落物	1						15					
116		含:黏脓∨黏液∨血∨混血	5	5					5			5		
117	消-粪色	黄绿∨黄褐	1						15					
118	消-粪味	腥臭∨腥恶臭∨恶臭	1						15					

续18组

序	类	症状	统	1 羊炭疽	10 钩端螺旋体病	43 脑多头蚴病	54 梨形虫病	58 瘤胃酸中毒	68 胃肠炎	72 羔羊白肌病	73 酮病	75 尿结石	78 有机磷中毒	83 子宫炎
119	消—呕吐		1										10	
120	眼	震颤—眼球	1										15	
121	眼球	凹∨眼凹	2					10	10					
122	眼视力	弱∨障碍∨视力模糊∨紊乱	3			5		5				10		
123		失明—双目∨脑病对侧的	2			5						10		
124	眼瞳孔	缩小	1										15	
125	运—后肢	不敢高抬	1									15		
126	运—肢	发凉	3					10	10				10	
127		僵∨僵硬	1				10							
128		麻痹	2			5							5	
129	殖—流产		2		10									5
130	殖—阴道	流水	1										15	
131	殖—阴户	流污红物	1											5
132	殖—子宫	分泌物少	1											5
133		坏死	1											5
134		炎:病程长	1											5
135		炎:较急性轻微	1											5
136		炎:娩∨助产∨宫脱∨腹膜炎等致	1											15
137	病时	过食4～6小时发病	1						10					
138	病势	最急性经过	1	5										
139		突病∨病急	3	5				5	5					
140		慢∨缓慢	2			5					5			
141	病特征	废食+瘤胃积食胀满停动+酸高	1					35						
142		黄疸+血尿+皮膜死+发热+迅衰	1			15								
143		排尿障碍∧肾区痛	1									10		
144		食欲减拒+T↑泻∨脱水∨腹痛	1						15					
145		数周羔+弓背+肢无力卧+难动	1							15				
146	病危害	大批死亡	1				5							

103

19组 毛异常

序	类	症状	统	2 羊副结核病	25 羊腐蹄病	33 蓝舌病	38 肝片吸虫病	44 棘球蚴病	46 绦虫病	47 消化道线虫病	48 肺线虫病	51 痒螨病	60 前胃弛缓	74 绵羊脱毛症
		ZPDS		20	15	27	20	6	25	13	19	10	18	17
1	毛光	成羊无光泽灰暗	1											10
2		粗乱无光∨逆立	7	5				5	5	5	5	5	5	
3	毛量	产量降低	2		5		5							
4	毛脱	大片脱落	1									15		
5		痊愈后脱落	1			5								
6		脱落∨整片脱毛	1											10
7		脱落在背颈胸臀	1											10
8		脱毛∨易脱	5	5		5	5	5				5		
9	毛质	质量下降∨营养不良	2		5									10
10	嗳气	停止	1										10	
11	鼻	炎烂痂血红肿	1			10								
12		黏脓性∨黏性分泌物∨黏液性	1			5								
13	鼻	脓血痂∨黏稠物∨鼻痂	2			10					10			
14	鼻镜	∨鼻膜:糜烂出血	1			10								
15	鼻声	喷嚏∨喷鼻	1								10			
16	鼻涕	混血∨带血∨浆性∨水性∨鼻液	1			5								
17		脓血痂	1								5			
18	肝	叩肝半浊音界扩大	1				5							
19		压痛	1				5							
20	羔—腹痛	便秘	1											10
21	羔—身	消瘦	1											10
22	羔—食	啃食母羊被毛	1											10
23		异食癖∨喜污粪∨舔土	1											10
24	羔—胃	胃内形成毛球	1											10
25	羔—胃肠	膨胀∨消化不良	1											10
26	羔—新羔	胎儿畸形如脑积水等	1			5								
27	肌肉	震颤∨痉挛∨颤抖	1						5					
28	精神	沉郁∨抑郁	2						5				5	
29		烦躁不安-因啃咬擦痒	1									5		

续 19 组

序	类	症 状	统	2 羊副结核病	25 羊腐蹄病	33 蓝舌病	38 肝片吸虫病	44 棘球蚴病	46 绦虫病	47 消化道线虫病	48 肺线虫病	51 痒螨病	60 前胃弛缓	74 绵羊脱毛症
30		反应弱∨无	1						15					
31		离群呆立∨掉群	1			5								
32		神经症状	1							5				
33		委顿	1			5								
34		委靡不振∨不佳∨较差∨欠佳	4	5		5			5				5	
35	淋巴结	肿大	1						5					
36	动	盲目运动	1					15						
37		震颤∨转圈∨旋转∨抽∨痉挛	1							10				
38	动-跛行		2		5	5								
39	动-步	缓慢	1				5							
40	动-卧	起立困难∨瘫痪∨轻瘫	1							5				
41		卧∨喜卧∨不起∨难站	3	5					5				5	
42	腹痛	弓背∨伸腰∨望腹∨刨地∨起卧	1						10					
43	腹围	大∨肚胀∨腹胀∨增大	2						5				5	
44		小∨卷缩	1	5										
45	腹下	水肿	1			5								
46	呼-咳嗽	咳后卧地∨不愿起立	1					15						
47		干咳∨暴发性咳	1								10			
48		咳出线虫(成虫∨幼虫)∨黏团	1								40			
49		运动∨夜咳重	1								15			
50	呼-听肺	干啰音∨湿啰音	1								10			
51	呼吸	快∨促∨浅∨频数＞20次/分	2							5	5			
52		困难	2			5				5				
53	呼-音	声粗重如拉风箱	1								10			
54	口流涎		2	5	5									
55		白色泡沫∨血∨呕吐	1		5									
53	呼-音	声粗重如拉风箱	1								10			
54	口流涎		2	5	5									

续 19 组

序	类	症 状	统	2 羊副结核病	25 羊腐蹄病	33 蓝舌病	38 肝片吸虫病	44 棘球蚴病	46 绦虫病	47 消化道线虫病	48 肺线虫病	51 痒螨病	60 前胃弛缓	74 绵羊脱毛症
55		白色泡沫∨血∨呕吐	1	5										
56	口	牙关紧闭	1	10										
57	黏膜色	苍白	1				5							
58	皮	水肿	4			5			5	5	5			
59		现痂皮∨龟裂	1									10		
60	皮痒	剧痒—围墙柱栏擦痒	1									15		
61		影响采食和休息	1									10		
62	皮因	擦啃现丘疹∨结节∨水疱∨脓疱	1									10		
63		贫血	5				5		10	5	10			10
64		眼贫血	1							5				
65	乳	产量低	1				5							
66	身	渐瘦∨体重↓∨日渐消瘦	5	5	5				5	5	5			
67		倦息∨乏力∨易疲	2				5						5	
68		生长慢∨发育受阻	2				5		5					
69		衰弱∨虚弱	3	5		5	5							
70		体重减轻 10%	1		5									
71		卧地∨卧地不起∨横卧不起∨长卧	1	5										
72		喜卧地	1										5	
73		消瘦(进行性)	1				5							
74		消瘦∨瘦弱∨营养不良∨障碍	8	5		5	5	5	5	5	5			
75		营养障碍	1				10							
76	食	吞咽困难∨有吞咽作呕动作	1		5									
77	食-饮欲	增加∨渴	1						5					
78	食欲	互啃被毛	1											10
79		减退∨不振	3				5		5			5		
80		无∨拒废∨厌食∨废绝	3	5	5							5		
81		异食癖∨喜吃塑料地膜	1											15
82		异嗜∨异食	1				5							
83	蹄	真皮受害∨热肿烂脱壳	1		10									
84	蹄腐	促因:湿∨伤	1	10										

续19组

序	类	症状	统	2 羊副结核病	25 羊腐蹄病	33 蓝舌病	38 肝片吸虫病	44 棘球蚴病	46 绦虫病	47 消化道线虫病	48 肺线虫病	51 痒螨病	60 前胃弛缓	74 绵羊脱毛症
85		影响采食∨产毛∨受孕∨	1		5									
86	蹄冠	蹄叶∨发炎∨敏感∨痛	1			5								
87	蹄壳	大面积分离∨皮肤严重坏死	1		35									
88	蹄—趾间	局部损伤∨坏死	1		5									
89	头	高举∨后仰∨高仰∨抬起∨头后弯	1						10					
90		颌下水肿	1				5							
91		后仰∨仰头倒地∨角弓反张	1						10					
92		水肿	1									5		
93	头—下颌	间隙水肿	1						10					
94	胃—瘤胃	敏感↑触痛∨柔软∨蠕动弱∨停	1										5	
95	胃—前胃	兴奋性降低	1										10	
96	胃—皱胃	敏感↑触痛	1										5	
97	消—反刍	少∨慢∨无∨停	1										5	
98	消—粪	便秘∨干	2		5			5						
99		便秘腹泻交替	2					5					5	
100		带虫	1						15					
101		带虫节片	1						15					
102		腹泻	6	5		5			5	5			5	5
103		腹泻间歇性∨持续	1	15										
104		含:泡沫∨气泡	1	10										
105		含:黏脓∨黏液∨血∨混血	2	5					5					
106	消—粪味	腥臭∨腥恶臭∨恶臭	1	10										
107	消—肛	肛挂虫	1						40					
108	消—消化	障碍∨不良∨紊乱	1							10				
109	眼睑	肿∨水肿∨痛∨闭	1				5							
110	眼球	凹∨眼凹	1	10										
111	眼视力	弱∨障碍∨视力模糊∨紊乱	1											10
112	运—四肢	水肿	1								5			
113	病程	5~15天	1			5								
114	病情	逐渐恶化	1				5							
115	病始于	毛密温湿恒定皮—背臀尾	1									15		

续 19 组

序	类	症状	统	2 羊副结核病	25 羊腐蹄病	33 蓝舌病	38 肝片吸虫病	44 棘球蚴病	46 绦虫病	47 消化道线虫病	48 肺线虫病	51 痒螨病	60 前胃弛缓	74 绵羊脱毛症
116	病势	慢∨缓慢	6	5		5		5	5	5	5			
117	病损	巨损:羔长差∨死∨胎畸形+皮毛损	1			10								
118	病特征	发热+消瘦+黏膜卡他炎	1			15								
119		食欲反刍嗳气乱∨胃蠕动弱停	1										15	
120		蹄趾间皮肤坏死炎	1		15									
121		非虫非皮肤病而脱毛	1											10
122	病因	长期喂块根	1										5	
123		羊弱+草难消∨变料多运动少	1								15			

20-1 组 皮损(传染病)

序	类	症状	统	3 破伤风	4 羊坏死杆菌病	7 羊放线菌病	10 钩端螺旋体病	11 绵羊巴氏杆菌病	16 羊链球菌病	27 羊传染性脓疱病	31 绵羊痘	32 山羊痘	33 蓝舌病	35 绵羊痒病
		ZPDS		16	18	13	16	25	22	19	15	15	24	24
1	皮	出血∨炎肿	1											10
2		痘∨疡∨恶臭∨脓坏	3								10	10	10	
3		红斑1~2天→丘疹凸硬白	2								10	10		
4		坏死	1		15									
5		脓疱干缩→痂脱留瘢痕	3								10	10		
6		丘疹→结节2~3天→水疱	2								10	10		
7		水疱液增,中央脐状	2								10	10		
8		水肿	3					5	5				5	
9		损伤∨溃疡	2	5						5				
10		体温降水疱→脓疱体温升	2								10	10		
11	皮膜	红斑∨丘疹∨水疱∨脓疱∨痂	2								10	10		
12		坏死	1				10							
13	皮脓	破溃→瘘管	1			5								
14	皮下	增厚∨坚硬结	1			5								
15	皮	黄疸	1				10							

续 20-1 组

序	类	症状	统	3 破伤风	4 羊坏死杆菌病	7 羊放线菌病	10 钩端螺旋体病	11 绵羊巴氏杆菌病	16 羊链球菌病	27 羊传染性脓疱病	31 绵羊痘	32 山羊痘	33 蓝舌病	35 绵羊痒病
16		经伤感染	3	5	5	5								
17		丘疹→终止	2								5	5		
18	皮疱	绵羊患－绵羊天花	1								40			
19		山羊患	1									40		
20		在无毛∨少毛处	2								10	10		
21	皮痒	剧痒－擦痒	1											10
22	乳房	弥漫肿大∨局灶硬结	1				10							
23	乳房	脓疱∨烂斑∨痂垢	1						5					
24		肿	1						15					
25		转移性病灶	1						5					
26	乳头	脓疱∨烂斑∨痂垢	1						5					
27	鼻	结节∨水疱∨棕痂	1		5									
28		脓性∨脓血痂∨涕带血	4					10	5	5			5	
29		炎烂痂血红肿	2				10						10	
30		黏脓性∨黏液性分泌物	2						5				5	
31	鼻涕	浆性∨水性∨鼻液	3					5	5				5	
32	鼻黏膜	坏死	1			5								
33	病巨损	羔差∨死∨胎畸形+皮毛损	1										10	
34		病势 慢∨缓慢	2				5						5	
35	病特征	发热+消瘦+黏膜卡他炎	1										15	
36		黄疸+血尿+皮膜死+发热+迅衰	1				15							
37		肌强直痉挛∨对刺激兴奋强	1	40										
38		局部增生+化脓	1			15								
39		口唇丘疹+脓疱+溃疡+疣痂	1							15				
40	病因	因湿发病	1				10							
41	动	(高举∨驴跑∨雄鸡)步态	1											5
42		不能跳跃∨遇沟坡等障碍跌倒	1											5
43		不愿动∨不愿走	1	5										
44		强直∨抽∨痉挛	2						5	5				
45		失调失衡∨踉跄∨不稳∨倒地∨晃	1											5

109

续 20-1 组

序	类	症状	统	3 破伤风	4 羊坏死杆菌病	7 羊放线菌病	10 钩端螺旋体病	11 绵羊巴氏杆菌病	16 羊链球菌病	27 羊传染性脓疱病	31 绵羊痘	32 山羊痘	33 蓝舌病	35 绵羊痒病
46		行为异常∨遇障跌倒	1											5
47	动—跛行		4		5			5		5		5		
48	动—卧	卧∨喜卧∨不起∨难站	2	5					5					
49	耳	甩耳	1							10				
50	耳廓	龟裂∨出血∨污秽痂垢∨增厚∨增生	1							5				
51	腹痛	弓背∨伸腰∨望腹∨刨地∨起卧	1				5							
52	腹围	大∨肚胀∨腹胀∨增大	1	5										
53	羔	发病率高	2								5	5		
54	羔—新羔	婉儿畸形	1										5	
55	呼—咳		3			5		5						
56	呼吸	快∨促∨浅∨频数＞20次/分	1					5						
57	呼吸	困难	3					5	5				5	
58	呼—咽喉	肿	1						10					
59	肌肉	震颤∨痉挛∨颤抖	1											5
60	精神	沉郁∨抑郁	1					5						
61	痴呆		1											5
62		离群呆立∨掉群	2									5		5
63		敏感易惊有攻击性	1											10
64		突然声响刺激痉挛∨倒地	1	25										
65		委靡不振∨委顿	5					5	5		5	5	5	
66		兴奋∨不安	1											5
67	口唇	疮	1	5										
68		结节∨水疱∨棕痂	1	5										
69		上唇红斑∨黄∨棕色疣状硬痂	1					5						
70		下唇增厚	1		5									
71	口—咀嚼	经常做咀嚼动作	1						5					
72		困难∨障碍	3		10		10	5						
73	口流涎		3		5	5								
74		带泡沫∨血	2		5			5						

续 20-1 组

序	类	症状	统	3 破伤风	4 羊坏死杆菌病	7 羊放线菌病	10 钩端螺旋体病	11 绵羊巴氏杆菌病	16 羊链球菌病	27 羊传染性脓疱病	31 绵羊痘	32 山羊痘	33 蓝舌病	35 绵羊痒病
75	口膜	水疱∨脓疱∨糜烂∨肿∨外翻桑葚	1							5				
76		异常	2	5			5							
77	口-舌	肿硬	1		5									
78	口周	泡沫	1						5					
79		脱毛∨易脱	1										5	
80	尿-色	血尿∨血红蛋白尿∨血色素尿	1				10							
81	身	渐瘦∨体重↓日渐消瘦	1											5
82		瘙痒-轻	1											10
83		衰弱∨虚弱	5			5	5	5					5	5
84		卧地∨瘫痪∨困难∨无力难动	2	10										5
85		消瘦∨瘦弱∨营养不良∨障碍	6			5	5		5				5	5
86		震颤∨颤抖∨痉挛	2					5						5
87	身-摇腰	伸颈∨摆头∨咬唇∨舔舌	1											5
88	食	吞咽困难∨有吞咽作呕动作	2						5				5	
89	食欲	减退∨不振	4					5	5		5	5		
90		无∨拒废∨厌食∨废绝	2					5					5	
91	蹄	患病多	1		10									
92		全部蹄病	1						5					
93		热肿烂脱壳∨腐蹄	1		10									
94		真皮受害∨热肿烂脱壳	1										10	
95	蹄病	波及腱∨韧带∨关节	1		10									
96		波及蹄基部∨蹄骨∨肌间∨关节	1						5					
97	蹄叉	水疱∨脓疱∨溃疡∨化脓∨坏死	1						5					
98	蹄冠	红肿热痛∨溃烂∨挤流臭脓	1		10									
99		水疱∨脓疱∨溃疡∨化脓∨坏死	1						5					
100		蹄叶:发炎∨敏感∨痛	1										5	
101	蹄间隙	红肿热痛∨溃烂∨挤流臭脓	1		10									

续 20-1 组

序	类	症 状	统	3 破伤风	4 羊坏死杆菌病	7 羊放线菌病	10 钩端螺旋体病	11 绵羊巴氏杆菌病	16 羊链球菌病	27 羊传染性脓疱病	31 绵羊痘	32 山羊痘	33 蓝舌病	35 绵羊痒病
102	蹄系部	水疱∨脓疱∨溃疡∨化脓∨坏死	1							5				
103	蹄匣	脱落	1		10									
104	头	高举∨后仰∨高仰∨抬起∨头后弯	2	10										10
105		角弓反张	1	10										
106	头颈	痉挛∨肌肉频震颤	1											5
107		伸直∨伸颈∨摇头∨甩头	1											5
108	头-面	增厚∨面颊肿	2		5				5					
109	尾	直	1	15										
110	消-反刍	无∨停	3				5	5	5					
111	消-粪	便秘∨干	2					5					5	
112		腹泻	6		5	5		5	5				5	
113		含:黏脓∨黏液∨血∨混血	4				5	5	5				5	
114		松软	1					5						
115	消-消化	黏膜坏死∨其他脏器坏死	1		15									
116	消-咽	肿硬	1			5								
117	眼	结节∨水疱∨棕痂	1							5				
118	眼睑	肿∨水肿∨痛∨闭	1						5					
119	眼角膜	炎∨疡∨翳∨云翳∨血管翳	1					5						
120	眼结膜	苍白∨黄白	1				5							
121	眼流泪	浆性∨水性∨结膜红肿	1						5					
122		黏性∨脓性物	1						10					
123	眼视力	凝视∨目光呆滞	1											5
124	运-骨	下颌骨肿大,缓慢肿	1			35								
125	运-后肢	软弱无力	1											5
126	运-四肢	强直∨抽	1	5										
127	运-肢	麻痹	1											5
128	黏膜	痘疹∨卡他性炎∨化脓炎	2								15	15		
129	殖-流产		4				5		5		5	5		

20-2组 皮损(寄生虫病)

序	类	症状	统	46 绦虫病	47 消化道线虫病	48 肺线虫病	50 疥螨病	51 痒螨病
		ZPDS		27	13	21	7.	9
1	皮	水肿	3	5	5	5		
2		痂皮∨龟裂	2				10	10
3	皮因	擦啃现丘疹∨结节∨水疱∨脓疱	2				10	10
4	鼻	脓性∨脓血痂∨涕混血∨带血	1		5			
5	鼻痂	排黏稠物附鼻痂	1			10		
6	鼻声	喷嚏∨喷鼻	1			10		
7	病始于	背臀尾	1					15
8		口鼻眼耳	1				15	
9	病势	慢∨缓慢	3	5	5	5		
10	动	强直∨抽∨痉挛	1	5				
11		震颤	1	5				
12		转圈∨旋转	1	5				
13	动-卧	起立困难	1	5				
14		瘫痪∨轻瘫	1	5				
15		卧∨喜卧∨不起∨难站	1	5				
16	腹痛	弓背∨伸腰∨望腹∨刨地∨起卧	1	10				
17	腹围	大∨肚胀∨腹胀∨增大	1	5				
18	呼-咳嗽	干咳∨暴发性咳	1			10		
19		咳出线虫(成虫∨幼虫)∨黏团	1			40		
20		运动∨夜咳重	1			15		
21	呼-听肺	干啰音∨湿啰音	1			10		
22	呼吸	快∨促∨浅∨频数>20次/分	2		5	5		
23		困难	1			5		
24	呼-胸	水肿	1			5		
25	呼-音	声粗重如拉风箱	1			10		
26		听啰音	1			5		
27	肌肉	震颤∨痉挛∨颤抖	1	5				
28	精神	沉郁∨抑郁	1	5				
29		烦躁不安-因啃咬擦痒	2				5	5
30		反应弱∨无	1	15				
31		委靡不振∨委顿	1	5				
32	毛	粗乱无光∨逆立	4	5	5	5		5

续 20-2 组

序	类	症状	统	46 绦虫病	47 消化道线虫病	48 肺线虫病	50 疥螨病	51 痒螨病
33		大片被毛脱落	1					15
34		脱毛∨易脱	1					5
35	皮痒	剧痒－擦痒	2				10	10
36	贫血	眼贫血	3	10	5	10		
37	身	渐瘦∨体重↓∨日渐消瘦	3	5	5	5		
38		生长慢∨发育受阻	1		5			
39		消瘦∨瘦弱∨营养不良∨障碍	5	5	5	5	5	5
40	食欲	减退∨不振	1	5				
41	头	高举∨后仰∨高仰∨抬起∨头后弯	1	10				
42		后仰∨仰头倒地	1	5				
43		角弓反张	1	10				
44		石灰头	1			15		
45		水肿	1			5		
46	头－下颌	间隙水肿	1		10			
47	消－粪	便秘∨干	1	5				
48		带虫	1	15				
49		带虫节片	1	15				
50		腹泻	2	5	5			
51	消－肛	肛挂虫	1	40				
52	消－消化	障碍∨不良∨紊乱	1		10			
53	眼结膜	苍白∨黄白	3	5	5	5		
54	运－四肢	水肿	1			5		

21 组 贫 血

序	类	症状	统	36 绵羊肺腺瘤病	38 肝片吸虫病	40 阔盘吸虫病	41 前后盘吸虫病	42 血吸虫病	46 绦虫病	47 消化道线虫病	48 肺线虫病	52 蠕形螨病	54 梨形虫病	56 球虫病	74 绵羊脱毛症
		ZPDS		16	12	4	3	6	22	6	14	6	14	15	17
1	贫血		12	5	10	10	10	15	10	5	10	10	5	15	10
2	眼贫血		1					5							
3	程度不一		1												10

续 21 组

序	类	症状	统	36 绵羊肺腺瘤病	38 肝片吸虫病	40 阔盘吸虫病	41 前后盘吸虫病	42 血吸虫病	46 绦虫病	47 消化道线虫病	48 肺线虫病	52 蠕形螨病	54 梨形虫病	56 球虫病	74 绵羊脱毛症
4	皮革	质量下降	1									10			
5	鼻	痒∨摩	1	10											
6		黏脓性∨黏性分泌物∨黏液性	1	5											
7	鼻痂	排黏稠物附鼻痂	1								10				
8	鼻声	鼾声	1										10		
9		喷嚏∨喷鼻	1								10				
10		塞音	1	10											
11	鼻涕	浆性∨水性鼻液	1	5											
12		脓血痂	1							5					
13	羔-病龄	小于1岁	1											10	
14	羔-粪	便秘	1												10
15		腹泻	1											10	
16		含黏液∨血	1											10	
17	羔-粪味	恶臭	1											10	
18	羔-腹痛		1											10	
19	羔-精神	不振	1											10	
20	羔-身	发育迟缓	1											10	
21	羔-食	啃食母羊被毛	1												10
22		异食癖∨喜污粪∨舔土	1												10
23	羔-食欲	废绝	1										5		
24		减退	1										5		
25	羔-死因	极度衰竭	1											10	
26	羔-体温	升至40℃~41℃	1											10	
27	羔-胃肠	臌胀	1											10	
28		消化不良	1											10	
29	羔-血	贫血-渐进性	1											10	
30	肌肉	震颤∨痉挛∨颤抖	1					5							
31	精神	沉郁∨抑郁	2					5					5		
32		反应弱∨无	1					15							
33		离群落后	1		5										
34		神经症状	1					5							

续 21 组

序	类	症状	统	36 绵羊肺腺瘤病	38 肝片吸虫病	40 阔盘吸虫病	41 前后盘吸虫病	42 血吸虫病	46 绦虫病	47 消化道线虫病	48 肺线虫病	52 蠕形螨病	54 梨形虫病	56 球虫病	74 绵羊脱毛症
35		委靡不振∨不佳∨较差∨欠佳	2						5				5		
36	淋巴结	肿	2						5				5		
37	动	强直∨抽∨痉挛	1						5						
38		震颤	1						5						
39		转圈∨旋转	1						5						
40	动—步	缓慢	1		5										
41	动—卧	起立困难	1						5						
42		瘫痪∨轻瘫	1						5						
43		卧∨喜卧∨不起∨难站	2						5				5		
44	腹痛	弓背∨伸腰∨望腹∨刨地∨起卧	1						10						
45	腹围	肚胀∨腹胀∨增大	1						5						
46	腹现	圆白凸结∨脓,针尖~4厘米	1									15			
47	呼—咳	湿咳	1	10											
48	呼—咳嗽	干咳∨暴发性咳	1								10				
49		咳出线虫(成虫∨幼虫)∨黏团	1								40				
50		运动∨夜咳重	1								15				
51	呼—叩肺	有实变区	1	5											
52		听肺啰音	1	10											
53		干啰音∨湿啰音	1								10				
54	呼吸	困难	2	5							5				
55		头颈伸直∨鼻孔扩张	1	5											
56	呼—音	声粗重如拉风箱	1								10				
57		听肺湿啰音	1	5											
58		听啰音	1												
59	毛—被毛	成羊无光泽灰暗	1												10
60		脱落∨整片脱毛	1												10
61		脱落在背颈胸臀	1												10
62		营养不良	1												10
63		产量低	1		5										

续 21 组

序	类	症状	统	36 绵羊肺腺瘤病	38 肝片吸虫病	40 阔盘吸虫病	41 前后盘吸虫病	42 血吸虫病	46 绦虫病	47 消化道线虫病	48 肺线虫病	52 螨病	54 蠕形蟎病	56 梨形虫病	74 绵羊脱毛症
64		脱毛∨易脱	1		5										
65		互啃被毛	1												10
66	尿—色	血尿	1											5	
67	皮	黄疸	1					10							
68		蜱	1										35		
69	乳	产量低	1		5										
70	身	发育不良	1												15
71		倦怠∨乏力∨易疲	1		5										
72		衰竭	1	5											
73		水肿	1			10									
74		营养障碍	1		10										
75	身—肩胛	现圆白凸结∨脓,针尖~1厘米	1									15			
76	食—饮欲	增加∨渴	1						5						
77	食欲	无∨拒废∨厌食∨废绝	1										5		
78		异食癖∨喜吃塑料地膜	1												15
79		异嗜∨异食	1		5										
80	死	饲管不善导致	1					10							
81		羊尤其羔羊大批死亡	1								5				
82	死率	100%	1	5											
83		高∨大批	1		5										
84	头	高举∨后仰∨高仰∨抬起∨头后弯	1						10						
85		后仰∨仰头倒地	1						5						
86		角弓反张	1						10						
87		水肿	1								5				
88	头—颈项	圆白凸结∨脓,针尖~3厘米	1									15			
89	头—下颌	间隙水肿	1							10					
90	消—粪	便秘∨干	2						5				5		
91		便秘腹泻交替	1		5										
92		带虫	1							15					
93		带虫节片	1						15						

续 21 组

序	类	症状	统	36 绵羊肺腺瘤病	38 肝片吸虫病	40 阔盘吸虫病	41 前后盘吸虫病	42 血吸虫病	46 绦虫病	47 消化道线虫病	48 肺线虫病	52 蠕形蜱螨病	54 梨形虫病	56 球虫病	74 绵羊脱毛症
94		腹泻带黏液	1			10									
95		腹泻－顽固性	1				15								
96		含：黏脓∨黏液∨血∨混血	1					10							
97	消－粪味	腥臭∨腥恶臭∨恶臭	1				10								
98	消－肛	肛挂虫	1						40						
99	消－消化	障碍∨不良∨紊乱	2			10				10					
100	循－心律	不齐∨紊乱	1										15		
101	循－心音	减弱	1							5					
102	眼睑	肿∨水肿∨痛∨闭	1		5										
103	眼结膜	红∨红肿	1										5		
104	眼视力	弱∨障碍∨视力模糊∨紊乱	1											10	
105	运－四肢	水肿	1								5				
106		圆白凸结∨脓，针尖～2厘米	1									15			
107	运－肢	僵∨僵硬	1										10		
108	殖	不孕∨影响受胎	1					10							
109	殖－流产		1					5							
110	病特征	消瘦＋贫血＋发育不良	1										15		
111		潜伏期长＋肺泡上皮增生	1	15											
112		消瘦＋咳嗽＋呼吸困难＋死	1	15											
113	病危害	大批死亡	1								5				
114		肠炎－急∨慢	1										15		
115		非虫非皮肤病而脱毛	1											10	
116	病因	长期喂块根羊群也脱毛	1											5	
117	病症	成羊∨大羊才现症	1	5											

22组 乳房异常

序	类	症 状	统	7 羊放线菌病	16 羊链球菌病	23 羔羊支原体病	26 传染性结膜角膜炎	27 羊传染性脓疱病	28 口蹄疫	34 山羊关节炎	38 肝片吸虫病	57 口炎	84 乳房炎
		ZPDS		11	19	24	22	18	9	9	7	18	11
1	乳房	充血∨渗出∨溃烂∨结痂	1										5
2		痘疹	1										5
3		弥漫肿大∨局灶硬结	1	10									
4		∨乳头:脓疱∨烂斑∨垢	1					5					
5		脓腔∨瘘管	1										10
6		硬结—丧失泌乳	1										10
7		疹∨烂∨疱	2				15		15				
8		肿	1		15								
9		转移性病灶	1					5					
10	乳房痛	羊抗拒∨躲闪吃乳∨挤乳	1										10
11		局部肿∨硬∨热	1										15
12		泌乳少∨乳汁混血∨混脓	1										15
13		无症但乳汁有变化	1										5
14	乳汁	产量低	2					5			5		
15		褐色∨淡红色	1										10
16		有絮状物	1										15
17	鼻色	滞铁锈色	1			15							
18	精神	沉郁∨抑郁	2			5	5						
19		委靡不振	2		5				5				
20		呻吟∨拱腰痛苦状	1				10						
21	动	强直∨抽∨痉挛	1		5								
22		摔跤—失明致行	1					5					
23	动—跛行		3					5	5	5			
24	动—卧	卧∨喜卧∨不起∨难站	1					5					
25	耳	甩耳	1					10					
26	腹围	大∨肚胀∨腹胀∨增大	1				5						
27	腹下	痘疹	1									5	
28	呼—咳	痛咳∨干咳	1			10							
29			4			5		5		5		5	
30	呼吸	困难	3		5	5			5				

119

续 22 组

序	类	症 状	统	7 羊放线菌病	16 羊链球菌病	23 羔羊支原体病	26 传染性结膜角膜炎	27 羊传染性脓疱病	28 口蹄疫	34 山羊关节炎	38 肝片吸虫病	57 口炎	84 乳房炎
31	呼-胸	触胸敏感痛	1			10							
32	呼-咽喉	肿	1		10								
33	呼-音	听胸摩擦音	1			15							
34	口-磨牙		1					10					
35	口-咀嚼	经常做咀嚼动作	1		5								
36	口流涎	带泡沫∨血	2	5	5								
37	口周	泡沫	1		5								
38	口-舌	苔黄厚∨薄白	1			10							
39	口	干	1			10							
40	口臭		1		5								
41	毛	产量低	1								5		
42		脱毛∨易脱	1								5		
43	黏膜色	苍白	1								5		
44	皮	黄疸	1								5		
45		经伤感染	1	5									
46		脓疱	1					10					
47		水肿	1		5								
48		损伤∨溃疡	1					5					
49	皮化脓	破溃→瘘管	1	5									
50	皮下	增厚经几月形成5厘米单∨多坚硬结	1	5									
51	身	消瘦∨瘦弱∨生长慢	6			5		5		5	5		
52	身-腰背	弓起痛苦状	1		10								
53	食	吃难-失明致行	1				5						
54		吞咽困难∨作呕	2					5	5				
55	食-采食	障碍	1								5		
56	食欲	采食不能	1	5									
57		减退∨不振	6		5	5	5			5	5		
58		无∨拒废∨厌食∨废绝	2		5						5		
59	蹄	全部蹄病	1										
60		水疱∨脓疱∨溃疡∨化脓∨坏死	3					10	10		5		

续 22 组

序	类	症状	统	7 羊放线菌病	16 羊链球菌病	23 羔羊支原体病	26 传染性结膜角膜炎	27 羊传染性脓疱病	28 口蹄疫	34 山羊关节炎	38 肝片吸虫病	57 口炎	84 乳房炎
61	蹄病	波及蹄基部∨蹄骨∨肌间∨关节	1					5					
62	蹄皮	脱壳	1						10				
63	头	痘疹	1									5	
64	头-面	面颊肿	1		5								
65	消-反刍	少∨慢	1			5							
66		无∨停	1		5								
67	消-粪	腹泻	2		5	5							
68		含:黏脓∨黏液∨血∨混血	1			5							
69	消-咽	肿硬	1	5									
70	眼	1侧∨2侧患病	1				10						
71	眼睑	肿∨水肿∨痛∨闭	2		5		10						
72	眼角	痘疹	1									5	
73	眼角膜	癜痕∨混浊∨溃疡穿孔∨	1				10						
74		炎∨翳∨云翳∨血管翳∨增厚	1				10						
75		乳白色	1				15						
76	眼结膜	炎	1				40						
77		充血红∨红肿	2		5		10						
78		紫绀	1			5							
79	眼-晶体	脱落	1				10						
80	眼流泪		3		5	5	5						
81		畏光	1				10						
82		黏性∨脓性物	2		10	5							
83	眼-前房	蓄脓	1				10						
84	眼球	化脓	1				5						
85	眼视力	失明-双目∨脑病对侧的	2				15			5			
86	眼瞬膜	红肿	1				10						
87	运-股	内侧充血∨渗出∨溃烂∨结痂	1									5	
88	运-骨	下颌骨肿大,缓慢肿	1	35									
89	运-肢	1肢病	1						5				
90	运-肘	充血∨渗出∨溃烂∨结痂	1									5	
91	殖-产羔	产羔率下降	1								10		

续 22 组

序	类	症状	统	7 羊放线菌病	16 羊链球菌病	23 羔羊支原体病	26 传染性结膜角膜炎	27 羊传染性脓疱病	28 口蹄疫	34 山羊关节炎	38 肝片吸虫病	57 口炎	84 乳房炎
92	殖-流产		2		5	5							
93	殖-阴唇	肿∨溃疡∨脓性∨黏性	1					5					
94	殖-阴门	皮肤溃疡	1					5					
95	殖-阴囊	肿胀∨脓疱∨溃疡	1					5					
96	病时	泌乳期	1										10
97		突然采食∨接触过敏源史	1									5	
98	病势	慢∨缓慢	1	5									
99	病死率	1%～2%	1						5				
100		出血性胃肠炎时 20%~50%	1						5				
101	病特征	采食咀嚼困难+口流清涎+痛	1									15	
102		成山羊慢发(关节+肺∨乳房)炎	1							15			
103		发热+咳嗽	1			15							
104		局部增生+化脓	1	15									
105		口唇丘疹+脓疱+溃疡+疣痂	1					15					
106		口蹄水疱溃烂(含乳房)	1						15				
107		乳房发热+红肿+痛+影响泌乳	1										15
108		口腔黏膜(含齿龈)炎症	1									10	
109		挤乳致伤∨不卫生	1										15
110		口外伤	1									15	
111	病症	轻	1									5	
112		全身中毒	1								10		
113		突现	1						5				
114		饲管差∨运输∨环境应激	1						5				

23组 弓背∨伸腰∨努责

序	类	症状	统	23 羔羊支原体病	64 创伤网胃腹膜炎	67 绵羊肠扭转	75 尿结石	79 流产	82 胎衣不下	83 子宫炎
		ZPDS		28	17	27	15	10	14	8
1	身-腰背	弓背	3		10	10				10
2		弓起痛苦状	1	10						
3		弓腰	1						5	
4		伸腰	1			10				
5	身-姿	努责-排尿	4				5	10	10	10
6	身	蹲胯	1			10				
7		卧-喜卧地	1						5	
8		消瘦∨瘦弱∨营养不良障碍	1	5						
9	身-肷窝	两胁内吸	1			10				
10	鼻	黏脓性∨黏性分泌物∨黏液性	1	5						
11	鼻镜	干燥	1		5					
12	鼻色	涕铁锈色	1	15						
13	鼻涕	浆性∨水性∨鼻液	1	5						
14	公羊	丧失配种能力	1				5			
15	叫	咩叫	1				5			
16		呻吟	2	5						10
17	精神	沉郁∨抑郁	3	5	5	5				
18		烦躁不安-因啃咬擦痒	1			5				
19		拱腰痛苦状	1	10						
20		委顿	1				5			
21		委靡不振∨不佳∨较差∨欠佳	3					5	5	5
22		兴奋∨不安	1				5			
23	动	不愿下坡	1		10					
24		不愿意急转弯	1		10					
25		呆立不动	1			10				
26		谨慎	1		10					
27		前冲后撞	1			10				
28		强迫运动	1			10				
29	动-步	小	1				10			
30		失调失衡∨踉跄∨不稳∨倒地∨晃	1		5					

续 23 组

序	类	症 状	统	23 羔羊支原体病	64 创伤网胃腹膜炎	67 绵羊肠扭转	75 尿结石	79 流产	82 胎衣不下	83 子宫炎
31	动-卧	急起急卧	1			10				
32		卧∨喜卧∨不起∨难站	1			5				
33	腹-膨胀	叩之如鼓∨触诊敏感拒按	1			15				
34	腹痛	弓背∨伸腰∨望腹∨刨地∨起卧	3			5	5	5		
35	腹痛	重剧∨镇痛药无效	1			15				
36	腹围	大∨腹胀	3	5		5	5			
37	呼-咳	痛咳∨干咳	1	10						
38	呼吸	60次/分以上	1			10				
39		快∨促∨浅∨频数＞20次/分	2			5			5	
40		困难	1	5						
41		微弱	1			10				
42	呼-胸壁	疼痛	2	10	10					
43	口	干	1	10						
44		口臭	1	5						
45	口-舌	苔黄厚∨薄白	1	10						
46	尿-量	滴	1				15			
47		频	1				15			
48	尿难	混血	1				35			
49	尿痛	痛苦哞叫	1				5			
50	尿-姿	时时做排尿姿势	1							5
51	乳房	皮肤发疹	1	5						
52		疹∨烂∨疱	1	15						
53	食欲	减退∨不振	5	5	5		5		5	5
54		无∨拒废∨厌食∨废绝	3	5				5	5	
55	死	濒死期体温＜正常	1	5						
56	蹄	踢蹄骚动	1			10				
57	头	摆头∨回头顾腹	1			10				
58	尾	时而摇尾∧不排粪尿	1			15				
59	胃-瘤胃	臌胀-慢性	1		10					
60		蠕动消失	1		10					
61	胃-前胃	弛缓∨蠕动减弱	2		10					5

续 23 组

序	类	症状	统	23 羔羊支原体病	64 创伤网胃腹膜炎	67 绵羊肠扭转	75 尿结石	79 流产	82 胎衣不下	83 子宫炎
62	消—反刍	少∨慢	2	5	5					
63		无∨停	1		5					
64	消—粪	腹泻∨稀水∨软∨稀粥	1	5						
65	眼结膜	苍白	1				10			
66		发绀∨紫绀	2	5		5				
67	眼流泪		1	5						
68		黏性∨脓性物	1	5						
69	运—后肢	不敢高抬	1			15				
70		跗关节污胎衣	1						15	
71	运—肢	后肢弹腹	1		10					
72	运—肘肌	颤动	1		10					
73	运—肘头	外展	1		15					
74	病特征	发热+咳嗽+肺炎+胸膜炎	1	15						
75		排尿障碍∧肾区痛	1				10			
76		前胃弛缓+胸痛+间歇嗳气	1		10					
77	病性	产后4~6小时胎衣仍排不下来	1						15	
78		妊娠中断不足月就排出胎儿	1					15		
79	病因	剪毛饱食∨翻体粗暴	1			10				
80		尿盐成结石	1				15			
81		缺运动∨饲养失调体弱	1						15	
82		因湿发病	1	10						
83	诊用拳	顶压剑状软骨吟痛躲	1		20					
84	诊用手	冲击胃、心区吟痛躲	1		20					
85	殖—流产		2	5				5		
86		小产∨流产∨早产	1					5		
87		因伤小时∨数天排胎儿	1					15		
88	殖—胎衣	垂露阴门外	1						15	
89		滞留∨腐败	1						10	
90	殖—阴户	流恶露污红腐败恶臭	1						15	
91		流恶露杂有灰白碎片∨脉管	1						15	
92		流污红物	1							5
93		流羊水	1					10		

24组 突　死

序	类	症　状	统	1 羊炭疽	9 大肠杆菌病	11 绵羊巴氏杆菌病	17 羊快疫	19 羊猝阻	21 羊黑疫	35 绵羊痒病	58 瘤胃酸中毒
	12	ZPDS		16	22	22	15	18	11	28	30
1	死	突死急死(6∨9∨数小时内)	8	5	5	5	5	5	5	5	5
2	鼻	发凉	1								10
3	鼻涕	浆性∨水性∨鼻液	1			5					
4		脓血痂	1			10					
5	病势	突病∨病急	6	5		5	5	5	5		5
6		快	3				5	5			5
7	病特征	废食＋瘤胃积食胀满停动	1								35
8		腹泻	1		15						
9		突发＋病程短	1				15				
10	动	跛行	1				5				
11		不愿动∨不愿走	1				5				
12		步(高举∨驴跑∨雄鸡)步态	1							5	
13		步不能跳跃∨遇沟坡等障碍跌倒	1							5	
14		步失调失衡∨蹒跚∨不稳∨倒地∨晃	3	5			5			5	
15		关节－肿痛	1		10						
16		后肢－软弱无力	1							5	
17		盲目运动	1							5	
18		强直∨抽∨痉挛	4	5			5	5			
19		无力难动	1				5				
20		行为异常	1							5	
21		游泳状	1	10							
22		震颤	2			5					5
23		肢；发凉	1								10
24		肢－麻痹	1							5	
25	耳	发凉	1								10
26	腹痛	弓背∨伸腰∨望腹∨刨地∨起卧	3		5	5	5				
27	腹围	大∨肚胀∨腹胀∨增大	3	5	5						5
28	叫	呻吟	1								5

续 24 组

序	类	症状	统	1 羊炭疽	9 大肠杆菌病	11 绵羊巴氏杆菌病	17 羊快疫	19 羊猝狙	21 羊黑疫	35 绵羊痒病	58 瘤胃酸中毒
29	精神	闭目	1		5						
30		沉郁∨抑郁	4		5	5			5		5
31		痴呆	1							5	
32		拱腰痛苦状	1								10
33		昏睡∨昏迷	4	5	5		5		5		
34		离群呆立∨掉群	3					5	5	5	
35		神经麻痹∨遇障跌倒	1							15	
36		委靡不振∨不佳∨较差∨欠佳	3		5	5			5		
37		兴奋∨不安	3	5				5		5	
38		兴奋∨不安(病缓时)	1	5							
39		眩晕	1	5							
40	口	痘疹	2					5	10		
41		渗出∨溃烂∨结痂	1					5			
42		水疱∨烂斑	2					5	10		
43	口唇	上唇1~2周康复	1			5					
44		上唇红斑∨疣痂∨结节∨水疱∨脓疱	1			5					
45	口角	烂斑∨水疱疹∨出血干痂样坏死	2					5	10		
46	口－咀嚼	咀嚼困难	1					15			
47		空嚼	1				10				
48		困难∨障碍	2					5	5		
49	口流涎	带泡沫∨血(数分钟至几小时死)	2		15				5		
50	口膜	水疱脓疱糜烂碍食∨嚼∨咽	1					5			
51		炎∨异常	1						5		
52		肿	1					15			
53	口－磨牙		2	5	5						
54	尿-色	血尿	1	5							
55	尿少	色浓	1								15
56	皮	出血	1							10	
57		红∨炎∨肿∨破溃∨出血	1							10	
58		水肿	1		5						

续 24 组

序	类	症状	统	1 羊炭疽	9 大肠杆菌病	11 绵羊巴氏杆菌病	17 羊快疫	19 羊猝狙	21 羊黑疫	35 绵羊痒病	58 瘤胃酸中毒
59	皮毛	弹性丧失	1							5	
60		脱毛∨破损∨撕脱	1							5	
61	皮痒	擦痒在墙∨栅栏∨树干	1							5	
62		剧痒	1							5	
63	身	抽搐	1				5				
64		渐瘦∨体重↓	1							5	
65		衰竭	1		5						
66		衰弱∨虚弱	5		5	5	5	5		5	
67		瘫痪	1							5	
68		卧∨卧地不起∨长卧	1							5	
69		卧—喜卧地	1								5
70		消瘦∨瘦弱∨营养不良∨障碍	5		5	5	5	5		5	
71		震颤∨颤抖∨痉挛	2						5	5	
72	身—腰背	人摇:伸颈∨摆头∨咬唇∨舔舌	1							5	
73	食欲	减∨不振∨不思	3		5	5				5	
74		无∨拒∨厌∨废∨停	4			5			5	5	5
75	蹄	红肿热痛∨敏感	1								10
76		溃烂∨烂斑∨腐∨化脓∨坏死	1								10
77		脱壳∨蹄壁分离	1								10
78	天然孔	七窍出血不易凝固	1	40							
79	头颈	痉挛∨肌肉频细震颤	1							5	
80		高举∨后仰∨高仰∨抬起∨头后弯	1						10		
81		伸直∨伸颈∨摇头∨甩头	1							5	
82	胃—瘤胃	柔软∨蠕动弱∨停	1								10
83	胃—瘤胃	胀满触之为液体	1								10
84	消—反刍	少∨慢	1								5
85		无∨停	3			5		5			5
86	消—粪	失禁∨里急后重	1		10						
87	消—粪含	含:泡沫∨气泡∨乳块	1		10						
88		含:黏脓∨黏液∨血∨混血	4		5	5	5				5

续 24 组

序	类	症 状	统	1 羊炭疽	9 大肠杆菌病	11 绵羊巴氏杆菌病	17 羊快疫	19 羊猝疽	21 羊黑疫	35 痒病	58 瘤胃酸中毒
89	消—粪色	黄绿∨黄褐	1								15
90		泻粪发白	1		15						
91	消—粪味	腥臭∨腥恶臭∨恶臭	1		10						
92	消—粪泻	腹泻∨稀水∨软∨稀粥	4		5		5	5			5
93	眼结膜	紫绀	1	5							
94	眼球	凹∨眼凹	1								10
95	眼视力	凝视∨目光呆滞	1							5	
96		弱∨障碍∨视力模糊∨紊乱	2		5						5
97	黏膜色	发绀	1	10							

25-1 组　瘦∧腹泻

序	类	症 状	统	2 羊副结核病	9 大肠杆菌病	10 钩端螺旋体病	11 绵羊巴氏杆菌病	17 羊快疫	23 羔羊支原体病	33 蓝舌病	39 双腔吸虫病	40 阔盘吸虫病	41 前后盘吸虫病	42 血吸虫病	46 绦虫病	47 消化道线虫病	68 胃肠炎
		ZPDS		16	31	22	30	14	29	27	6	12	9	11	24	11	23
1		瘦+腹泻	14	5	5	5	5	5	5	5	5	5	5	5	5	5	5
2	身	消瘦∨瘦弱∨渐瘦∨体重↓	14	5	5	5	5	5	5	5	5	5	5	5	5	5	5
3	消—粪泻	腹泻∨稀水∨软∨稀粥样	14	5	5	5	5	5	5	5	5	5	10	5	5	5	5
4	鼻	发凉	1														10
5		烂痂血红肿	2		10			10									
6		黏脓性∨黏性分泌物	2					5	5								
7	鼻痂	脓血痂	1					5									
8		鼻镜∨鼻膜:糜烂出血	1					5									
9		涕铁锈色	1				15										
10	鼻涕	混血∨带血	1					5									
11		浆性∨水性∨鼻液	3			5		5	5								

续 25-1 组

序	类	症状	2 羊副结核病	9 大肠杆菌病	10 钩端螺旋体病	11 绵羊巴氏杆菌病	17 羊快疫	23 羔羊支原体病	33 蓝舌病	39 双腔吸虫病	40 阔盘吸虫病	41 前后盘吸虫病	42 血吸虫病	46 绦虫病	47 消化道线虫病	68 胃肠炎
12	鼻黏膜	脓血痂	1			10										
13		坏死	1		5											
14	动	跛行	2				5		5							
15		不愿动∨不愿走	1				5									
16		步失调失衡∨蹒跚∨倒地∨晃	1				5									
17		关节-肿痛	1	10												
18		强直∨抽∨痉挛	3			5	5						5			
19		无力难动	1				5									
20		震颤	2				5						5			
21		肢:发凉	1													10
22		转圈∨旋转	1										5			
23	耳	发凉	1													10
24	腹痛	弓背∨伸腰∨望腹∨刨地∨起卧	5		5		5	5						10		5
25	腹围	大∨肚胀∨腹胀∨增大	3		5				5					5		
26		小∨卷缩	2	5												10
27	腹下	水肿	1										10			
28	羔-新羔	婴儿畸形	1						5							
29	叫	呻吟	1				5									
30	精神	闭目	1	5												
31		沉郁∨抑郁	5	5			5							5		5
32		反应弱∨无	1												15	
33		拱腰痛苦状	1				10									
34		昏睡∨昏迷	3	5			5									5
35		离群呆立∨掉群	1						5							
36		委顿	1						5							
37		委靡不振∨不佳∨较差∨欠佳	6	5	5		5		5					5		5
38	口	干	1				10									
39		口臭	1				5									
40	口-咀嚼	空嚼	1			10										

续 25-1 组

序	类	症 状	2 羊副结核病	9 大肠杆菌病	10 钩端螺旋体病	11 绵羊巴氏杆菌病	17 羊快疫	23 羔羊支原体病	33 蓝舌病	39 双腔吸虫病	40 阔盘吸虫病	41 前后盘吸虫病	42 血吸虫病	46 绦虫病	47 消化道线虫病	68 胃肠炎
41	口	困难∨障碍	2		10	5										
42	口流涎	带泡沫∨血(数分钟至几小时死)	1	15												
43	口		2	5			5									
44	口膜	水疱脓疱糜烂碍食∨嚼∨咽	2		5				5							
45	口膜	异常	1						5							
46	口－磨牙		1	5												
47	口上唇	肿∨痂∨黄∨棕褐硬痂∨疱∨痂垢	2			5	5									
48	口－舌	苔黄厚∨薄白	1						10							
49	毛	粗乱无光∨逆立	3	5										5	5	
50		痊愈后被毛脱落	1					5								
51		脱毛∨易脱	2					5								
52	尿	污染水土	1		5											
53	尿－量	少	1													10
54	尿－色	色浓	1													10
55	尿－色	血红蛋白尿	1		10											
56	尿－色	血尿∨血色素尿∨血红蛋白尿	1		5											
57	皮	弹性降低	1													10
58	皮	黄疸	2		10							10				
59	皮	水肿	4			5		5						5	5	
60	皮膜	坏死	1		10											
61	乳房	皮肤发疹	1					5								
62		疹∨烂∨疱	1						15							
63	身	抽搐	1				5									
64		生长慢∨营养障碍	2											5	5	
65		衰竭	2	5	5											
66		衰弱∨虚弱	6	5		5	5		5		5					
67		水肿	1								10					
68		卧－不能起立	1	5												
69		卧地∨卧地不起∨长卧	1	5												

续 25-1 组

序	类	症状	统	2 羊副结核病	9 大肠杆菌病	10 钩端螺旋体病	11 绵羊巴氏杆菌病	17 羊快疫	23 羔羊支原体病	33 蓝舌病	39 双腔吸虫病	40 阔盘吸虫病	41 前后盘吸虫病	42 血吸虫病	46 绦虫病	47 消化道线虫病	68 胃肠炎
70		卧—瘫痪V轻瘫	1												5		
71		卧—喜卧V不起V难站	4	5	5										5		5
72	身—腰背	弓起痛苦状	1						10								
73	食	吞咽困难	1					5									
74	食—饮欲	增加V渴	1												5		
75	食欲	减V不振V不思	5	5		5		5							5		5
76		无V拒V厌V废V停	5			5	5	5	5								5
77	蹄	红肿热痛V敏感	1							10							
78		溃烂V烂斑V腐V化脓V坏死	1							10							
79		脱壳V蹄壁分离	1							10							
80	头颈	高举V后仰V抬起V头后弯	1												10		
81		后仰V仰头倒地	1												5		
82		角弓反张	1												10		
83		颌下水肿	4								10	10	10	10			
84		水肿	1				5										
85	头—下颌	间隙水肿	1												10		
86	消—反刍	少V慢	1					5									
87		无V停	2			5		5									
88	消—粪	带虫	1												15		
89		带虫节片	1												15		
90		失禁V里急后重	1		10												
91	消—粪干	便秘V干	3					5		5					5		
92	消—粪含	含:坏死脱落物	1													15	
93		含:泡沫V气泡	2		10	10											
94		含:乳块	1		10												
95		含:黏脓V黏液V血V混血	8	5	5	5	5			5			10	10			5
96	消—粪色	泻粪发白	1		15												
97		血水	1					5									
98	消—粪味	腥臭V腥恶臭V恶臭	4	10	10									10			15

续 25-1 组

序	类	症 状	统	2 羊副结核病	9 大肠杆菌病	10 钩端螺旋体病	11 绵羊巴氏杆菌病	17 羊快疫	23 羔羊支原体病	33 蓝舌病	39 双腔吸虫病	40 阔盘吸虫病	41 前后盘吸虫病	42 血吸虫病	46 绦虫病	47 消化道线虫病	68 胃肠炎
99	消-粪泻	腹泻-半液状	1		5												
100		腹泻-病后期	1			5											
101		腹泻带	1										10				
102		腹泻间歇性∨持续	1	15													
103		腹泻-轻微	1		5												
104		腹泻-顽固性	1									15					
105	消-肛	肛挂虫	1													40	
106	消-消化	障碍∨不良∨紊乱	3								10	10			10		
107	眼角膜	炎∨疡∨翳∨云翳∨血管翳	1				5										
108	眼结膜	苍白∨黄白	3		5										5	5	
109		紫绀	1					5									
110	眼流泪	黏性∨脓性物	1					5									
111	眼球	凹∨眼凹	2	10													10
112	眼视力	弱∨障碍∨视力模糊∨紊乱	1		5												
113	黏膜色	苍白	2									5	5				
114		黄染	1								10						
115	呼-咳嗽	干咳∨痛咳	3		5	5	5										
116	呼吸	喘	1		5												
117		快∨促∨浅∨频数>20次/分	3		5		5								5		
118	呼吸	困难	4		5	5	5	5									
119	呼-胸	叩浊音区大∨摩擦音∨触敏感	1				10										
120		水肿	2			5					10						
121		支气管呼吸音	1				10										
122	呼-胸壁	触压羊现敏感疼痛	1				10										
123	呼-音	听胸摩擦音	1				15										
124	脏-胰管	管腔小∨闭塞	1									10					
125	脏-胰脏	慢增炎症	1									10					
126	诊断	症状+流学	1												10		
127	诊治	驱童虫药物	1												35		

续 25-1 组

序	类	症状	统	2 羊副结核病	9 大肠杆菌病	10 钩端螺旋体病	11 绵羊巴氏杆菌病	17 羊快疫	23 羔羊支原体病	33 蓝舌病	39 阔盘吸虫病	40 前后盘吸虫病	41 血吸虫病	42 绦虫病	46 消化道线虫病	47 胃肠炎	68 胃肠炎
128	殖-流产		3		10				5					5			
129	殖-孕	不孕∨影响受胎	1										10				
130	病特征	发热+咳嗽	1						15								
131		发热+消瘦+黏膜卡他炎	1							15							
132		腹泻	1		15												
133		黄疸+血尿+皮膜死+发热+衰	1			15											
134		食欲减拒+T↑泻∨脱水∨腹痛	1														15
135		突发+病程短	1					15									
136	病因	饿食带霜草	1					15									
137		气候营养不良潮湿污秽	1		5												
138		前胃病+饲(霜冻料∨药多∨脏)	1														15

25-2 组　瘦∧呼吸(快∨困难)

序	类	症状	统	5 山羊伪结核病	9 大肠杆菌病	11 绵羊巴氏杆菌病	23 羔羊支原体病	33 蓝舌病	34 山羊关节炎	36 绵羊肺腺瘤病	37 梅迪—维斯纳病	43 脑多头蚴病	47 消化道线虫病	48 肺线虫病	53 羊鼻蝇蛆病	54 梨形虫病	77 氢氰酸中毒
		ZPDS		12	29	30	30	28	14	19	20	21	15	21	26	18	20
1		瘦+呼吸(快∨困难)	14	5	5	5	5	5	5	5	5	5	5	5	5	5	5
2	身	消瘦∨瘦弱∨渐瘦∨体重↓	14	5	5	5	5	5	5	5	5	5	5	5	5	5	5
3	呼吸	快∨促∨浅∨频数>20次/分	10						5	5	5		5	5	5	5	5
4		困难	10														
5	鼻	炎烂痂血红肿	2				10							10			
6		痒∨摩	2							10					10		
7		黏脓性∨黏性分泌物∨黏液性	5		5	5	5							10			
8	鼻痂	脓血痂	1				5										

续 25-2 组

序	类	症状	统	5 山羊伪结核病	9 大肠杆菌病	11 绵羊巴氏杆菌病	23 羔羊支原体病	33 蓝舌病	34 山羊关节炎	36 绵羊肺腺瘤病	37 梅迪—维斯纳病	43 脑多头蚴病	47 消化道线虫病	48 肺线虫病	53 羊鼻蝇蛆病	54 梨形虫病	77 氢氰酸中毒
9		排黏稠物附鼻痂	1												10		
10		阻塞	1												10		
11	鼻镜	V鼻膜:糜烂出血	1					5									
12	鼻孔	扩张	1								5						
13	鼻色	出血	2			5									10		
14		涕铁锈色	1				15										
15	鼻声	鼾声	1												10		
16		喷嚏V喷鼻	2											10	10		
17		塞音	1							10							
18	鼻涕	混血V带血	2					5							10		
19		浆性V水性鼻液	5			5	5	5		5					10		
20		脓性V脓血痂	3			10								10	10		
21	动	跛行	3				5		5	5							
22		步失调失衡V蹒跚V不稳V倒地V晃	5						5		5	5		5			5
23		关节-肿痛	1		10												
24		震颤	2			5											5
25		水肿	1									5					
26		后肢麻痹	2							5							5
27		僵V僵硬	2					5							10		
28		麻痹	4						5	5	5			5			
29	肢	转圈V旋转	3					5			5			5			
30		腹痛 弓背V伸腰V望腹V刨地V起卧	3	5	5												5
31	腹围	大(臌)	1		5												
32		大V肚胀V腹胀V增大	3		5		5							5			
33	羔-新羔	婴儿畸形如脑积水等	1					5									
34	叫	呻吟	1					5									
35	精神	闭目	1		5												
36		沉郁V抑郁	6		5	5		5				5				5	5
37		烦躁不安-因啃咬擦痒	1												5		

续 25-2 组

序	类	症状	统	5 山羊伪结核病	9 大肠杆菌病	11 绵羊巴氏杆菌病	23 羔羊支原体病	33 蓝舌病	34 山羊关节炎	36 绵羊肺腺瘤病	37 梅迪-维斯纳病	43 脑多头蚴病	47 消化道线虫病	48 肺线虫病	53 羊鼻蝇蛆病	54 梨形虫病	77 氢氰酸中毒
38		反应弱∨无	1														15
39		拱腰痛苦状	1					10									
40		昏睡∨昏迷	1		5												
41		惊恐-对声	1									5					
42		痉挛抽搐	1									5					
43	精神	离群	1									5					
44		离群呆立∨掉群	2					5		5							
45		前行遇障抵物呆立	1									5					
46		神经对称性麻痹	1								5						
47		神经麻痹	1								5						
48		神经症状	3		5							5			5		
49		委顿	2					5								5	
50		委靡不振∨不佳∨较差∨欠佳	4		5	5		5							5		
51		兴奋→沉郁→衰弱	1														5
52		兴奋∨不安	1												5	5	
53		遇障停∨直走倒	1									15					
54		症状有	1		5												
55	口	干	1				10										
56		口臭	1				5										
57	口唇	上唇斑∨疹∨结疱∨痂∨疣	1			10											
58	口-咀嚼	嚼肌麻痹	1	10													
59		困难∨障碍	2	10		5											
60	口流涎	带泡沫∨血(数分钟至几小时死)	2		15	5											
61	口膜	水疱脓疱糜烂碍食∨嚼∨咽	1			5											
62	口-磨牙		2		5	5											
63	口-舌	苔黄厚∨薄白	1				10										
64	毛	粗乱无光∨逆立	2										5	5			
65		痊愈后被毛脱落	1					5									
66		脱毛∨易脱	1					5									

续 25-2 组

序	类	症状	统	5 山羊伪结核病	9 大肠杆菌病	11 绵羊巴氏杆菌病	23 羔羊支原体病	33 蓝舌病	34 山羊关节炎	36 绵羊肺腺瘤病	37 梅迪—维斯纳病	43 脑多头蚴病	47 消化道线虫病	48 肺线虫病	53 羊鼻蝇蛆病	54 梨形虫病	77 氢氰酸中毒
67	尿-量	失禁	1									15					
68	尿-色	血尿	1													5	
69	皮	经伤感染	1	5													
70		蜱	1													35	
71		水肿	4				5		5				5				
72	贫血	眼贫血	1										5				
73			3						5				5	10			
74	乳房	发炎	1					15									
75		皮肤发疹	1		5												
76		疹∨烂∨疱	1		15												
77	身	局部炎	1	5													
78		全身反射减少∨消失	1														5
79		生长慢∨营养障碍	1										5				
80		衰竭	2		5				5								
81		衰弱∨虚弱	6	5	5			5	5	5							
82	卧-喜卧∨不起∨难站		4		5				5	5					5		
83	身-腰背	弓起痛苦状	1			10											
84	食	吞咽困难	2				5	5									
85	食欲	减∨不振∨不思	6	5	5			5					5		5	5	
86		无∨拒∨厌∨废∨停	6		5			5					5		5	5	
87	蹄	红肿热痛∨敏感	1					10									
88		溃烂∨烂斑∨腐∨化脓∨坏死	1					10									
89		脱壳∨蹄壁分离	1					10									
90	头	水肿	1											5			
91	头颈	高举∨后仰∨上仰∨抬起∨头后弯	1									10					
92		伸直∨伸颈∨摇头∨甩头	1												5		
93		弯一侧∨歪斜∨偏向一侧	3					5		5					5		
94		水肿	1		5												
95	头-下颌	间隙水肿	1									10					

续 25-2 组

序	类	症状	统	5 山羊伪结核病	9 大肠杆菌病	11 绵羊巴氏杆菌病	23 羔羊支原体病	33 蓝舌病	34 山羊关节炎	36 绵羊肺腺瘤病	37 脑多头蚴病	43 梅迪—维斯纳病	47 消化道线虫病	48 肺线虫病	53 羊鼻蝇蛆病	54 梨形虫病	77 氢氰酸中毒
96	胃—瘤胃	膨胀	1														10
97	消—反刍	少∨慢	1			5											
98		无∨停	1		5												
99	消—粪	带虫	1										15				
100		失禁∨里急后重	1		10												
101	消—粪干	便秘∨干	3			5	5								5		
102	消—粪	含:泡沫∨气泡∨乳块	1		10												
103		含:黏脓∨黏液∨血∨混血	3		5	5	5										
104	消—粪色	泻粪发白	1		15												
105	消—粪味	腥臭∨腥恶臭∨恶臭	1		10												
106	消—粪泻	腹泻∨稀水∨软∨稀粥	6		5	5	5	5					5			5	
107	消—消化	障碍∨不良∨紊乱	1										10				
108	眼睑	肿∨水肿∨痛∨闭	1											5			
109	眼角膜	炎疡∨翳∨云翳∨血管翳	1				5										
110		苍白	3										5	5		5	
111		充血红∨红肿	2												5	5	
112		黄白	3										5	5		5	
113		紫绀	1				5										
114	眼流泪		2				5							5			
115		浆性∨水性	1											10			
116		黏性∨脓性物	1				5										
117	眼瞳孔	散大	1														10
118	黏膜色	鲜红	1														10
119	肝	结节含淡黄绿色干酪样物	1	5													
120	呼—咳嗽		7	5		5			5	5	5	5		5			
121		干咳	2			5			5								
122		湿咳	2		10					10							
123		痛咳	1				10										
124		干咳∨暴发性咳	1											10			

续 25-2 组

序	类	症状	统	5 山羊伪结核病	9 大肠杆菌病	11 绵羊巴氏杆菌病	23 羔羊支原体病	33 蓝舌病	34 山羊关节炎	36 绵羊肺腺瘤病	37 梅迪—维斯纳病	43 脑多头蚴病	47 消化道线虫病	48 肺线虫病	53 羊鼻蝇蛆病	54 梨形虫病	77 氢氰酸中毒
125		咳出线虫(成虫∨幼虫)∨黏团	1											40			
126		运动∨夜咳重	1											15			
127	呼—叩肺	有实变区	1							5							
128	呼—叩胸	有浊音区	1								5						
129	呼—听肺	啰音∨干啰音∨湿啰音	3							10	5			10			
130	呼吸	喘	1		5												
131	呼吸	困难∧日重	1								5						
132		头颈伸直∨鼻孔扩张	1								5						
133	呼—胸	触胸敏感痛	1			10											
134		水肿	2		5									5			
135	殖—流产		1				5										
136	病促因	受寒∨运输∨饲管失当	1		5												
137		寒冷病重	1								5						
138		饲养密度过大	1								5						
139		羊群拥挤∨舍密闭易传播	1								5						
140		阴雨∨寒冷∨潮湿∨营养缺∨密	1			5											
141	病期	2～5 天	1		5												
142	病势	慢∨缓慢	6					5		5	5	5	5	5			
143	病特征	成山羊慢发(关节+肺+乳房)炎	1						15								
144		发病急+呼吸难+肌震颤现缺氧	1														15
145		发热+咳嗽	1			15											
146		发热+消瘦+黏膜卡他炎	1				15										
147		腹泻	1		15												
148		局部淋巴结干酪样坏死	1	10													
149		潜伏长+病程慢	1								5						
150		消瘦+咳嗽+呼吸困难+死	1							15							
151	病因	1 次吃大量青苗	1														15
152		气候营养不良潮湿污秽	1		5												

26组 瘦∧无(腹泻∨呼吸快难)

序	类	症 状	统	7 羊放线菌病	19 羊狞疽	25 羊腐蹄病	27 羊传染性脓疱	35 绵羊痒病	38 肝片吸虫病	44 棘球蚴病	45 细颈囊尾蚴病	50 疥螨病	51 痒螨病	52 蠕形螨病	56 球虫病
		ZPDS		13	14	16	19	29	20	10	10	11	13	7	16
1		瘦∧无(腹泻∨呼吸快难)	12	5	5	5	5	5	5	5	5	5	5	5	5
2	身	消瘦∨瘦弱∨渐瘦∨体重↓	12	5	5	5	5	5	5	5	5	5	5	5	5
3	鼻涕	脓性∨脓血痂	1				5								
4	动	跛行	2			5	5								
5		步(高举∨驴跑∨雄鸡)步态	1					5							
6		步不能跳跃∨遇沟坡等障碍跌倒	1						5						
7		步缓慢	1						5						
8		步失调失衡∨蹒跚∨不稳∨倒地∨晃	1						5						
9		骨-下颌骨肿大,缓慢肿	1	35											
10		后肢-软弱无力	1						5						
11		盲目运动	1							15					
12		强直∨抽∨痉挛	1			5									
13		行为异常	1						5						
14		肢:圆白凸结∨脓,针尖~2厘米	1									15			
15		肢-麻痹	1						5						
16	耳	甩耳	1				10								
17	腹壁	压痛	1								10				
18	腹观	圆白凸结∨脓,针尖~4厘米	1									15			
19	羔	症状明显	1								10				
20	羔-病	危害大	1												15
21	羔-病龄	小于1岁急性病	1												10
22	羔-粪	腹泻	1												10
23		含黏液∨血	1												10
24	羔-粪味	恶臭	1												10
25	羔-精神	不振	1												10
26	羔-身	发育迟缓	1												10
27		消瘦	1												5
28	羔-食欲	废绝	1												5
29		减退	1												5

续26组

序	类	症状	统	7 羊放线菌病	19 羊莘阻	25 羊腐蹄病	27 羊传染性脓疱	35 绵羊痒病	38 肝片吸虫病	44 棘球蚴病	45 细颈囊尾蚴病	50 疥螨病	51 痒螨病	52 蠕形螨病	56 球虫病
30	羔—死因	极度衰竭	1												10
31	精神	沉郁∨抑郁	1								5				
32		痴呆	1					5							
33		烦躁不安—因啃咬擦痒	2										5	5	
34		离群呆立∨掉群	2		5			5							
35		兴奋∨不安	2		5			5							
36		遇障跌倒	1					15							
37	口—咀嚼	咀嚼困难	1	15											
38		困难∨障碍	1	5											
39	口流涎	白色泡沫∨血	1			5									
40		带泡沫∨血	1	5											
41		呕吐	1			5									
42	口膜	异常	1		5										
42		肿	1	15											
44	毛	产量低	1						5						
45		粗乱无光∨逆立	2						5			5			
46		大片被毛脱落	1										15		
47		脱毛∨易脱	3					5	5			5			
48		质量下降减产8%	1				5								
49	皮	出血	1				10								
50		红∨炎∨肿∨破溃∨出血	1				10								
51		黄疸	1						10						
52		脓疱	1			10									
53		损伤∨溃疡	1			5									
54		现痂皮∨龟裂	2									10	10		
55	皮革	质量下降	1										10		
56	皮化脓	破溃→瘘管	1	5											
57	皮毛	脱毛∨破损∨撕脱	1					5							
58	皮下	增厚∨多坚硬结	1	5											
59	皮痒	擦痒在墙∨栅栏∨树干	1					10							

续26组

序	类	症状	统	7 羊放线菌病	19 羊猝狙	25 羊腐蹄病	27 羊传染性脓疱	35 绵羊痒病	38 肝片吸虫病	44 棘球蚴病	45 细颈囊尾蚴病	50 疥螨病	51 痒螨病	52 蠕形螨病	56 球虫病
60		剧痒-围墙柱栏擦痒	2									15	15		
61		痒甚-夜.阴雨.通风差.	2									10	10		
62		影响采食和休息	2									10	10		
63	皮因	擦啃现丘疹∨结节∨水疱∨脓疱	2									10	10		
64	乳	产量低	1						5						
65	乳房	弥漫肿大∨局灶硬结	1	10											
66		脓疱∨烂斑∨痂垢-病羔吸乳致	1				10								
67		转移性病灶	1				10								
68	乳头	脓疱∨烂斑∨痂垢-病羔吸乳致	1				10								
69	身	倦怠∨乏力∨易疲	1						10						
70		瘙痒	1					10							
71		生长慢∨营养障碍	3						10		10				15
72		衰弱∨虚弱	5	5	5			5	5		5				
73		瘫痪	1							5					
74		卧地∨卧地不起∨长卧	1							5					
75		卧-喜卧∨不起∨难站	2		5			5							
76		震颤∨颤抖∨痉挛	2		5			5							
77	身-肩胛	现圆白凸结∨脓;针尖~1厘米	1								15				
78	身-腰背	人摇羊腰:伸颈∨摆头∨咬唇∨舔舌	1					5							
79	食	吞咽困难	1				5								
80	食-异嗜	异食	1						5						
81	食欲	减∨不振∨不思	1						5						
82		无∨拒∨厌∨废∨停	3		5	5			5						
83	蹄	红肿热痛∨敏感	1			5									
84		溃烂∨烂斑∨腐∨化脓∨坏死	2			15	5								
85		全部蹄病	1				5								
86		水疱	1				5								
87		脱壳∨蹄壁分离	1			15									
88	蹄腐	促因:过湿∨伤∨角质软化∨	1			10									
89		影响产毛∨采食∨孕∨体重∨运动	1			5									

续 26 组

序	类	症 状	统	7 羊放线菌病	19 羊碎殂	25 羊腐蹄病	27 羊传染性脓疱	35 绵羊痒病	38 肝片吸虫病	44 棘球蚴病	45 细颈囊尾蚴病	50 疥螨病	51 痒螨病	52 蠕形螨病	56 球虫病
90	蹄－趾间	局部损伤	1			5									
91	头	石灰头	1										15		
92	头颈	痉挛∨肌肉频细震颤	1					5							
93		高举∨后仰∨高伸∨抬起∨头后弯	1					10							
94		伸直∨伸颈∨摇头∨甩头	1					5							
95		颌下水肿	1						5						
96		现圆白凸结∨脓,针尖～3厘米	1										15		
97	头－面	增厚	1	5											
98	消－粪干	便秘腹泻交替	1						5						
99	消－咽	肿硬	1	5											
100	眼睑	肿∨水肿∨痛∨闭	1						5						
101	眼视力	凝视∨目光呆滞	1					5							
102	黏膜色	苍白	1						5						
103	肝	叩肝半浊音界扩大	1						5						
104		压痛	1						5						
105		转移性病灶	1					5							
106	呼－咳		2					5		5					
107		咳后卧地∨不愿起立	1							15					
108	呼－胸	水肿	1						5						
109	呼－胸肋	肌肉频细震颤	1					5							
110	肌肉	震颤∨痉挛∨颤抖	1					5							
111	死因	瘦弱致死	1		5										
112		衰竭衰弱死	4					5	5			5	5		
113	病暴	烂蹄=湿暖季+低湿地	1		35										
114	病布	多见于与犬接触多的牧区	1								5				
115		广泛∨全国∨世界	2							5	5				
116		牧区	1							5					
117	病情	逐渐恶化	1					5							
118	病始于	背臀尾	1										15		
119		口鼻眼耳	1									15			

续 26 组

序	类	症 状	统	7 羊放线菌病	19 羊胖阻	25 羊腐蹄病	27 羊传染性脓疱	35 绵羊痒病	38 肝片吸虫病	44 棘球蚴病	45 细颈囊尾蚴病	50 疥螨病	51 痒螨病	52 蠕形螨病	56 球虫病
120	病势	突病∨病急	1		5										
121		慢∨缓慢	2	5					5						
122	病特征	消瘦+贫血+发育不良	1												15
123		急死	1		15										
124		局部增生+化脓	1	15											
125		口唇丘疹+脓疱+溃疡+疣痂	1				15								
126		蹄趾间皮肤坏死炎	1			15									
127	病性	肠炎—急∨慢	1												15

27-1 组　衰弱∨衰竭∨虚弱∨黄疸

序	类	症 状	统	2 羊副结核病	5 山羊伪结核病	7 羊放线菌病	9 大肠杆菌病	10 钩端螺旋体病	11 巴氏杆菌病	17 羊快疫	19 羊胖阻	33 蓝舌病
		ZPDS		17	9	14	35	24	40	13	16	24
1	身	衰弱∨虚弱	8	5	5	5	5	5	5			5
2	身	衰竭	2					5	5			
3		消瘦∨瘦弱∨营养不良∨障碍	9	5	5		5	5	5			5
4		渐瘦∨体重↓	1	5								
5		抽搐	1						5			
6		局部炎	1		5							
7		脱水	1				5					
8		卧—不能起立	1				5					
9		卧地∨卧地不起∨长卧	1				5					
10		虚脱-迅速	1					5				
11		震颤∨颤抖∨痉挛	1						5			
12	鼻	炎烂痂血红肿	2						5			10
13		黏脓性∨黏性分泌物∨黏液性	2						5			5
14	鼻痂	脓血痂	1									5

续 27-1 组

序	类	症 状	统	2 羊副结核病	5 山羊伪结核病	7 羊放线菌病	9 大肠杆菌病	10 钩端螺旋体病	11 巴氏杆菌病	17 羊快疫	19 羊猝疽	33 蓝舌病
15	鼻镜	∨鼻膜:糜烂出血	1									5
16	鼻涕	混血∨带血	1									5
17		浆性∨水性鼻液	2						5			5
18		脓血痂	1						10			
19	鼻黏膜	坏死	1					5				
20	精神	闭目	1				5					
21		沉郁∨抑郁	2				5		5			
22		昏睡∨昏迷	2				5			5		
23		离群呆立∨掉群	2								5	5
24		委靡不振∨委顿	4	5			5					5
25		兴奋∨不安	1							5		
26	动	不愿动∨不愿走	1						5			
27		强直∨抽∨痉挛	3						5	5	5	
28		无力难动	1						5			
29		震颤	1						5			
30	动-跛行		2						5			5
31	动-卧	卧∨喜卧∨不起∨难站	3	5			5			5		
32	腹痛	弓背∨伸腰∨望腹∨刨地∨起卧	3				5		5	5		
33	腹围	大(臌)	1						5			
34		大∨肚胀∨腹胀∨增大	1				5					
35		小∨卷缩	1	5								
36	呼-咳嗽		3		5			5	5			
37		湿咳	1		10							
38	呼吸	喘	1				5					
39		快∨促∨浅∨频数＞20 次/分	3		5		5		5			
40		困难	3				5		5			5
41	呼-胸	水肿	1						5			
42	口	溃烂	1				5					
43	口	牙关紧闭	1	10								
44	口唇	皮肤发疹	1				5					
45		肿大外翻桑葚状碍食趋弱	2						5	5		
46	口唇病	恶化继发感染深部化脓坏死	2						5	5		

续 27-1 组

序	类	症　状	统	2 羊副结核病	5 山羊伪结核病	7 羊放线菌病	9 大肠杆菌病	10 钩端螺旋体病	11 巴氏杆菌病	17 羊快疫	19 羊猝疽	33 蓝舌病
47		继发感染可蔓延到喉肺皱胃	2					5	5			
48	口－咀嚼	咀嚼困难	1								15	
49		嚼肌麻痹	1		10							
50		空嚼	1								10	
51		困难∨障碍	4		10			10	5		5	
52	口流涎		5	5		5	5		5		5	
53		带血	2			5	5					
54		带血(数分钟－几小时死)	1					15				
55		泡沫状	3			5	5		5			
56	口膜	潮红∨充血	1								5	
57		流涎	1								5	
58		水疱∨溃疡∨糜烂	1					5				
59		水疱脓疱糜烂结食∨嚼∨咽	2					5	5			
60		痂	1								5	
61		异常	3				5	5			5	
62		肿	1								15	
63	口－磨牙		1				5					
64	口－上唇	1~2 周痂皮干脱康复	2					5	5			
65		红宽－小－散在	2					5	5			
66		黄∨棕色疣状硬痂	2					5	5			
67		丘疹∨小结节∨水疱∨脓疱∨痂垢	2					5	5			
68	口水疱	溃烂在龈∨唇内∨舌面∨颊膜	1					5				
69	毛	粗乱无光∨逆立	1	5								
70		痊愈后被毛脱落	1									5
71		脱毛∨易脱	2	5								5
72	皮	经伤感染	2		5	5						
73		水肿	2						5			5
74	皮化脓	破溃→瘘管	1			5						
75	皮膜	坏死	1					10				
76	皮下	增厚经几月形成5厘米单∨多坚硬结	1		5							
77	乳房	弥漫肿大∨局灶硬结	1				10					
78	食	吞咽困难∨有吞咽作呕动作	1									5

续 27-1 组

序	类	症 状	统	2 羊副结核病	5 山羊伪结核病	7 羊放线菌病	9 大肠杆菌病	10 钩端螺旋体病	11 巴氏杆菌病	17 羊快疫	19 羊猝疽	33 蓝舌病
79	食-饮食	拒废∨停止	1					5				
80		饮食不思	1						5			
81	食欲	采食不能	1		5							
82		减退∨不振	2					5	5			
83		无∨拒废∨厌食∨废绝	2						5		5	
84	蹄	真皮受害∨热肿烂脱壳	1									10
85	蹄冠	蹄叶;发炎∨敏感∨痛	1									5
86	头-颈部	水肿	1						5			
87	头-面	增厚	1		5							
88	温-寒战	战栗	1						5			
89	消-反刍	无∨停	2					5	5			
90	消-粪	便秘∨干	2						5			5
91		腹泻	6	5			5	5	5	5		5
92		含:泡沫∨气泡	2	10			10					
93		含:乳块	1				10					
94		含:黏脓∨黏液∨血∨混血	5	5			5	5	5			5
95		失禁∨里急后重∨泻粪发白	1				10					
96	消-粪味	腥臭∨腥恶臭∨恶臭	2	10			10					
97	消-咽	肿硬	1		5							
98	眼角膜	炎∨疡∨翳∨云翳∨血管翳	1						5			
99	眼结膜	苍白∨黄白	1					5				
100	眼球	凹∨眼凹	1	10								
101	眼视力	弱∨障碍∨视力模糊∨紊乱	1					5				
102	运-骨	下颌骨肿大,缓慢肿	1			35						
103	运-关节	肿痛	1					10				
104	殖-流产		1					10				
105	病势	突病∨病急	3						5	5	5	
106	病势	慢∨缓慢	3	5		5						5
107	病特征	发热+消瘦+黏膜卡他炎	1									15
108		腹泻	1				15					
109		黄疸+血尿+皮肤死+发热+迅衰	1					15				
110		急死	1							15		
111	病因	饿食带霜草病	1								15	
112	病症	常来不及表现症状突死	1							15		

147

27-2组 衰弱∨衰竭∨虚弱∨黄疸

序	类	症 状	统	34 山羊关节炎	35 绵羊痒病	36 绵羊肺腺瘤病	37 梅迪维斯纳病	38 肝片吸虫病	40 阔盘吸虫病	43 脑多头蚴病	45 细颈囊尾蚴病
		ZPDS		20	32	14	19	16	8	27	8
1	身	衰弱∨虚弱	8	5	5	5	5	5	5	5	5
2		衰竭	1					5			
3		消瘦∨瘦弱∨营养不良障碍	8	5	5	5	5	5	5	5	5
4		渐瘦∨体重↓	5		5			5		5	10
5		倦怠∨乏力∨易疲	1					5			
6		瘙痒	1		10						
7		生长慢∨营养障碍	2						10		10
8		水肿	1					10			
9		瘫痪	1		5						
10		卧地∨卧地不起∨长卧	3	5	5					5	
11		震颤∨颤抖∨痉挛	1		5						
12	身-腰背	人摇羊摆:伸颈∨摆头∨咬唇∨舔舌	1		5						
13	鼻	痒∨摩	1			10					
14		黏脓性∨黏性分泌物∨黏液性	1			5					
15	鼻声	塞音	1			10					
16	鼻涕	浆性∨水性∨鼻液	1			5					
17	肌肉	震颤∨痉挛∨颤抖	1		5						
18	精神	沉郁∨抑郁	3	5						5	5
19		痴呆	1		5						
20		惊恐-对声	1							5	
21		离群呆立∨掉群	2		5		5				
22		离群落后	1					5			
23		前行遇障抵物呆立	1							5	
24		神经麻痹∨对称性麻痹	2		5		5				
25		委靡不振∨委顿	1		5						
26		兴奋∨不安	2							5	
27		遇障停∨直走倒∨遇障跌倒	2		15					15	
28	动	前膝跪地爬行	1	5							
29		强直∨抽∨痉挛	1							5	
30		行为异常	1		5						
31		游泳-划动	1	5							
32		站立失衡-蚴在小脑	1							5	

续 27-2 组

序	类	症 状	统	34 山羊关节炎	35 绵羊痒病	36 绵羊肺腺瘤病	37 梅迪维斯纳病	38 肝片吸虫病	40 阔盘吸虫病	43 脑多头蚴病	45 细颈囊尾蚴病
33		圆圈运动-向病侧	1							5	
34		转圈∨旋转	2	5						5	
35	动-跛行		1	5							
36	动-步	(高举∨驴跑∨雄鸡)步态	1		5						
37		不能跳跃∨遇沟坡等障碍跌倒	1		5						
38		缓慢	1					5			
39		异常	1				5				
40		失调失衡∨蹒跚∨不稳∨倒地∨晃	4	5	5		5			5	
41	动-卧	瘫痪∨轻瘫	1				5				
42		卧∨喜卧∨不起∨难站	2				5			5	
43	腹壁	压痛	1								10
44	腹水	增加	1								10
45	腹下	水肿	1					5			
46	呼-咳		3	5		5	5				
47	呼-咳	干咳	1				5				
48	呼-咳	湿咳	1			10					
49	呼吸	快∨促∨浅∨频数>20次/分	3			5	5		5		
50		困难	3	5		5	5				
51		困难∧渐重	1				5				
52		头颈伸直∨鼻孔扩张	1			5					
53	呼-胸	水肿	2					5	10		
54	呼-胸肋	肌肉频细震颤	1		5						
55	毛	产量低	1					5			
56		脱毛∨易脱	1					5			
57	尿-量	失禁	1						15		
58	皮	出血	1		10						
59		红∨炎肿∨破溃∨出血	1		5						
60		黄疸	1								10
61	皮毛	脱毛∨破损∨撕脱	1		5						
62	皮痒	擦痒在墙∨栅栏∨树干	1		5						
63		剧痒	1		5						
64	贫血		3				5	5	10		
65	乳	产量低	1				5				

续 27-2 组

序	类	症状	统	34 山羊关节炎	35 绵羊痒病	36 绵羊肺腺瘤病	37 梅迪维斯纳病	38 肝片吸虫病	40 阔盘吸虫病	43 脑多头蚴病	45 细颈囊尾蚴病
66	乳房	间质性乳房炎(可算 4 乳房型)	1	15							
67	食	吞咽困难∨有吞咽作呕动作	1	5							
68	食欲	不愿采食	1		5						
69		减退∨不振	2					5		5	
70		无∨拒废∨厌食∨废绝	1							5	
71		异嗜∨异食	1					5			
72	头	高举∨后仰∨高仰∨抬起∨头后弯	2		10					10	
73		高举蚴在脑后部	1							5	
74		颌下水肿	2					5	10		
75		角弓反张	1	5							
76	头颈	痉挛∨肌肉频细震颤	1		5						
77		伸直∨伸颈∨摇头∨甩头	1		5						
78		弯一侧∨歪斜∨偏向一侧	2	5			5				
79	头-面	神经麻痹	1	5							
80	头-下垂	蚴在脑正前部	1							5	
81	消-粪	腹泻	1					5			
82	消-消化	障碍∨不良∨紊乱	1						10		
83	眼	震颤-眼球	2	5			5				
84	眼睑	肿∨水肿∨痛∨闭	1					5			
85	眼视力	凝∨目光呆滞	1		5						
86		弱∨障碍∨视力模糊∨紊乱	1							5	
87		失明-双目∨脑病对侧的	2	5						5	
88	运-后肢	麻痹	1							5	
89		软弱无力	1		5						
90	运-肢	麻痹	3		5		5			5	
91	病势	慢∨缓慢	2					5		5	
92	病特征	成山羊慢发(关节∨肺∨乳房)炎	1	15							
93		潜伏长+病程慢	1				10				
94		消瘦+咳嗽+呼吸困难+死	1			15					

28组 卧异常

序	类	症状	统	2 羊副结核病	9 大肠杆菌病	14 羊沙门氏菌病	18 羊肠毒血症	24 真菌肺炎	29 狂犬病	30 伪狂犬病	34 山羊关节炎	35 绵羊痒病	43 脑多头蚴病	58 瘤胃酸中毒	60 前胃弛缓	82 胎衣不下
		ZPDS		16	34	18	20	10	15	10	21	26	25	29	18	13
1	身	卧一喜卧地	3											5	5	5
2		卧地不起∨长卧	10	5	5	5	5	5	5	5	5	5	5			
3		卧一起卧不安	1						5							
4	嗳气	停止	1												10	
5	鼻	发凉	1											10		
6		黏脓性∨黏性分泌物	1					10								
7	鼻涕	沫	1				10									
8	动	不愿动∨不愿走	1				10									
9		独自奔跑	1						15							
10		回旋运动∨前冲∨后退	1							5						
11		前膝跪地爬行∨游泳-划动	1										5			
12		强直∨抽∨痉挛	2				5						5			
13		震颤	1										5			
14		转圈∨旋转	2							5			5			
15	动一跛行		1										5			
16	动一步	(高举∨驴跑∨雄鸡)步态	1							5						
17		不能跳跃∨遇沟遇坡跌倒	1										5			
18		蹒跚∨不稳∨倒地	3								5	5	5			
19	动一卧	卧∨喜卧∨不起∨难站	5	5	5	5							5		5	
20	耳	发凉	1											10		
21	腹痛	弓背∨伸腰∨望腹∨刨地∨起卧	2			5								5		
22	腹围	大∨肚胀∨腹胀∨增大	4		5		5							5	5	
23		小∨卷缩	1	5												
24	羔一粪	腹泻	1		10											
25	呼吸	喘	1	5												
26		快∨促∨浅∨频数>20次/分	4		5									5	5	
27		困难	3		5		5			5						
28		困难-病程稍长加重	1				10									
29	呼一胸肋	肌肉频细震颤	1										5			

续 28 组

序	类	症状	统	2 羊副结核病	9 大肠杆菌病	14 羊沙门氏菌病	18 羊肠毒血症	24 真菌肺炎	29 狂犬病	30 伪狂犬病	34 山羊关节炎	35 绵羊痒病	43 脑多头蚴病	58 瘤胃酸中毒	60 前胃弛缓	82 胎衣不下
30	呼—咽喉	麻痹	1						10							
31	肌肉	震颤V痉挛V颤抖	2						10		5					
32	叫	呻吟	1										5			
33	精神	闭目	1	5												
34		沉郁V抑郁	8	5	5		5	5			5		5	5	5	
35		痴呆	1									5				
36		冲撞墙壁	1							15						
37		拱腰痛苦状	1											10		
38		昏睡V昏迷	1	5												
39		惊恐—对声	1									5				
40		痉挛抽搐	1									5				
41		狂暴不安V攻击人畜	1						15							
42		离群V呆立	3				5				5	5				
43		委靡不振V委顿	6	5	5						5				5	5
44		兴奋V不安	3						5			5				
45		意识紊乱V盲目运动	2						10				10			
46		遇障跌倒V行为异常	1										15			
47		遇障停V直走倒	1										15			
48	口	牙关紧闭	1	10												
49		咬(唇V腹肋V股V尾)部	1			5										
50		口臭	1			10										
51	口唇	皮肤发疹V异常V渗血	2			5	5									
52		水肿蔓延到颊耳颈胸腹	1			5										
53		震颤	1							15						
54	口—咀嚼	空嚼	1							15						
55		口流涎	5	5	5	5	5	5								
56		带泡沫V血(数分钟至几小时死)	1		15											
57		带泡沫V血V红色	2				5	5								
58	口膜	肿V充血V发绀V青紫淤斑V烂	2		5	15										

续28组

序	类	症状	统	2 羊副结核病	9 大肠杆菌病	14 羊沙门氏菌病	18 羊肠毒血症	24 真菌肺炎	29 狂犬病	30 伪狂犬病	34 山羊关节炎	35 绵羊痒病	43 脑多头蚴病	58 瘤胃酸中毒	60 前胃弛缓	82 胎衣不下
59	口-磨牙		1		5											
60	口-舌	充血∨发绀	1			5										
61		蓝色∨青紫淤斑∨溃烂	1			35										
62		舔舌	1			5										
63	毛	粗乱无光∨逆立	2	5										5		
64		脱毛∨易脱	1	5												
65	尿-量	少	1											10		
66		失禁	1									15				
67	尿-色	色浓	1											10		
68	皮	弹性丧失	1											5		
69		红∨炎∨肿∨破溃∨出血	1								10					
70		奇痒∨瘙痒∨剧痒	2							15		15				
71		损伤∨溃疡	1					5								
72		舔咬伤口致不愈	1					5								
73		脱毛∨破损∨撕脱	1									5				
74	乳房	间质性乳房炎(可算4乳房型)	1								15					
75	身	倦怠∨乏力∨易疲	1											5		
76		衰竭	1		5											
77		瘫痪	1										5			
78		脱水	1		5											
79		震颤∨颤抖∨痉挛	2				5					5				
80	人摇腰	伸颈∨摆头∨咬唇∨舔舌	1									5				
81	身-瘦弱	营养不良∨障碍∨重↓∨弱	5	5	5						5	5	5			
82	身-腰背	弓腰	1													5
83	身-姿	努责	1													10
84	食	吞咽困难∨有吞咽呕作动作	2						5	5						
85	食欲	减退∨不振∨不愿采食	9		5			5		5	5		5	5	5	5
86		无∨拒废∨厌食∨废绝	6			5							5	5	5	5
87	头	高举∨后仰∨高仰∨抬起	3				5						10	10		
88		角弓反张∨头后弯	2				5						5			

续28组

序	类	症状	统	2 羊副结核病	9 大肠杆菌病	14 羊沙门氏菌病	18 羊肠毒血症	24 真菌肺炎	29 狂犬病	30 伪狂犬病	34 山羊关节炎	35 绵羊痒病	43 脑多头蚴病	58 瘤胃酸中毒	60 前胃弛缓	82 胎衣不下
89	头颈	痉挛∨肌肉频细震颤	1									5				
90		伸直∨伸颈∨摇头∨甩头	1									5				
91		弯一侧∨歪斜∨偏向一侧	1							5						
92	头-面	神经麻痹	1							5						
93	头-下垂	蚴在脑正前部	1										5			
94	消-反刍	少∨慢	3					5						5	5	
95		无∨停	2											5	5	
96	消-粪	便秘腹泻交替	1												5	
97		腹泻∨稀水∨软∨稀粥	6	5	5	5	5							5	5	
98		腹泻一半液状	1		5											
99		腹泻间歇性∨持续	1	15												
100		含:泡沫∨气泡∨乳块	2		10	10										
101		含:黏脓∨黏液∨血∨混血	3		5	5							5			
102		失禁∨里急后重	1			10										
103	消-粪色	黄褐色	1			5										
104		黄绿∨黄褐	2			15								15		
105		泻粪发白	1		15											
106	消-粪味	腥臭∨腥恶臭∨恶臭	2		10	10										
107	循-脉搏	快∨频数∨增快∨增数	2										5		5	
108		弱∨微细∨细弱	1										5			
109		无变化	1												5	
110	循-心率	快∨增数∨心跳加快	2										5	5		
111	循-心跳	正常或80次/分	1												10	
112	眼	震颤-眼球	1						5							
113	眼结膜	红∨红肿	1										5			
114	眼球	凹∨眼凹	2	10									10			
115	眼视力	凝视∨目光呆滞	1						5							
116		失明∨模糊	4		2					5		5	5			
117	运-关节	肿痛	1			10										
118	运-后肢	附关节污胎衣	1													15
119		软弱无力	1						5							

154

续 28 组

序	类	症状	统	2 羊副结核病	9 大肠杆菌病	14 羊沙门氏菌病	18 羊肠毒血症	24 真菌肺炎	29 狂犬病	30 伪狂犬病	34 山羊关节炎	35 绵羊痒病	43 脑多头蚴病	58 瘤胃酸中毒	60 前胃弛缓	82 胎衣不下
120	运-前肢	摩擦口唇∨头部痒处	1									10				
121	运-四肢	僵硬	1									5				
122	运-肢	1～4肢麻痹	3							5	5	5				
123		发凉	1											10		
124	殖	性欲亢进	1						5							
125	殖-流产	妊娠最后2个月	1		5											
126	殖-胎衣	垂露阴户外∨滞留∨腐败	1													15
127	殖-阴户	流恶露污红腐败恶臭	1													15
128		流恶露杂有灰白碎片∨脉管	1													15
129	病龄	6月龄至5岁∨成羊	4		5		5					5	5			
130		各龄	2		5							5				
131		营养膘情较好羊	1				10									
132	病龄-羔	8日龄至6月龄	3		5	5						5				
133	病龄-新	2～7日龄	1		5											
134	病时	过食4～6小时发病	1											10		
135	病势	慢∨缓慢	2	5								5				
136		突病∨病急∨快	2				5						5			
137		羊群暴发1次持续10～15天	1			5										
138	病特征	成山羊慢发∨乳房炎	1								15					
139		发热+奇痒	1						15							
140		废食+瘤积食胀满停动	1												35	
141		腹泻	1		15											
142		急死	1				15									
143		神障+兴奋↑+狂躁+终死	1						15							
144		食欲反刍嗳气乱∨胃蠕动弱停	1												15	
145	病因	1次采∨偷吃谷物精料多	1											15		
146		犬咬伤	1						15							
147		气候营养不良潮湿污秽	1		5											
148		缺运动∨饲失调体弱	1													15
149		羊弱+草难消∨变料多运动少	1													15

29组 头颈姿势异常

序	类	症 状	统	3 破伤风	8 李氏杆菌病	12 肉毒梭菌中毒	18 羊肠毒血症	34 山羊关节炎	35 绵羊痒病	37 梅迪维斯纳病	43 脑多头蚴病	46 绦虫病	53 羊鼻蝇蛆病	59 食管阻塞	61 瘤胃积食	71 吸入肺炎	73 酮病
		ZPDS		14	17	15	16	21	26	15	26	27	21	11	20	16	22
1	头	高举∨后仰∨抬起∨头后弯	8	10	10		5		10		10	10			10		5
2		高举蜘在脑后部	1							5							
3		后仰∨仰头倒地	1								5						
4		角弓反张头后弯	6	10	10		5	5				10					5
6	头颈	伸直∨伸颈∨摇头∨甩头	4					5					5	10	5		
7		弯一侧∨歪斜∨偏向一侧	5		5		5		5		5						5
8		痉挛∨肌肉频细震颤	2						5								5
9		突起可触及食块	1											35			
10		痉挛∨强直	2		15												5
11	头一面	麻痹	2		15												
12	头一下垂	蜘在脑正前部	1							5							
13	嗳气	不断∨停止	1												10		
14	鼻痒	炎烂痂血红肿∨鼻痂阻塞	1										10				
15	鼻	黏脓性∨黏性分泌物	2										10			5	
16	鼻呼气	酮味	1														35
17	鼻孔	逆水	1											15			
18	鼻出血	喷嚏∨喷鼻	1										10				
19	鼻涕	灰白泡沫落地如花点状	1													10	
20		混血∨带血	1										10				
21		浆性∨水性∨鼻液	3			5							10			5	
22		沫	1			10											
23		脓性∨脓血痂	2										10			5	
24	肌	嚼肌麻痹∨咽麻痹	1		10												
25		震颤∨痉挛∨颤抖	2					5		5							
26	叫	呻吟	1													10	
27	精神	沉郁∨抑郁	6		5			5			5	5			5	5	
28		痴呆	1						5								
29		烦躁不安一因啃咬擦痒	1									5					
30		反应弱∨无	1								15						

续 29 组

序	类	症 状	统	3 破伤风	8 李氏杆菌病	12 肉毒梭菌中毒	18 羊肠毒血症	34 山羊关节炎	35 绵羊痒病	37 梅迪维斯纳病	43 脑多头蚴病	46 绦虫病	53 羊鼻蝇蛆病	59 食管阻塞	61 瘤胃积食	71 吸入肺炎	73 酮病
31		昏睡∨昏迷	1		5												
32		痉挛∨抽搐∨惊恐-对声	1								5						
33		离群∨呆立	5					5		5	5	5					5
34		前行遇障抵物呆立	1								5						
35		神经麻痹∨对称性麻痹	2						5	15							
36		神经症状	4								5	5	5				5
37		突然声响刺激痉挛∨倒地	1	25													
38		委靡不振∨不佳∨委顿	3						5			5			5		
39		兴奋∨不安	5			5			5			5	5	5			
40		意识紊乱	1														5
41		遇障停∨直走倒	1								15						
42	消-粪	干∧带虫节片	1									15					
43		腹泻∨稀水∨软∨稀粥	3	5			5					5					
44	消-粪色	黄褐∨黄绿	1				5										
45	动	不便	1			5											
46		不愿动∨不愿走∨无力难动	1		5												
47		独自奔跑	1			15											
48		前膝跪地爬行	1				5										
49		强直∨抽∨痉挛	4			5					5	5					5
50		游泳状	2		10		10										
51		站立失衡-蜥在小脑	1								5						
52		遇障跌倒∨行为异常∨难跃	2					15	5								
53		震颤	2									5					15
54		转圈∨旋转∨倒地	6		10		5				5	5	5				10
55		点头运动	1			15											
56	动-跛行		1					5									
57	动-步	(高举∨驴跑∨雄鸡)步态	1						5								
58		僵硬	1			5											
59		困难	1	10													
60		头弯一侧	1			10											

续 29 组

序	类	症状	统	3 破伤风	8 李氏杆菌病	12 肉毒梭菌中毒	18 羊肠毒血症	34 山羊关节炎	35 绵羊痒病	37 梅迪维斯纳病	43 脑多头蚴病	46 绦虫病	53 羊鼻蝇蛆病	59 食管阻塞	61 瘤胃积食	71 吸入肺炎	73 酮病
61		失调∨蹒跚∨不稳∨倒地∨晃	7			5			5	5	5	5		5			5
62	动一卧	起立困难	1								5						
63		瘫痪∨轻瘫	3		5					5	5						
64		卧∨喜卧∨不起∨难站	6		5					5	5	5	5		5		
65	耳	震颤	1														5
66	腹部	左侧轻度膨大	1											5			
67	腹痛	弓背∨伸腰∨望腹∨刨地∨起卧	3				5					10			5		
68		摇尾∨呻叫	1												5		
69	腹围	大∨肚胀∨腹胀∨增大	5	5			5					5		5	5		
70	呼出气	丙酮气味	1														35
71	呼一咳嗽	干咳∨湿咳∨低哑∨嘶哑	1													15	
72		伸颈低头	1										5				
73	呼吸	快∨促∨浅∨频数>20次/分	4						5	5			5			5	
74		困难	4				5			5			5			5	
75	呼吸式	腹式	2			5										5	
76		胸式	1			10											
77	呼一胸	触胸敏感	1													10	
78	呼一胸胁	肌肉频细震颤	1						5								
79	口一磨牙		1		5												
80	口唇	结节∨水疱∨棕痂∨疮∨异常	1		5												
81	口流涎		2				5	5									
82	口一舌	肿大	1		5												
83	口	张口	1				5										
84	口唇	肿	1		5												
85	毛	粗乱无光∨逆立	1									5					
86	尿一量	失禁	1								15						
87		失禁因膀胱麻痹	1								5						
88	尿一味	丙酮气味	1														35
89	皮	红∨炎∨肿∨破溃∨出血	2		5							10					
90		水肿	1								5						

续29组

序	类	症状	统	3 破伤风	8 李氏杆菌病	12 肉毒梭菌中毒	18 羊肠毒血症	34 山羊关节炎	35 绵羊痒病	37 梅迪维斯纳病	43 脑多头蚴病	46 绦虫病	53 羊鼻蝇蛆病	59 食管阻塞	61 瘤胃积食	71 吸入肺炎	73 酮病
91		脱水	1														15
92	皮痒	剧痒	1						5								
93	贫血		1									10					
94	乳房炎	间质性	1			15											
95	身	渐瘦∨体重↓日渐消瘦	5				5	5		5	5	5					
96		瘙痒	1						10								
97		衰弱∨虚弱	4				5	5		5	5						
98		瘫痪	1					5									
99		卧地∨卧不起∨横卧不起	4		5	5	5			5							
100		消瘦∨瘦弱∨营养不良∨障碍	6				5	5	5	5	5	5					
101		震颤∨颤抖∨痉挛	2		5				5								
102	身-肷窝	略平∨稍凸∨触诊硬实	1												5		
103	身-摇腰	伸颈∨摆头∨咬唇∨舐舌	1						5								
104	食	吞咽困难∨有吞咽呕动作	2					5						10			
105	食-采食	停止	2											5	5		
106	食管	胸部现痛	1											5			
107	食-饮欲	增加∨渴	1							5							
108	食欲	不愿采食	1					5									
109		减退∨不振	6		5					5	5	5			5		5
110		无∨拒废∨厌食∨废绝	4					5			5			5	5		
111	脱水		1											5			
112	尾	弯一侧	1		10												
113		向一侧摆动	1		10												
114		直	1	15													
115	胃管	受阻	1											35			
116	胃-瘤胃	触:硬	1												40		
117		腹胀-食堵胸部气管	1											5			
118		蠕动增强∨减弱∨停止	1												5		
119	胃-前胃	弛缓∨蠕动减弱	1														10
120	温-热型	弛张热(含日温差1.1℃~2.5℃)	1													15	

续 29 组

序	类	症状	统	3 破伤风	8 李氏杆菌病	12 肉毒梭菌中毒	18 羊肠毒血症	34 山羊关节炎	35 绵羊痒病	37 梅迪维斯纳病	43 脑多头蚴病	46 绦虫病	53 羊鼻蝇蛆病	59 食管阻塞	61 瘤胃积食	71 吸入肺炎	73 酮病
121	消－反刍	无∨停	1												5		
122	消－肛	肛挂虫	1									40					
123	眼	震颤－眼球	2					5		5							
124	眼睑	肿∨水肿∨痛∨闭	1										5				
125	眼结膜	苍白∨黄白	2							5							5
126		紫绀	1										5				
127	眼流泪	浆性∨水性	1										10				
128	眼视力	凝视∨目光呆滞	1					5									
129		失明∨障碍	3					5		5							10
130	运－关节	炎	1					5									
131	运－后肢	失足∨发软	1						5								
132	运－四肢	强直∨抽∨僵硬	2	5				5									
133	运－肢	1～4肢麻痹	1					5									
134		麻痹	4					5	5	5							
135		游泳状	1		10												
136	病特征	肌强直痉挛∨对刺激兴奋强	1	40													
137		急死＋肾软化	1				15										
138		咳＋喘＋流涕＋听肺捻发音	1													15	
139		面麻痹	1		15												
140		潜伏长＋病程慢	1							5							
141		神经功能紊乱－转圈	1		15												
142		运动神经麻痹	1			15											
143	病因	过食∨粗饲∨偷料致瘤胃积食	1												15		
144		绵羊妊后期料多	1														15
145		食蛋白多	1				15										
146		因过饥吃块状饲料而病	1											15			
147	殖－流产		1		10												

30组 颌下水肿

序	类	症状	统	38 肝片吸虫病	39 双腔吸虫病	40 阔盘吸虫病	41 前后盘吸虫病	42 血吸虫病	65 创伤性心包炎
		ZPDS		13	6	8	6	10	10
1	头	颌下水肿	6	5	10	10	10	10	10
2	头-颈	静脉怒张,粗如手指	1						15
3	消-粪	便秘腹泻交替	1	5					
4		腹泻∨稀水∨软∨稀粥	4		5	5	10	5	
5		腹泻带黏液	1			10			
6		腹泻—顽固性	1				15		
7		含:黏脓∨黏液∨血∨混血	1					10	
8	消-粪味	腥臭∨腥恶臭∨恶臭	1					10	
9	动-步	缓慢	1	5					
10	腹膜	粘连	1						10
11	腹下	水肿	2	5			10		
12	呼-胸	水肿	3	5		10			10
13	呼-胸壁	疼痛	1						15
14	毛	产量低∨脱毛∨易脱	1	5					
15	皮膜色	黄染	2		10			10	
16	黏膜色	苍白	3	5			5	5	
17	乳	产量低	1	5					
18	身	渐瘦∨体重↓∨日渐消瘦	1					5	
19		脓毒败血症	1					10	
20		生长慢∨发育受阻∨衰弱∨虚弱	3	5		5		5	
21		水肿	1			10			
22		消瘦∨瘦弱∨营养不良∨障碍	5	5	5	5	5	5	
23	食欲	减退∨不振∨异嗜∨异食	1	5					
24	胃-前胃	弛缓∨蠕动减弱	1						10
25	消-消化	障碍∨不良∨紊乱	2		10	10			
26	循-心包	蓄脓∨摩擦音∨拍水音∨界大	1						15
27	循-心动	过速80~120次/分	1						15
28	眼睑	肿∨水肿∨痛∨闭	1	5					
29	殖-流产	不孕∨影响受胎	1					10	
30	病特征	前胃弛缓+胸痛+间歇膨气	1						10
31	病症	耐过急性期或轻感染变慢性	1	5					
32		轻∨无症状	1		5				

31-1组 腹痛(传染病)

序	类	症　状	统	9 大肠杆菌病	9-2 腹泻型	11 绵羊巴氏杆菌病	15 羊弯杆菌病	17 羊快疫	18 羊肠毒血症
		ZPDS		24	9	16	9	14	16
1	腹痛	弓背∨伸腰∨望腹∨刨地∨起卧	6	5	5	5	5	5	5
2	腹围	大(臌)	1	5					
3		大∨肚胀∨腹胀∨增大	2	5					5
4	鼻涕	浆性∨水性∨鼻液∨脓血痂	1			10			
5		沫	1						10
6	动	不愿动∨不愿走∨无力难动	1					5	
7		独自奔跑	1						15
8		强直∨抽∨痉挛	3			5		5	5
9		震颤∨跛行	1			5			
10	动－步	失调失衡∨蹒跚∨不稳∨倒地∨晃	1					5	
11	精神	闭目∨有精神症状	1	5					
12		沉郁∨抑郁	2	5		5			
13		昏睡∨昏迷	2	5				5	
14		离群呆立∨掉群	1						5
15		委靡不振∨不佳∨较差∨欠佳	2	5					
16	口流涎	带泡沫∨血(数分钟至几小时死)	2					10	10
17	口－磨牙		3	5				5	5
18	身	不能起立	2	5	10				
19		抽搐	1					5	
20		衰弱∨虚弱	4	5	5	5		5	
21		脱水	2	5	10				
22		卧地∨卧地不起∨横卧不起∨长卧	1						5
23		消瘦∨瘦弱∨营养不良∨障碍	3	5		5	5		
24		震颤∨颤抖∨痉挛	1						5
25	食欲	减退∨不振	2	5		5			
26		无∨拒废∨厌食∨废绝	1			5			
27	头	高举∨后仰∨抬∨角弓反张	1						5
28	温－体温	降低∨略低	2	5	5				
29		38.5℃～40℃－正常∨不高	2	5					
30		40℃～41℃微热∨微升∨略高	3	5	5				5

续 31-1 组

序	类	症 状	统	9 大肠杆菌病	9-2 腹泻型	11 绵羊巴氏杆菌病	15 羊弯杆菌病	17 羊快疫	18 羊肠毒血症
31		41℃～43℃升高∨发热	2	5		5			
32	消-反刍	无∨停	1			5			
33	消-粪	便秘∨干	1			5			
34		腹泻∨稀水∨软∨稀粥	6	5	5	5	5	5	5
35		腹泻-人动物泻	1				5		
36		含:泡沫∨气泡∨乳块	2	10	10				
37		含:黏脓∨黏液∨血∨混血	3	5	10	5			
38		失禁∨里急后重∨泻白∨腥恶臭	1	10					
39	消-粪色	黄褐色∨黄绿∨黄褐	1						5
40	眼角膜	炎∨扬∨翳∨云翳∨血管翳	1				5		
41	运-关节	肿痛	1	10					
42	殖	弱胎∨弱羔∨死胎∨死羔	1				10		
43		先兆:无∨轻-少量阴道分泌物	1				10		
44		阴门:附黏液∨痂∨脓物	1				10		
45		阴门:流恶露污物	1				10		
46		孕后 4～5 个月(孕后期)	1				5		
47	殖-子宫	子宫炎∨脓毒症∨腹膜炎→死	1				10		
48	病程	短促∨急	2	5				10	
49	病龄	营养膘情较好羊	2					10	10
50	病特征	腹泻	1	15					
51	病因	饿食带霜草病∨突死	1					15	

31-2组 腹痛(其他病)∨嗳气异常

序	类	症　状	统	45 细颈囊尾蚴病	46 绦虫病	61 瘤胃积食	62 急性瘤胃臌胀	67 绵羊肠扭转	68 胃肠炎	75 尿结石	77 氢氰酸中毒	78 有机磷中毒	79 流产
		ZPDS		9	25	18	13	24	24	14	20	27	11
1	腹痛	腹壁触诊敏感拒按	1					15					
2		腹壁压痛	1	10									
3		弓背∨伸腰∨望腹∨刨地∨起卧	9		10	5	5	5	5	5	5	5	
4		摇尾∨呼叫	1			5							
5		重剧∨镇痛药无效	1					15					
6	腹部	触诊紧张	1				10						
7		左侧轻度膨大	1			5							
8	腹围	大∨肚胀∨腹胀∨增大	7		5	5	5	5		5	5		
9		腹臌胀叩之如鼓	1				10						
10		小∨卷缩	1					10					
11	嗳气	不断	1			5							
12		停止	2			10	10						
13	鼻	发凉	2						10		10		
14	动	呆立不动∨强迫运动∨前冲后撞	1					10					
15		强直∨抽∨痉挛∨转圈∨旋转	1		10								
16		震颤	3		5						5	5	
17	动-步	小	1						10				
18		失调失衡∨踽踽∨不稳∨倒地∨晃	3				5	5		5			
19	羔	症状明显	1	10									
20	叫	哞叫	1										5
21		呻吟	1			10							
22	精神	沉郁∨抑郁	6	5	5	5			5	5	5		
23		反应弱∨无	2		15						15		
24		昏睡∨昏迷	2						5		5		
25		痛苦状	1									15	
26		委靡不振∨不佳∨较差∨欠佳	5		5		5		5				5
27		兴奋→沉郁→衰弱	1								5		
28		兴奋∨不安	3				5		5		5		
29	口	干	1							10			
30		经常做咀嚼动作	1		5								

续 31-2 组

序	类	症 状	统	45 细颈囊尾蚴病	46 绦虫病	61 瘤胃积食	62 急性瘤胃臌胀	67 绵羊肠扭转	68 胃肠炎	75 尿结石	77 氢氰酸中毒	78 有机磷中毒	79 流产
31		口臭	1						5				
32	口唇	翘唇∨沾白色泡沫−少量	1						10				
33		口流涎	3		5						5	5	
34		白色泡沫∨血	1								5		
35		带泡沫∨血	1		5								
36		呕吐	1									5	
37	口−舌	苔黄厚∨薄白	1						10				
38		泡沫	1		5								
39	毛	粗乱无光∨逆立	1		5								
40	尿闭	发生尿毒症	1							5			
41	尿−量	滴频	1							15			
42		少	1						10				
43		失禁	1									15	
44	尿难	混血	1							35			
45	尿痛	痛苦哞叫	1							5			
46	皮	弹性降低	1						10				
47		黄疸	1	10									
48	皮−汗	多汗	1									15	
49	身	抽搐	1								5		
50		蹲跨	1						10				
51		渐瘦∨体重↓	2		5					5			
52		全身反射减少∨消失	1								5		
53		生长受阻	1	10									
54		衰弱∨虚弱	1	5									
55		体重减轻	1	10									
56		消瘦∨瘦弱∨营养不良∨障碍	4	5	5				5	5			
57	身−肷	两肷内吸	1						10				
58	身−肷窝	略平∨稍凸∨触诊硬实	1			5							
59		突起	1				10						
60		左肷窝向外突出∨高于髋节	1				10						
61	身−腰背	弓背∨伸腰	1						10				
62	身−姿	努责	2							5			10

续 31-2 组

序	类	症状	统	45 细颈囊尾蚴病	46 绦虫病	61 瘤胃积食	62 急性瘤胃臌胀	67 绵羊肠扭转	68 胃肠炎	75 尿结石	77 氢氰酸中毒	78 有机磷中毒	79 流产
63		努责－排尿	1							5			
64	食－采食	停止	1			5							
65	食－饮欲	增加∨渴	1			5							
66	食欲	减退∨不振	4			5			5	5		5	
67		无∨拒废∨厌食∨废绝	4			5			5			5	5
68	蹄	踢蹄骚动	1					10					
69	头	摆头	1					10					
70		高举∨后仰∨高仰∨抬起	2	10	10								
71		后仰∨仰头倒地	1		5								
72		回头顾腹	1					10					
73		角弓反张头后弯	1		10								
74	尾	时而摇尾,不排粪尿	1					15					
75	胃－瘤胃	触:硬	1			40							
76		腹听诊瘤胃蠕动音强∨弱	1					10					
77		臌胀	2				40					10	
78		蠕动力减弱次数减少	1					10					
79	温－体温	降低∨略低	1								5		
80		38.5℃～40℃－正常∨不高	3					5	5		5		
81		40℃～41℃微热∨微升∨略高	3					5	5			5	
82		41℃～43℃升高∨发热	4	5				5	5			5	
83	消－反刍	无∨停	2			5	5						
84	消－粪	便秘∨干	1		5								
85		带虫节片	1		15								
86		腹泻∨稀水∨软∨稀粥	3		5				5			5	
87		含:坏死脱落物	1						15				
88		含:黏脓∨黏液∨血∨混血	2						5			5	
89	消－粪味	腥臭∨腥恶臭∨恶臭	1						15				
90	消－肛	肛挂虫	1		40								
91	消－呕吐		1									10	
92	眼	震颤－眼球	1									15	
93	眼结膜	苍白	3		5			10				5	
94		红∨红肿	1							5			

续 31-2 组

序	类	症 状	统	45 细颈囊尾蚴病	46 绦虫病	61 瘤胃积食	62 急性瘤胃臌胀	67 绵羊肠扭转	68 胃肠炎	75 尿结石	77 氢氰酸中毒	78 有机磷中毒	79 流产
95		黄白	2	5								5	
96		紫绀∨发绀	3			5	5	5					
97	眼球	凹∨眼凹	1						10				
98	眼瞳孔	散大	1									10	
99		缩小	1									15	
100	运－后肢	不敢高抬	1							15			
101		麻痹	1								5		
102	运－肢	发凉	2						10			10	
103		后肢弹腹	1					10					
104	黏膜色	苍白	1								5		
105		发绀	1		5								
106		鲜红	1								10		
107	殖－流产		2									5	5
108		小产∨流产∨早产∨无症而流	1										5
109		因伤数小时∨数天排胎儿	1										15
110		隐性;不排胎儿胎骨∨排溶物	1										15
111	殖－胎儿	被排出	1										35
112	殖－阴道	流水	2									10	10
113	病程	6～18小时	1					10					
114	病特征	发病急＋呼吸难＋肌震颤现缺氧	1									15	
115		反刍停∨瘤胃硬∨蠕弱∨腹痛	1			15							
116		排尿障碍∧肾区痛	1							10			
117	病因	1次吃大量青苗	1								15		
118		吃易发酵∨霜霉料	1				15						

· 167 ·

32-1组 腹围异常(传染病)

序	类	症状	统	1 羊炭疽	2 羊副结核病	3 破伤风	9 大肠杆菌病	18 羊肠毒血症	23 羔羊支原体病
		ZPDS		14	15	16	24	14	29
1	腹围	大(臌)	1				5		
2		大∨肚胀∨腹胀∨增大	5	5		5	5	5	5
3		小∨卷缩	1		5				
4	腹痛	弓背∨伸腰∨望腹∨刨地∨起卧	2				5	5	
5	鼻	黏脓性∨黏性分泌物∨黏液性	1						5
6	鼻色	滞铁锈色	1						15
7	鼻涕	浆性∨水性鼻液	1						5
8		沫	1					10	
9	动	不愿动∨不愿走	1		5				
10		独自奔跑	1					15	
11		强直∨抽∨痉挛	2	5				5	
12		无力难动	1		5				
13		游泳状	1	10					
14	动-步	困难	1		10				
15		失调失衡∨蹒跚∨不稳∨倒地∨晃	1	5					
16	动-卧	瘫痪∨轻瘫	1		5				
17		卧∨喜卧不起∨难站	4		5	5	5	5	
18	呼-咳	干咳∨痛咳	1						10
19	呼吸	快∨促∨浅∨频数>20次/分	2	5			5		
20	呼吸	困难	3	5			5		5
21	呼-胸	一侧胸膜肺炎	1						10
22		触胸敏感	1						10
23		叩胸浊音区大∨摩擦音	1						10
24		支气管呼吸音	1						10
25		触压羊现敏感疼痛	1						10
26	呼-音	听胸摩擦音	1						15
27	叫	呻吟	1						5
28	精神	闭目	1				5		
29		沉郁∨抑郁	2				5		5
30		拱腰痛苦状	1						10

续 32-1 组

序	类	症状	统	1 羊炭疽	2 羊副结核病	3 破伤风	9 大肠杆菌病	18 羊肠毒血症	23 盖羊支原体病
31		昏睡∨昏迷	2	5				5	
32		离群呆立∨掉群	1					5	
33		突然声响刺激痉挛∨倒地	1			25			
34		委靡不振∨不佳∨较差∨欠佳	2		5			5	
35		兴奋∨不安	1	5					
36		眩晕	1	5					
37	口	溃烂	1						5
38		牙关紧闭	1			10			
39	口唇	皮肤发疹	1						5
40	口流涎	带泡沫∨血	3		5			5	5
41	口膜	异常	1						5
42	口一磨牙		4	5				5	5	5
43	毛	粗乱无光∨逆立	1		5				
44		脱毛∨易脱	1		5				
45	尿—色	血尿	1	5					
46	皮	经伤感染	1			5			
47	乳房	皮肤发疹	1						5
48		疹∨烂∨疱	1						15
49	身	渐瘦∨体重↓∨日渐消瘦	1		5				
50		衰竭	1				5		
51		衰弱∨虚弱	2		5		5		
52		卧地∨卧地不起∨横卧不起∨长卧	2		5			5	
53		消瘦（进行性）	1		5				
54		消瘦∨瘦弱∨营养不良∨障碍	3		5		5		5
55		震颤∨颤抖∨痉挛	1					5	
56	身一腰背	弓起痛苦状	1						10
57	食欲	减退∨不振	2				5		
58		无∨拒废∨厌食∨废绝	1						5
59	天然孔	七窍出血不易凝固	1	40					
60	头	高举∨后仰∨高仰∨抬起∨头后弯	2			10		5	
61		角弓反张	1			10			

续 32-1 组

序	类	症 状	统	1 羊炭疽	2 羊副结核病	3 破伤风	9 大肠杆菌病	18 羊肠毒血症	23 盖羊支原体病
62		角弓反张头后弯	1					5	
63	尾	直	1			15			
64	温-寒战	战栗	1	5					
65	消-粪	腹泻	5		5		5	5	5
66		含:泡沫∨气泡	2		10		10		
67		含:乳块	1				10		
68		含:黏脓∨黏液∨血∨混血	3		5		5	5	
69		失禁∨里急后重	1				10		
70	消-粪味	腥臭∨腥恶臭∨恶臭	2		10		10		
71	眼流泪	黏性∨脓性物	1						5
72	眼球	凹∨眼凹	1		10				
73	眼视力	弱∨障碍∨视力模糊∨紊乱	1			5		10	
74	运-关节	炎肿痛	1						
75	运-四肢	强直∨抽	1			5			
76	病特征	发热+咳嗽	1						15
77		腹泻	1				15		
78		肌强直痉挛∨对刺激兴奋强	1			40			

32-2 组 腹围异常(其他病)

序	类	症 状	统	46 绦虫病	58 瘤胃酸中毒	59 食管阻塞	60 前胃弛缓	61 瘤胃积食	62 急性瘤胃臌胀	63 瓣胃阻塞	67 绵羊肠扭转	68 胃肠炎	75 尿结石	77 氢氰酸中毒	78 有机磷中毒
		ZPDS		32	25	12	17	17	12	17	25	24	15	18	24
1	腹围	左侧轻度膨大	1				5								
2		大∨肚胀∨腹胀∨增大	11	5	5	5	5	5	5	5		5	5	5	5
3		腹瞷胀∨叩之如鼓	1						10						
4		小∨卷缩	1									10			
5	腹痛	腹壁触诊敏感拒按	1							15					

170

续 32-2 组

序	类	症 状	统	46 绦虫病	58 瘤胃酸中毒	59 食管阻塞	60 前胃弛缓	61 瘤胃积食	62 急性瘤胃臌胀	63 瓣胃阻塞	67 绵羊肠扭转	68 胃肠炎	75 尿结石	77 氢氰酸中毒	78 有机磷中毒
6		弓背∨伸腰∨望腹∨刨地∨起卧	8	10			5	5		5	5	5	5	5
7		摇尾∨哞叫	1				5							
8		重剧∨镇痛药无效	1						15					
9	腹部	触诊紧张	1					10						
10	嗳气	不断	1				5							
11		停止	3			10	10	10						
12	鼻	发凉	3		10							10		10
13	鼻孔	逆水	1		15									
14	动	盲目运动	1	5										
15		呆立不动∨前冲后撞∨强迫运动	1								10			
16		强直∨抽∨痉挛	1	5										
17		震颤	4	5	5								5	5
18		转圈∨旋转	1	5										
19	动－步	小	1									10		
20		失调失衡∨蹒跚∨不稳∨倒地	3				5		5			5		
21	动－卧	急起急卧	1					10						
22		起立困难	1	5										
23		瘫痪∨轻瘫	2	5					5					
24		卧∨喜卧∨不起∨难站	6	5			5	5		5	5			
25	公羊	丧失配种能力	1									5		
26	呼－咳	食误入气管	1		5									
27	呼吸	60次/分以上	1								10			
28		快∨促∨浅∨频数>20次/分	5		5			5		5		5		
29		困难	3					5					5	5
30		微弱	1								10			
31	肌	麻痹	1											5
32		震颤∨痉挛∨颤抖	3	5									5	5
33	叫	呻吟	2		5			10						
34	精神	沉郁∨抑郁	7	5			5	5		5	5			
35		烦躁不安－因啃咬擦痒	1						5					

171

续 32-2 组

序	类	症状	统	46 绦虫病	58 瘤胃酸中毒	59 食管阻塞	60 前胃弛缓	61 瘤胃积食	62 急性瘤胃膨胀	63 瓣胃阻塞	67 绵羊肠扭转	68 胃肠炎	75 尿结石	77 氢氰酸中毒	78 有机磷中毒
36		反应弱∨无	2	15										15	
37		拱腰痛苦状	1		10										
38		昏睡∨昏迷	2								5				5
39		痛苦状	1											15	
40		委顿	1							5					
41		委靡不振∨不佳∨较差∨欠佳	5	5			5	5		5	5				
42		兴奋→沉郁→衰弱	1										5		
43		兴奋∨不安	4			5			5				5		5
44	口	干	2		10							10			
45		经常做咀嚼动作	1	5											
46		口臭	1									5			
47	口唇	翘唇∨沾白色泡沫－少量	1								10				
48	口流涎		3	5		5							5		
49		白色泡沫∨血	1										5		
50		带泡沫∨血	1	5											
51		呕吐	1												5
52	口－舌	苔黄厚∨薄白	1									10			
53	口周	泡沫	1	5											
54	淋巴结	肿	1	5											
55	毛	粗乱无光∨逆立	2	5				5							
56	尿闭		1										5		
57	尿－量	滴∨频	1										15		
58		少	2		10							10			
59		失禁	1												15
60	尿难	混血	1										35		
61	尿－色	色浓	2		10							10			
62	尿痛	痛苦咩叫	1										5		
63	皮	水肿∨弹性丧失	2	5	5										
64	皮－汗	多汗	1												15
65	身	抽搐	1												5

续 32-2 组

序	类	症 状	统	46 绦虫病	58 瘤胃酸中毒	59 食管阻塞	60 前胃弛缓	61 瘤胃积食	62 急性瘤胃臌胀	63 瓣胃阻塞	67 绵羊肠扭转	68 胃肠炎	75 尿结石	77 氢氰酸中毒	78 有机磷中毒
66		蹲腚	1										10		
67		渐瘦∨体重↓∨日渐消瘦	2	5								5			
68		倦怠∨乏力∨易疲	1				5								
69		倦怠乏力	2				5	5							
70		全身反射减少∨消失	1											5	
71		喜卧地	2		5		5								
72		消瘦∨瘦弱∨营养不良∨障碍	3	5								5	5		
73	身-胁	两胁内吸	1						10						
74	身-胁窝	略平∨稍凸∨触诊硬实	1					5							
75		突起	1						10						
76		左胁窝向外突出∨高于髋节∨脊背	1						10						
77	身-腰背	弓背	1									10			
78		伸腰	1									10			
79	身-姿	努责	1										5		
80	身-姿	努责-排尿	1										5		
81	食	吞咽困难∨有吞咽呕动作	1			10									
82	食-采食	停止	2			5		5							
83	食管	胸部现痛	1			5									
84	食-饮欲	增加∨渴	1	5											
85		食欲 减退∨不振	7	5	5		5	5				5	5		5
86		无∨拒废∨厌食∨废绝	5	5			5	5		5		5			5
87	蹄	热肿烂脱壳∨蹄叶炎	1		10										
88		踢蹄骚动	1									10			
89	头	摆头	1									10			
90		高举∨后仰∨高仰∨抬起∨头内弯	2	10			10								
91		后仰∨仰头倒地	1	5											
92		回头顾腹	1									10			
93		角弓反张	1	10											
94	头颈	伸直∨伸颈∨摇头∨甩头	1			10									
95		突起可触及食块	1			35									

续 32-2 组

序	类	症状	统	46 绦虫病	58 瘤胃酸中毒	59 食管阻塞	60 前胃弛缓	61 瘤胃积食	62 急性瘤胃臌胀	63 瓣胃阻塞	67 绵羊肠扭转	68 胃肠炎	75 尿结石	77 氢氰酸中毒	78 有机磷中毒
96		脱水	2					5					15		
97	尾	时而摇尾,不排粪尿	1									15			
98	胃—瓣胃	触硬∨蠕动消失∨小叶发炎∨坏死	1							40					
99		阻塞因胃力弱食聚瓣叶间变干	1							15					
100		胃管受阻	1			35									
101	胃—瘤胃	触:硬	1					40							
102		腹听诊瘤胃蠕动音强∨弱	1								10				
103		臌胀	1										10		
104		臌胀∨积食	1					5							
105		臌胀—食堵胸部气管	1			5									
106		臌胀因食动酵料产气多致前胃病	1						10						
107		叩呈鼓音	1						35						
108		力弱	1					5							
109		敏感↑触痛∨气胀左腹大∧触软	1				5								
110		柔软	2			15	15								
111		蠕动力减弱次数减少	3		5		5	5							
112		蠕动停∨炎∨胀满触为液体	1		10										
113	胃—前胃	弛缓∨蠕动减弱∨兴奋性降低	1				20								
114	消—粪	便秘∨干	2	5						5					
115		不排便	1								15				
116		带虫节片	1	15											
117		腹泻	5	5	5		5					5			5
118		含:坏死脱落物	1									15			
119		含:黏脓∨黏液∨血∨混血	3		5							5			5
120	消—粪味	腥臭∨腥恶臭∨恶臭	1									15			
121	消—肛	肛挂虫	1	40											
122	消—呕吐		1												10
123	眼球	震颤	1												15
124		凹∨眼凹	2			10							10		
125	眼视力	弱∨障碍∨模糊∨紊乱	1		5										

续 32-2 组

序	类	症状	统	46 绦虫病	58 瘤胃酸中毒	59 食管阻塞	60 前胃弛缓	61 瘤胃积食	62 急性瘤胃臌胀	63 瓣胃阻塞	67 绵羊肠扭转	68 胃肠炎	75 尿结石	77 氢氰酸中毒	78 有机磷中毒
126	眼瞳孔	散大	1											10	
127		缩小	1												15
128	运－后肢	不敢高抬	1									15			
129		弹腹	1						10						
130	运－肢	发凉	3		10							10			10
131		麻痹	2											10	10
132	病特征	瓣胃大＋坚硬＋难排粪＋腹胀	1							15					
133		发病急＋呼吸难＋肌震颤现缺氧	1											15	
134		反刍停∨瘤胃硬∨蠕弱∨腹痛	1						15						
135		废食＋瘤积食胀满停动＋酸高	1		35										
136		排尿障碍∧肾区痛	1										10		
137		神经功能紊乱－过度兴奋	1												10
138		食欲反刍嗳气乱∨胃蠕动弱停	1				15								
139		食欲减拒＋T↑泻∨脱水∨腹痛	1									15			
140	诊－触诊	肩关节水平线上下现痛苦	1							5					
141		右第7～9肋间现痛苦	1							5					
142		不排粪＋瓣胃大∧痛∧硬	1							35					

33-1组 腹 泻∨反刍异常∨舌异常∨粪腥恶臭

序	类	症状	统	2 羊副结核病	3 破伤风	4 羊坏死杆菌病	6 羊土拉杆菌病	9 大肠杆菌病	10 钩端螺旋体病	11 绵羊巴氏杆菌病	14 羊沙门氏菌病	15 羊弯杆菌病	16 羊链球菌病	17 羊快疫	18 羊肠毒血症	58 瘤胃酸中毒	59 有机磷中毒
		ZPDS		17	16	16	15	35	10	30	19	14	15	28	27	18	20
1	粪泻	∨稀水∨软∨稀粥	14	5	5	5	5	5	5	5	5	5	5	5	5	5	5
2		半液状	1					5									
3		病后期	1						5								
4		间歇性∨持续	1	15													
5		轻微	1					5									
6	消一粪	失禁∨里急后重	1						10								
7	消一粪干	便秘∨干	1							5							
8	消一粪含	含:泡沫∨气泡	2	10				10									
9		含:乳块	1					10									
10		含:黏脓∨黏液∨血∨混血	7	5				5		5			5	5	5		
11	消一粪色	黄绿∨黄褐	2										15	15			
12		泻粪发白	1					15									
13		血水	1						5								
14	消一粪味	腥臭∨腥恶臭∨恶臭	2	10				10									
15	鼻	发凉	2											10	10		
16		结节∨水疱∨棕痂	1			5											
17		炎烂痂血红肿	1						10								
18		黏脓性∨黏性∨出血	1							5							
19	鼻涕	浆性∨水性∨鼻液	2							5		5					
20		沫	1												10		
21		脓性∨脓血痂	2							10		5					
22	鼻黏膜	坏死	1					5									
23	动	不便	1				5										
24		不愿动∨不愿走	2	5									5				
25		独自奔跑	1												15		
26		盲目运动	1										5				
27		强直∨抽∨痉挛	4					5					5	5	5		
28		无力难动	2	5									5				
29		震颤	3						5				5	5			

续 33-1 组

序	类	症状	统	2 羊副结核病	3 破伤风	4 羊坏死杆菌病	6 羊土拉杆菌病	9 大肠杆菌病	10 钩端螺旋体病	11 绵羊羊巴氏杆菌病	14 羊沙门氏杆菌病	15 羊弯杆菌病	16 羊链球菌症	17 羊快疫	18 羊肠毒血症	58 瘤胃酸中毒	59 有机磷中毒
30		跛行	2			5				5							
31		步困难∨僵硬	2		5	5											
32		步失调∨踱跚∨晃倒	3			5	5						5				
33		关节炎肿痛	1						10								
34		肢发凉	2											10	10		
35		肢—后肢瘫软∨软弱∨瘫痪	1					15									
36		肢—麻痹	1										5				
37		肢强直∨抽	1		5												
38	身	卧∨喜卧∨不起∨难站	6	5	5		5				5		5	5			
39		卧—瘫痪∨轻瘫	1		5												
40	耳	发凉	2											10	10		
41	腹痛	弓背∨伸腰∨望腹∨刨地∨起卧	6				5	5		5	5		5	5			
42	腹围	大(膨)	1									5					
43		大∨肚胀∨腹胀∨增大	5				5			5		5		5	5		
44	腹围	小∨卷缩	1	5													
45		呼—咳嗽	2							5	5						
46	呼吸	喘	1				5										
47		快∨促∨浅∨频数>20次/分	3				5			5			5				
48		困难	4					5		5	5			5			
49	呼—咽喉	肿	1									10					
50	肌肉	麻痹∨震颤∨痉挛∨颤抖	1											5			
51	叫	呻吟	2											5	5		
52	精神	闭目	1				5										
53		沉郁∨抑郁	4				5		5	5							
54		拱腰痛苦状	1										10				
55		昏睡∨昏迷	4			5	5							5			5
56		离群呆立∨掉群	1											5			
57		神经症状	2											5			
58		痛苦状	1												15		
59		突然声响刺激痉挛∨倒地	1		25												

续 33-1 组

序	类	症状	统	2 羊副结核病	3 破伤风	4 羊坏死杆菌病	6 羊土拉杆菌病	9 钩端螺旋体病	10 大肠杆菌病	11 绵羊巴氏杆菌病	14 羊沙门氏菌病	15 羊弯杆菌病	16 羊链球菌病	17 羊快疫	18 羊肠毒血症	58 瘤胃酸中毒	78 有机磷中毒
60		委顿	1					5									
61		委靡不振∨不佳∨较差∨欠佳	5	5			5	5		5			5				
62		兴奋∨不安	2				5								5		
63	口	溃烂	1			5											
64		牙关紧闭	1		10												
65		咬(唇∨腹肋∨股∨尾)部	1								5						
66		口臭	1								10						
67	口唇	疮∨结节∨水疱∨棕痂	1		5												
68		皮肤发疹	1				5										
69		上唇丘疹∨小结节∨疱∨痂	1							5							
70		水肿蔓延到颊耳颈胸腹	1							5							
71		下唇增厚	1			5											
72		震颤	1									5					
73		肿翻桑葚状∨化脓坏死	1								5						
74	口-咀嚼	经常做咀嚼动作	1									5					
75		空嚼	1											10			
76		困难∨障碍	3			10			10	5							
77	口流涎		7	5		5			5		5	5		5			
78		带泡沫∨血∨红色	3					5			5						
79		带泡沫∨血(数分钟~几小时死)	1														15
80	口膜	渗血	1					5									
81		水疱∨脓疱∨糜烂∨坏死	3			5			5	5							
82		异常	4	5			5	5									
83		肿∨充血∨发绀∨青紫淤斑∨溃烂	1								15						
84	口-磨牙		2					5		5							
85	口-舌	充血∨发绀	1								5						
86		蓝色∨青紫淤斑∨溃烂	1								35						
87		舔舌	1								5						
88		肿硬	1			5											
89	口周	泡沫	1										5				

续 33-1 组

序	类	症状	2 羊副结核病	3 破伤风	4 羊坏死杆菌病	6 羊土拉杆菌病	9 大肠杆菌病	10 钩端螺旋体病	11 绵羊巴氏杆菌病	14 羊沙门氏杆菌病	15 羊弯杆菌病	16 羊链球菌病	17 羊快疫	18 羊肠毒血症	58 瘤胃酸中毒	78 有机磷中毒
90	淋巴结	颌淋巴肿	1									10				
91		肿	1		5											
92		肿—体表的	1			5										
93	毛	粗乱无光V逆立	1	5												
94		脱毛V易脱	1	5												
95	尿—量	少	1									10				
96		失禁	1										15			
97	尿—色	色浓	1									10				
98		血尿V血红蛋白尿V血色素尿	1											10		
99	黏膜色	苍白	1									5				
100	皮黄疸	黏膜黄染	1					10								
101	皮膜	坏死	2		15			10								
102	皮	经伤感染	2	5	5											
103		水肿	2					5	5							
104		损伤V溃疡	1		5											
105		弹性丧失	1									5				
106	皮—汗	多汗	1										15			
107	乳房	肿	1									15				
108	身	抽搐	2									5	5			
109		渐瘦V体重↓	1	5												
110		衰竭V衰弱V虚弱	5	5			5	5				5				
111		消瘦V瘦弱V营养不良V障碍	5	5			5	5	5							
112		虚脱—迅速	1				5									
113		震颤V颤抖V痉挛	1										5			
114	食欲	减V不振V不思	5				5			5	5		5	5		
115		无V拒V厌V废V停	5						5				5	5	5	5
116	蹄	红肿热痛V溃烂V腐V化脓V坏死	2		10							10				
117		蹄匣脱落V流臭脓V恶臭	1		10											
118		脱壳V蹄壁分离	2		10							10				
119	蹄病	波及腱V韧带V关节	1		10											

续 33-1 组

序	类	症 状	统	2 羊副结核病	3 破伤风	4 羊坏死杆菌病	6 羊土拉杆菌病	9 大肠杆菌病	10 钩端螺旋体病	11 绵羊巴氏杆菌病	14 羊沙门氏菌病	15 羊弯杆菌病	16 羊链球菌病	17 羊快疫	18 羊肠毒血症	58 瘤胃酸中毒	78 有机磷中毒
120	头颈	高举∨后仰∨高仰∨抬起∨角弓反张	2		10										5		
121	尾	直	1		15												
122	胃—瘤胃	柔软∨蠕动弱∨停∨炎∨液胀	1													15	
123	消—反刍	少∨慢	1												5		
124		无∨停	4					5		5		5		5			5
125	消—呕吐		1											10			
126	眼部	结节∨水疱∨棕痂	1			5											
127	眼结膜	苍白∨黄白	2											5			5
128	眼流泪	浆性∨水性∨黏性∨脓性物	1									10					
129	眼球	凹∨眼凹	2	10									10				
130	眼瞳孔	缩小	1											15			
131	殖—流产		6					10	5		5				5	10	5
132		地方流行性∨多数痊愈	1								10						
133		流—停—流(间1~2年)	1									15					
134		死胎∨死羔	2					15			10						
135		先兆:无∨轻—少量阴道分泌物—忽视	1									10					
136		阴门:附黏液∨痂∨脓物∨恶露	1								10						
137		妊娠最后2个月	1								5						
138		孕后4~5个月(孕后期)	1									5					
139	殖—阴道	流水	1											15			
140	病势	羊群暴发1次持续10~15天	1									5					
141		突病∨病急∨快	4						5				5	5	5		
142		慢∨缓慢	1	5													
143	病特征	发热+肌肉僵硬+淋巴结肿大	1				35										
144		废食+瘤积食胀满停动	1													35	
145		腹泻	1					15									
146		黄疸+血尿+皮膜白+发热+迅衰	1						15								
147		肌强直痉挛∨对刺激兴奋强	1		40												
148		急死	1											15			
149		神经功能紊乱—过度兴奋	1												10		

续 33-1 组

序	类	症状	统	2 羊副结核病	3 破伤风	4 羊坏死杆菌病	6 羊土拉杆菌病	9 大肠杆菌病	10 钩端螺旋体病	11 绵羊巴氏杆菌病	14 羊沙门氏菌病	15 羊弯杆菌病	16 羊链球菌病	17 羊快疫	18 羊肠毒血症	58 瘤胃酸中毒	78 有机磷中毒
150		突发+病程短	1											15			
151	病因	1次采∨偷吃谷物精料多	1												15		
152		潮湿低洼沼泽污染草水	1						5								
153		饿食带霜草病	1											15			
154		食蛋白多	1												15		
155		因湿发病	1			10											

33-2 组 腹泻

序	类	症状	统	23 羔羊支原体病	33 蓝舌病	39 双腔吸虫病	40 阔盘吸虫病	41 前后盘吸虫病	42 血吸虫病	46 绦虫病	47 消化道线虫病	54 梨形虫病	55 弓形虫病	57 口炎	60 前胃弛缓	68 胃肠炎	74 绵羊脱毛症
		ZPDS		19	13	3	3	5	16	6	9	10	9	11	15	2	
1	腹泻	∨稀水∨软∨稀粥	14	5	5	5	5	10	5	5	5	5	5	5	5	5	
2		顽固性	1					15									
3	消—粪	带虫	2						15	15							
4	消—粪干	便秘∨干	3		5					5		5					
5		便秘腹泻交替	1										5				
6	消—粪含	含:坏死脱落物	1													15	
7		含:黏脓∨黏液∨血∨混血	4		5			10		10						5	
8	消—粪味	腥臭∨腥恶臭∨恶臭	2					10								15	
9	嗳气	停止	1												10		
10	鼻	发凉	1												10		
11		炎烂痴血红肿	1		10												
12		黏脓性∨黏性∨分泌物∨黏液性	2	5	5												
13	鼻痴	脓血痴	1		5												
14	鼻镜	∨鼻膜∨糜烂出血	1		5												
15	鼻腔	充血∨渗出∨溃烂∨结痴	1									5					

续 33-2 组

序	类	症状	统	23 羔羊支原体病	33 蓝舌病	39 双腔吸虫病	40 阔盘吸虫病	41 前后盘吸虫病	42 血吸虫病	46 绦虫病	47 消化道线虫病	54 梨形虫病	55 弓形虫病	57 口炎	60 前胃弛缓	68 胃肠炎	74 绵羊脱毛症
16	鼻 鼻色	涕铁锈色	1	15													
17	鼻声	鼾声	1										10				
18	鼻涕	混血V带血	1			5											
19		浆性V水性V鼻液	3	5	5								10				
20	动	强直V抽V痉挛	1							5							
21		震颤	1							5							
22		转圈V旋转	1							5							
23		跛行	1			5											
24		步失调V蹒跚V晃倒	1										10				
25		股内侧充血V渗出V溃烂V结痂	1											5			
26		肢发凉	1												10		
27		肢—僵V僵硬	1										10				
28		肘充血V渗出V溃烂V结痂	1											5			
29	身	卧V喜卧V不起V难站	4								5	5				5	5
30	身	卧—瘫痪V轻瘫	1								5						
31	耳	发凉	1												10		
32	腹痛	弓背V伸腰V望腹V刨地V起卧	2								10					5	
33	腹围	大V肚胀V腹胀V增大	3		5						5					5	
34		小V卷缩	1												10		
35	腹下	痘疹	1											5			
36	腹下	水肿	1						10								
37	呼—咳	干咳V痛咳	1	10													
38	呼—咳嗽		3	5									10	5			
39	呼吸	快V促V浅V频数>20次/分	2							5	5						
40		困难	3		5	5							5				
41	呼—胸	触胸敏感V痛	1	10													
42	肌肉	麻痹V震颤V痉挛V颤抖	1							5							
43	叫	呻吟	1	5													
44	精神	沉郁V抑郁	5	5							5	5				5	5
45		反应弱V无	1								15						
46		拱腰痛苦状	1	10													

续 33-2 组

序	类	症状	统	23 羔羊支原体病	33 蓝舌病	39 双腔吸虫病	40 阔盘吸虫病	41 前后盘吸虫病	42 血吸虫病	46 绦虫病	47 消化道线虫病	54 弓形虫病	55 梨形虫病	57 口炎	60 前胃弛缓	68 胃肠炎	74 绵羊脱毛症
47		昏睡∨昏迷	1												5		
48		离群呆立∨掉群	1		5												
49		神经症状	2							5			5				
50		委顿	2		5							5					
51		委靡不振∨不佳∨较差∨欠佳	5		5					5	5				5	5	
52	口	干	1	10													
53		口臭	1	5													
54	口-舌	苔黄厚∨薄白	1	5													
55	淋巴结	肩前淋肿大核桃-鸭蛋大,触痛	1									5					
56		体表淋巴结肿大	2							5		5					
57	毛-被毛	成羊无光泽灰暗	1														10
58		脱落∨整片脱毛	1														10
59		脱落在背颈胸臀	1														10
60		营养不良	1														10
61		粗乱无光∨逆立	3							5	5			5			
62		痊愈后被毛脱落	1		5												
63		脱毛∨易脱	1		5												
64	尿-量	少	1													10	
65	尿-色	色浓	1													10	
66		血尿∨血色素尿	1										5				
67	黏膜色	苍白	3					5	5				5				
68	皮黄疸	黏膜黄染	4			10			10			5	5				
69	皮	弹性降低	1													10	
70		蜱	1										35				
71		水肿	3		5						5	5					
72	贫血		6			10	10	15	10	5							10
73	乳房	充血∨渗出∨溃烂∨结痂	1											2			
74		痘疹	1											2			
75		疹∨烂∨疱	1		15												
76	身	恶病质	1												5		
77		渐瘦∨体重↓	5						5	5	5	5			5		

续 33-2 组

序	类	症状	统	23 羔羊支原体病	33 蓝舌病	39 双腔吸虫病	40 阔盘吸虫病	41 前后盘吸虫病	42 血吸虫病	46 绦虫病	47 消化道线虫病	54 梨形虫病	55 弓形虫病	57 口炎	60 前胃弛缓	68 胃肠炎	74 绵羊脱毛症
78		倦怠∨乏力∨易疲	1												5		
79		生长慢∨营养障碍	2					5		5							
80		衰竭∨衰弱∨虚弱	2		5		5										
81		水肿	1					10									
82		消瘦∨瘦弱∨营养不良	10	5	5	5	5	5	5	5	5				5		
83	身-腰背	弓起痛苦状	1	10													
84	食	吞咽困难	1		5												
85	食-采食	障碍	1											5			
86	食-饮欲	增加∨渴	1						5								
87	食欲	互啃被毛	1														10
88		减∨不振∨不思	6	5					5		5			5	5	5	
89		无∨拒∨厌∨废∨停	6	5	5	5							5	5	5		
90		异食癖∨喜吃塑料膜	1														15
91	蹄	红肿热痛∨溃烂∨腐∨化脓	2		10									5			
92		脱壳∨蹄壁分离	1		10												
93	头	痘疹	1											5			
94	头颈	高举∨后仰∨高仰∨抬起	1						10								
95		后仰∨仰头倒地	1							10							
96		角弓反张∨头后弯	1						10								
97		颌下水肿	4			10	10	10	10								
98	头-下颌	间隙水肿	1								10						
99		脱水	1													15	
100	胃-瘤胃	敏感↑触痛	1												5		
101		气胀左腹大∧触软	1												2		
102		柔软	1												15		
103		蠕动力量减弱次数减少	1												5		
104		蠕动弱∨停	1												5		
105	胃-前胃	弛缓∨蠕动减弱	1												20		
106		兴奋性降低	1												10		
107	胃-皱胃	敏感↑触痛	1												5		
108	消-反刍	少∨慢	2	5											5		

续 33-2 组

序	类	症状	统	23 羔羊支原体病	33 蓝舌病	39 双腔吸虫病	40 阔盘吸虫病	41 前后盘吸虫病	42 血吸虫病	46 缘虫病	47 消化道线虫病	54 梨形虫病	55 弓形虫病	57 口炎	60 前胃弛缓	68 胃肠炎	74 绵羊脱毛症
109		无∨停	1												5		
110	消－肛	肛挂虫	1						40								
111	消－消化	障碍∨不良∨紊乱	3			10	10				10						
112	眼结膜	苍白∨黄白	3						5	5	5						
113		黄染－轻	1							5							
114		紫绀	1	5													
115	眼流泪		2	5									10				
116		黏性∨脓性物	1	5													
117	眼球	凹∨眼凹	1													10	
118	诊断	症状＋流学	1					10									
119	诊治	驱童虫药物	1					35									
120	殖－流产		3	5					5				5				
121		羊其他症状不明显	1										10				
122		在:娩前4~6周	1										15				
123	殖－孕	导致不孕∨影响受胎	1					10									
124	病势	突病∨病急	1									5					
125		慢∨缓慢	3		5					5	5						
126	病特征	采食咀嚼困难＋口流清涎＋痛	1											15			
127		发热＋咳嗽	1	15													
128		发热＋消瘦＋黏膜卡他炎	1		15												
129		食欲反刍嗳气乱∨胃蠕动弱停	1												15		
130		食欲减拒＋T↑泻∨脱水∨腹痛	1													15	
131		口腔黏膜(含齿龈)炎症	1											10			
132	病因	长期喂块根	1													5	
133		口外伤∨化药∨他病	1											15			
134		前胃病＋(霜冻料∨药过∨卫生差)	1												15		
135		羊弱＋草难消∨变料多运动少	1												15		
136		因湿发病	1	10													

34组 便秘∨便干∨便秘与腹泻交替

序	类	症　　状	统	11 绵羊巴氏杆菌	33 蓝舌病	38 肝片吸虫病	46 绦虫病	54 梨形虫病	60 前胃弛缓	63 瓣胃阻塞	66 皱胃阻塞
		ZPDS		27	20	12	25	18	21	17	13
1	消-粪干	便秘∨干	6	5	5		5	5		5	10
2		便秘腹泻交替	2			5			5		
3	嗳气	停止	1						10		
4	鼻	炎烂痂血红肿	1		10						
5		黏脓性∨黏性∨糜烂∨出血∨脓血痂	2	5	5						
6		鼾声	1						10		
7		浆性∨水性∨鼻液	2	5	5						
8	病程	5~15天	1		5						
9		缓慢∨缠绵	1								5
10	病特征	瓣胃大+坚硬+难排粪+腹胀	1							15	
11		发热+消瘦+黏膜卡他炎	1		15						
12		食欲反刍嗳气乱∨胃蠕动弱停	1						15		
13	病危害	大批死亡	1					5			
14	病因	细碎料∨塑料堵∨消化蠕动差	1								5
15		羊弱∨草难消∨变料多运动少	1						15		
16		饮水失宜+吃秕糠粗纤维∨泥沙	1							15	
17	动	步缓慢	1			5					
18		动-跛行	2	5	5						
19		强直∨抽∨痉挛	2				5				
20		卧∨喜卧∨不起∨难站	4				5	5	5	5	
21		卧-起立困难	1				5				
22		卧∨瘫痪∨轻瘫	2				5			5	
23		震颤	2	5			5				
24		肢僵∨僵硬	1					10			
25		转圈∨旋转	1				5				
26	腹痛	弓背∨伸腰∨望腹∨刨地∨起卧	2	5				10			
27	腹围	大∨肚胀∨腹胀∨增大	3				5			5	5
28	腹下	水肿	1			5					
29	羔-新羔	羔儿畸形	1			5					
30	呼-咳嗽		1	5							
31	呼吸	快∨促∨浅∨频数>20次/分	3	5				5	5		

续 34 组

序	类	症 状	统	11 绵羊巴氏杆菌	33 蓝舌病	38 肝片吸虫病	46 绦虫病	54 梨形虫病	60 前胃弛缓	63 瓣胃阻塞	66 皱胃阻塞
32		困难	2	5	5						
33	肌肉	震颤∨痉挛∨颤抖	1				5				
34	精神	沉郁∨抑郁	4	5				5	5	5	
35		反应弱∨无	1					15			
36		离群呆立∨掉群	1		5						
37		神经症状	1				5				
38		委靡不振∨委顿	6	5	5		5	5	5	5	
39	口	张口	1	5							
40	口唇	恶化-化脓坏死蔓延	1		5						
41		肿∨丘疹∨小结节∨疱∨痂	1		5						
42	口-咀嚼	困难∨障碍	1		5						
43	口膜	水疱脓疱糜烂碍食∨嚼∨咽	1		5						
44	毛	产量低	1				5				
45		粗乱无光∨逆立	2				5		5		
46		痊愈后被毛脱落	1		5						
47		脱毛∨易脱	2		5	5					
48	尿-色	血尿	1					5			
49	皮	蜱	1					35			
50		水肿	3	5	5		5				
51	乳	产量低	1			5					
52	身	渐瘦∨体重↓	2				5	5			
53		卧-喜卧地	1						5		
54		倦乏∨消瘦∨瘦弱∨营养差	7	5		5	5	5	5	5	
55	食	吞咽困难	1		5						
56	食-异嗜		1				5				
57	食-饮欲	增加∨渴	1				5				
58	食欲	减∨不振∨不思	7	5		5		5	5	5	5
59		无∨拒∨厌∨废∨停	4	5	5			5	5		
60	死	突死急死(6∨9∨数小时内)	1	5							
61	蹄	红肿热痛∨敏感∨烂∨腐∨脱壳	1		10						
62	头颈	高举∨后仰∨角弓反张∨头后弯	1				10				
63		颌下水肿	1			5					

续 34 组

序	类	症状	统	11 绵羊巴氏杆菌	33 蓝舌病	38 肝片吸虫病	46 绦虫病	54 梨形虫病	60 前胃弛缓	63 瓣胃阻塞	66 皱胃阻塞
64	胃－瓣胃	触硬∨蠕动消失	1							40	
65	胃肠	蠕动停止	1								15
66	胃－瘤胃	充满液体	1								10
67		臌胀∨积食∨力弱	1						5		
68		敏感↑触痛	1					5			
69		柔软∨蠕动弱∨停	1						15		
70	胃－前胃	迟缓∨蠕动减弱	2						20		15
71		兴奋性降低	1						10		
72	胃－皱胃	扩大（右腹）	1								15
73		敏感↑触痛	1					5			
74	消－反刍	少∨慢	1						5		
75		无∨停	2	5					5		
76	消－粪	不排便	2							15	10
77		带虫节片	1				15				
78		排少∨停排	1								10
79	消－粪含	含：黏脓∨黏液∨血∨混血	3	5	5						10
80	消－粪色	暗黑	1						5		
81		血水	1	5							
82	消－粪泻	腹泻∨稀水∨软∨稀粥	5	5	5		5	5	5		
83	消－肛	肛挂虫	1				40				
84	眼睑	肿∨水肿∨痛∨闭	1		5						
85	眼角膜	炎∨疡∨翳∨云翳∨血管翳	1	10							
86	眼结膜	苍白∨黄白	2					5	5		
87		充血红∨红肿	1						5		
88		黄染－轻	1						5		
89	黏膜色	苍白	1		5						
90	诊	用手冲击右下腹疼痛	1							40	
91		用手感右下腹皱胃坚硬	1								40
92	诊－触诊	肩关节水平线上下现痛苦	1							5	
93		右第7～9肋间现痛苦	1							5	
94		不排粪+腹围大∧痛∧硬	1							40	

35组 咀嚼异常∨转圈

序	类	症状	统	7 羊放线菌病	8 李氏杆菌病	27 羊传染性脓疱	46 绦虫病	50 脑脊髓丝虫病	57 口炎	73 酮病
		ZPDS		16	16	19	26	14	12	25
1	口-咀嚼	经常做咀嚼动作	1				5			
2		空嚼	2				10			15
3		困难∨障碍	4	10	10	10		15		
4		嚼肌麻痹	1		10					
5	口唇	上唇痂皮干脱∨红斑∨疣状硬痂	1			5				
6		上唇丘疹∨小结节∨水疱∨脓痂	1			5				
7		下唇增厚	1	5						
8		肿大外翻甚桑状碍食趋弱	1			5				
9	口膜	异常	2			5			5	
10		肿	1						15	
11	口流涎	带泡沫∨血	2				5		5	
12	口周	泡沫	1				5			
13	口-舌	肿硬	1	5						
14	口唇	震颤	1							15
15	鼻	呼气酮味	1							35
16		1~2周痂皮干脱康复	1			5				
17		黄∨棕色疣状硬痂∨鼻镜红斑-小	1			5				
18		丘疹∨小结节∨水疱脓疱∨∨脓血痂	1			5				
19	病势	慢∨缓慢	3	5			5			5
20	动	强直∨抽∨痉挛	2				5			5
21		兴奋∨骚乱	1					10		
22		游泳状	1		10					
23		震颤	2					5		15
24		转圈∨旋转	3		10		5			10
25	动-步	困难	1					15		
26		失调失衡∨蹒跚∨不稳∨倒地∨晃	2					10		5
27	动-卧	瘫痪∨轻瘫∨起立困难	1				5			
28		卧∨喜卧∨不起∨难站	3				5	10		5
29		致褥疮	1					10		
30	耳	甩耳	1		10					
31		震颤	1							5

续35组

序	类	症状	统	7 羊放线菌病	8 李氏杆菌病	27 羊传染性脓疱	46 绦虫病	50 脑脊髓丝虫病	57 口炎	73 酮病
32	耳廓	大面积龟裂∨出血∨污秽痂垢	1			5				
33		痂垢增厚∨其下肉芽增生	1			5				
34	腹痛	弓背∨伸腰∨望腹∨刨地∨起卧	1				10			
35	腹围	大∨肚胀∨腹胀∨增大	1				5			
36	羔	急性败血症迅死	1		5					
37	呼出气	丙酮气味	1							35
38	呼一咳		2			5			5	
39	叫	呻吟	1					10		
40	精神	沉郁∨抑郁	2		5		5			
41		反应弱∨无	1				15			
42		昏睡∨昏迷	1		5					
43		离群呆立∨掉群	1							5
44		委靡不振	1				5			
45		意识紊乱	1							5
46	口流涎		3	5			5		5	
47	毛	粗乱无光∨逆立	1				5			
48	尿一味	丙酮气味	1							35
49	皮	经伤感染	1	5						
50		脓疱	1			10				
51		水肿	1				5			
52		损伤∨溃疡	1			5				
53		脱水	1							15
54	皮化脓	破溃→瘘管	1	5						
55	皮下	增厚∨坚硬结	1	5						
56	乳房	弥漫肿大∨局灶硬结	1	10						
57	身	渐瘦∨体重↓∨日渐消瘦	1				5			
58		衰弱∨虚弱	1		5					
59		消瘦∨瘦弱∨营养不良∨障碍	3	5		5	5			
60	身一腰髋	支配后躯运动障碍	1					10		
61	食	吞咽困难∨有吞咽作呕动作	1				5			
62	食一采食	障碍	1						5	
63	食欲	采食不能	1	5						

续 35 组

序	类	症 状	统	7 羊放线菌病	8 李氏杆菌病	27 羊传染性脓疱	46 绦虫病	50 脑脊髓丝虫病	57 口炎	73 酮病
64		减退∨不振	4		5		5		5	5
65		废绝	1						5	
66	头	高举∨后仰∨角弓反张∨头后弯	3		10		10		5	
67	头颈	痉挛∨肌肉频细震颤	1						5	
68		面麻痹	1		15					
69		弯一侧∨歪斜∨偏向一侧	1						5	
70		肌肉强直∨痉挛	1					10		
71		痉挛∨强直	2		15				5	
72	头-面	增厚	1	5						
73	胃-前胃	弛缓∨蠕动减弱	1							10
74	消-粪	便秘∨干	1				5			
75		带虫节片	1				15			
76		腹泻	2				5		5	
77	消-肛	肛挂虫	1				40			
78	消-咽	咽麻痹	1		10					
79		肿硬	1	5						
80	眼睑	龟裂∨出血∨污秽痂垢	1			5				
81	眼角	痘疹	1						5	
82	眼结膜	苍白∨黄白	2				5			5
83	眼球	上旋	1					10		
84	眼视力	失明∨弱∨模糊	1							10
85	运-骨	下颌骨肿大,缓慢肿	1	35						
86	运-后肢	1~2 侧无力	1					10		
87		麻痹	1					10		
88	运-肢	呈犬坐姿势	1					10		
89		游泳状	1		10					
90	殖-流产		1		10					
91	病特征	采食咀嚼困难+口流清涎+痛	1						15	
92		局部增生+化脓	1	15						
93		口唇丘疹+脓疱+溃疡+疣痂	1			15				
94		面麻痹	1		15					
95		神经功能紊乱-转圈	1		15					

续35组

序	类	症 状	统	7 羊放线菌病	8 李氏杆菌病	27 羊传染性脓疱	46 绦虫病	50 脑脊髓丝虫病	57 口炎	73 酮病
96		行走困难＋卧地不起＋死	1					15		
97	病性	口腔黏膜(含齿龈)炎症	1						10	
98		羊妊娠后期酮尿	1							15
99	病因	绵羊妊娠后期料多	1							15

36-1组　口流涎∧异常(传染病)

序	类	症 状	统	3 破伤风	7 羊放线菌病	12 肉毒梭菌中毒症	17 羊快疫	18 羊肠毒血症	23 羔羊支原体病	28 口蹄疫	29 狂犬病	30 伪狂犬病	33 蓝舌病
		ZPDS		16	17	13	16	18	25	10	18	18	30
1		口流涎	7	5	5	5		5	5		5	5	
2		带泡沫∨血红色	5			5	5	5	5				5
3		带泡沫∨血(数分钟至几小时死)	1			15							
4	口－咀嚼	困难	1		5								
5	口－磨牙		4				5	5			5		
6	口唇	溃烂∨皮肤发疹	1						5				
7		下唇增厚	1		5								
8	口－咀嚼	困难∨障碍	1		10								
9	口膜	渗血	1										5
10		水疱∨溃疡∨糜烂	1						5				
11		肿∨充血∨发绀∨青紫淤斑∨溃烂	1										15
12	口水疱	溃烂在龈∨唇内∨舌面∨颊膜	1						5				
13	口－舌	蓝色绀∨青紫淤斑∨充血∨溃烂	1										10
14		肿硬	1		5								
15	口	啃咬痒部∧凄叫	1								10		
16		撕脱痒部被毛	1								10		
17		牙关紧闭	1	10									
18	口臭		1										10
19	口唇	水肿蔓延到颊耳颈胸腹	1										5

续 36-1 组

序	类	症 状	统	3 破伤风	7 羊放线菌病	12 肉毒梭菌中毒症	17 羊快疫	18 羊肠毒血症	23 羔羊支原体病	28 口蹄疫	29 狂犬病	30 伪狂犬病	33 蓝舌病
20	口	张口	1								5		
21	鼻	炎烂痂血红肿	1										10
22		黏脓性∨黏性分泌物	3						5			10	5
23	鼻膜	糜烂出血∨脓血痂	1										5
24	鼻色	涕铁锈色	1						15				
25	鼻涕	混血∨带血	1										5
26		浆性∨水性鼻液	3				5		5				5
27		沫	1					10					
28	羔-新羔	娩儿畸形	1										5
29	肌肉	震颤∨痉挛∨颤抖	1									10	
30	叫	呻吟	1					5					
31	精神	沉郁∨抑郁	2					5			5		
32		冲撞墙壁	1								15		
33		拱腰痛苦状	1					10					
34		昏睡∨昏迷	1			5							
35		狂暴不安∨攻击人畜	1								15		
36		离群呆立∨掉群	2					5					5
37		神经麻痹—喉头∨后躯∨下颌	1								5		
38		突然声响刺激痉挛∨倒地	1	25									
39		委顿	2									5	5
40		委摩不振∨不佳∨较差	2							5			5
41		兴奋∨不安	2				5				5		
42		兴奋期无∨短∨意识紊乱	1								5		
43	毛	脱毛∨易脱	1										5
44	皮	经伤感染	2	5	5								
45		损伤∨溃疡	2	5							5		
46		舔咬伤口致不愈	1								5		
47	皮化脓	破溃→瘘管	1		5								
48	皮下	增厚经几月形成5厘米硬结	1		5								
49	乳房	弥漫肿大∨局灶硬结	1		10								
50		疹∨烂∨疱	2						15	15			

续 36-1 组

序	类	症 状	统	3 破伤风	7 羊放线菌病	12 肉毒梭菌中毒症	17 羊快疫	18 羊肠毒血症	23 羔羊支原体病	28 口蹄疫	29 狂犬病	30 伪狂犬病	33 蓝舌病
51	身	抽搐	1				5						
52		奇痒	1									15	
53		起卧不安	1							5			
54		衰弱V虚弱	3		5		5						5
55		卧地V卧地不起V横卧不起	3						5		5	5	
56		消瘦V瘦弱V营养不良V障碍	4		5		5		5				5
57		震颤V颤抖V痉挛	1						5				
58	身－腰背	弓起痛苦状	1							10			
59	食	吞咽困难V有吞咽作呕动作	2								5		5
60	食欲	采食不能	1		5								
61		减退V不振	4						5	5	5	5	
62		无V拒废V厌食V废绝	3						5			5	5
63	蹄真皮	受害V热肿烂脱壳	1										10
64	蹄冠	蹄叶：发炎V敏感V痛	1										5
65	蹄皮	热肿烂脱壳	1							10			
66		水疱V溃疡V糜烂	1							5			
67	头	高举V后仰V角弓反张	2	10				5					
68	头颈	弯一侧V歪斜V偏向一侧	1			5							
69	头－面	增厚	1		5								
70	尾	向一侧摆动V弯一侧	1			10							
71		直	1	15									
72	消－反刍	少V慢	2						5		5		
73	消－粪	便秘V干	1										5
74		腹泻V稀水V软V稀粥	5		5			5	5	5			5
75		含：黏脓V黏液V血V混血	1										5
76	消－粪色	黄褐色V黄绿V黄褐	1						10				
77	消－咽	肿硬	1		5								
78	眼结膜	紫绀	1						5				
79	眼流泪	黏性V脓性物	1						5				
80	运－骨	下颌骨肿大，缓慢肿	1		35								
81	运－前肢	摩擦口唇V头部痒处	1									10	

续36-1组

序	类	症状	统	3 破伤风	7 羊放线菌病	12 肉毒梭菌中毒症	17 羊快疫	18 羊肠毒血症	23 羔羊支原体病	28 口蹄疫	29 狂犬病	30 伪狂犬病	33 蓝舌病
82	运－四肢	强直∨抽	1	5									
83	殖－流产		1						5				
84	动	不便	1			5							
85		不愿动∨不愿走	2	5			5						
86		独自奔跑	1								15		
87		强直∨抽∨痉挛	2				5	5					
88		无力难动	2	5			5						
89		点头运动	1			15							
90	动－跛行		2							5			5
91	动－步	僵硬∨困难	2	10		10							
92		头弯一侧	1			10							
93		失调失衡∨蹒跚∨不稳∨倒地	2			5	5						
94	动－卧	瘫痪∨轻瘫	1	5									
95		卧∨喜卧∨不起∨难站	2	5				5					
96	腹痛	弓背∨伸腰∨望腹∨刨地	2				5	5					
97	腹围	大∨肚胀∨腹胀∨增大	3	5				5	5				
98	呼－咳嗽	干咳∨痛咳	1						10				
99	呼吸	困难	2						5				5
100	呼吸式	腹式∨胸式	1			10							
101	呼－胸	触胸敏感∨痛	1						10				
102	呼－咽喉	麻痹	1									10	
103	病势	突病∨病急∨快	2				5	5					
104		慢∨缓慢	2		5								5
105	病损	羔长差∨死∨胎畸形＋皮毛损	1										10
106		发热＋咳嗽	1						15				
107		发热＋奇痒	1									15	
108		发热＋消瘦＋黏膜卡他炎	1										15
109		肌强直痉挛∨对刺激兴奋强	1	40									
110		急死	1				15						
111		局部增生＋化脓	1		15								
112		口蹄水疱溃烂(含乳房)	1							15			

续 36-1 组

序	类	症状	统	3 破伤风	7 羊放线菌病	12 肉毒梭菌中毒症	17 羊快疫	18 羊肠毒血症	23 羔羊支原体病	28 口蹄疫	29 狂犬病	30 伪狂犬病	33 蓝舌病
113		神障+兴奋↑+狂躁意乱终死	1								15		
114		突发+病程短	1				15						
115		运动神经麻痹∨延髓麻痹	1			15							
116	病因	饿食带霜草病	1				15						
117		犬咬伤	1								15		
118		食蛋白多	1					15					
119		因湿发病	1						10				

36-2 组 口流涎∧异常(其他病)

序	类	症状	统	46 绦虫病	55 弓形虫病	57 口炎	59 食管阻塞	73 酮病	77 氢氰酸中毒	78 有机磷中毒
		ZPDS		26	12	18	13	24	23	29
1		口流涎	4	5	5	5	5			
2		带泡沫∨血红色	3	5					5	5
3		呕吐	1							5
4	口-咀嚼	常做	1	5						
5		困难	1			5				
6		空嚼∨口唇震颤	1					15		
7		困难∨障碍	1			5				
8	口膜	肿∨充血∨发绀∨青紫淤斑∨溃烂	1		15					
9	口膜	肿痛	1			5				
10		潮红∨充血	1			5				
11	鼻	发凉	1							10
12	鼻呼气	酮味	1					35		
13	鼻孔	逆水	1				15			
14	鼻腔	充血∨渗出∨溃烂∨结痂	1			5				
15	鼻涕	浆性∨水性∨鼻液	1		10					
16	羔	死羔:皮下水肿∨体腔充液	1		10					

续 36-2 组

序	类	症 状	统	46 绦虫病	55 弓形虫病	57 口炎	59 食管阻塞	73 酮病	77 氢氰酸中毒	78 有机磷中毒
17	肌	麻痹	1							5
18		震颤∨痉挛∨颤抖	3	5					5	5
19	精神	沉郁∨抑郁	2	5					5	
20		反应弱∨无	2	15					15	
21		昏睡∨昏迷∨痛苦状	1							10
22		离群呆立∨掉群∨意识紊乱	1					5		
23		神经症状	4	5	5			5	5	
24		委靡不振∨不佳∨较差∨欠佳	1	5						
25		兴奋→沉郁→衰弱	1						5	
26		兴奋∨不安	2					5		5
27	淋巴结	肿	1	5						
28	毛	粗乱无光∨逆立	1	5						
29	尿-量	失禁	1							15
30	尿-味	丙酮气味	1					35		
31	皮	脱水	1					15		
32	皮-汗	多汗	1							15
33	身	抽搐	1							5
34		渐瘦∨体重↓∨日渐消瘦	1	5						
35		全身反射减少∨消失	1						5	
36		消瘦∨瘦弱∨营养不良∨障碍	2	5					5	
37	食	吞咽困难∨有吞咽作呕动作	1				10			
38	食-采食	减少	1			5				
39		停止	2			5	5			
40		障碍	1			5				
41	食管	胸部现痛	1				5			
42	食-饮欲	增加∨渴	1	5						
43	食欲	减退∨不振	4	5		5		5		5
44		无∨拒废∨厌食∨废绝	2			5				5
45	头	高举∨后仰∨角弓反张∨头后弯	2	10				5		
46	头颈	痉挛∨肌肉频细震颤	1					5		
47		伸直∨伸颈∨摇头∨甩头	1				10			
48		弯一侧∨歪斜∨偏向一侧	1					5		

续 36-2 组

序	类	症 状	统	46 绦虫病	55 弓形虫病	57 口炎	59 食管阻塞	73 酮病	77 氢氰酸中毒	78 有机磷中毒
49		突起可触及食块	1				35			
50		痉挛	1						5	
51	胃管	受阻	1				35			
52	胃-瘤胃	臌胀	1						10	
53		臌胀-食堵胸部气管	1				5			
54	胃-前胃	弛缓∨蠕动减弱	1						10	
55	消-粪	便秘∨干	1	5						
56		带虫节片	1	15						
57		腹泻∨稀水∨软∨稀粥	4	5	5	5				5
58		含：黏脓∨黏液∨血∨混血	1							5
59	消-肛	肛挂虫	1	40						
60	消-呕吐		1							10
61	眼	震颤-眼球	1							15
62	眼结膜	苍白∨黄白	3	5					5	5
63		充血红∨红肿	1						5	
64	眼流泪		1		10					
65	眼视力	失明∨模糊	2		10			10		
66	眼瞳孔	散大	1						10	
67		缩小	1							15
68	运-后肢	麻痹	1						5	
69	运-肢	发凉	1							10
70		麻痹	2						5	5
71	运-肘	充血∨渗出∨溃烂∨结痂	1			5				
72	黏膜	苍白	2						5	5
73		黄染	1						5	
74		鲜红	1						10	
75	殖-流产		2		5					5
76		在娩前4~6周	1		15					
77	殖-阴道	流水	1							15
78	动	强直∨抽∨痉挛∨转圈∨旋转	2	5					5	
79		震颤	4	5					15	5	5
80	动-步	失调∨踉跄∨不稳∨倒地∨晃	3		10				5	5

续 36-2 组

序	类	症 状	统	46 绦虫病	55 弓形虫病	57 口炎	59 食管阻塞	73 酮病	77 氢氰酸中毒	78 有机磷中毒
81	动-卧	卧∨喜卧∨不起∨难站∨瘫痪∨轻瘫	1	5						
82	耳	发凉	1							10
83		震颤	1						5	
84	腹痛	弓背∨伸腰∨望腹∨刨地∨起卧	3	10					5	5
85	腹围	大∨肚胀∨腹胀∨增大	4	5			5		5	5
86	呼出气	丙酮气味	1					35		
87	呼-咳		1			5				
88		干咳∨痛咳	1	10						
89	呼吸	快∨促∨浅∨频数>20次/分	1						5	
90		困难	3		5				5	5
91	病势	突病∨病急	2				5		5	
92		慢∨缓慢	2	5				5		
93		快-吃青苗15分钟突然发作	1						5	
94	病特征	采食咀嚼困难+口流清涎+痛	1			15				
95		发病急+呼吸难+肌震颤现缺氧	1						15	
96		神经功能紊乱-过度兴奋	1							10
97	病性	口腔黏膜(含齿龈)炎症	1			10				
98	病因	1次吃大量青苗	1						15	
99		口外伤∨化学药物∨其他病	1			15				
100		绵羊妊娠后期料多	1					15		
101		因过饥吃块状饲料而病	1				15			

37 组 异嗜∨吞咽困难

序	类	症 状	统	27 羊传染性脓疱	29 狂犬病	33 蓝舌病	34 山羊关节炎	38 肝片吸虫病	59 食管阻塞
		ZPDS		20	12	24	19	17	15
1	食-异嗜	异食	1				5		
2		吞咽困难	5	5	5	5	5		10
3	食欲	无∨拒∨厌∨废∨停	2		5				5

199

续 37 组

序	类	症 状	统	27 羊传染性脓疱	29 狂犬病	33 蓝舌病	34 山羊关节炎	38 肝片吸虫病	59 食管阻塞
4		减∨不振∨不思	2		5			5	
5	鼻	炎烂痂血红肿	1			10			
6		黏∨脓性∨黏性∨黏液性分泌物	1			5			
7	鼻痂	1~2周痂皮干脱康复	1	5					
8		黄∨棕色疣状硬痂	1	5					
9		脓血痂	1			5			
10	鼻镜	∨鼻膜;糜烂出血	1			5			
11		红斑-小-散在	1	5					
12		丘疹∨小结节∨水疱∨脓疱∨痂垢	1	5					
13	鼻孔	逆水	1						15
14	鼻涕	混血∨带血	1			5			
15		浆性∨水性∨鼻液	1			5			
16		脓性∨脓血痂	1			5			
17	动	游泳-划动	1				5		
18		转圈∨旋转	1				5		
19	动-跛行		3	5		5	5		
20	动-步	缓慢	1					5	
21		失调失衡∨踹跚∨不稳∨倒地∨晃	1				5		
22	动-卧	卧∨喜卧∨不起∨难站	1	5					
23	耳	甩耳	1	10					
24	耳言廓	大面积龟裂∨出血∨污秽痂垢	1	5					
25		痂垢增厚∨其下肉芽增生	1	5					
26	腹围	大∨肚胀∨腹胀∨增大	1						5
27	腹下	水肿	1					5	
28	呼-咳		3	5			5		5
29	呼吸	困难	2			5	5		
30	呼-胸	水肿	1					5	
31	精神	狂暴不安∨攻击人畜	1		15				
32		离群呆立∨掉群	1				5		
33		离群落后	1					5	
34		委顿	1				5		
35		委靡不振∨不佳∨较差	1			5			

· 200 ·

续 37 组

序	类	症状	统	27 羊传染性脓疱	29 狂犬病型	33 蓝舌病	34 山羊关节炎	38 肝片吸虫病	59 食管阻塞
36		兴奋∨不安	2		5				5
37		兴奋期无∨短	1		5				
38		意识紊乱	1		10				
39	毛	产量低	1					5	
40		痊愈后被毛脱落	1			5			
41		脱毛∨易脱	2			5		5	
42	皮	脓疱	1	10					
43		水肿	1			5			
44		损伤∨溃疡	2	5	5				
45		舔咬伤口致不愈	1		5				
46	乳	产量低	1					5	
47	乳房	间质性乳房炎	1				15		
48	身	生长慢∨发育受阻	1					5	
49		衰弱∨虚弱	3			5	5	5	
50		卧地∨卧地不起∨横卧不起∨长卧	2		5	5			
51		消瘦∨瘦弱∨营养不良∨障碍	4	5		5	5	5	
52	食管	胸部现痛	1						5
53	头	颌下水肿	1					5	
54		角弓反张	1			5			
55	头颈	伸直∨伸颈∨摇头∨甩头	1						10
56		弯一侧∨歪斜∨偏向一侧	1				5		
57		突起可触及食块	1						35
58	头一面	神经麻痹	1				5		
59	胃一瘤胃	膨胀一食压迫胸部气管	1						5
60	消一粪	便秘∨干	1			5			
61		便秘腹泻交替	1					5	
62		腹泻∨稀水∨软∨稀粥	1						
63		含:黏脓∨黏液∨血∨混血	1						
64	眼	震颤一眼球	1				5		
65	眼睑	大面积龟裂∨出血∨污秽痂垢	1	5					
66		痂垢增厚∨其下肉芽增生	1	5					
67		肿∨水肿∨痛∨闭	1					5	

续 37 组

序	类	症 状	统	27 羊传染性脓疱	29 狂犬病型	33 蓝舌病	34 山羊关节炎	38 肝片吸虫病	59 食管阻塞
68	眼视力	失明-双目V脑病对侧的	1				5		
69	黏V膜色	苍白	1					5	
70	诊-半阻	液可通过食管但食物不能咽	1						5
71	诊-全阻	水V唾液不能咽下,从口鼻流出	1						5
72		阻物上方存液体手摸波动感	1						5
73	殖	性欲亢进	1		5				
74	病龄	6月龄至5岁V成羊	2	5			5		
75	病龄-羔	8日龄至6月龄	2	5			5		
76	病势	慢V缓慢	1			5			
77	病损	羔长差V死V胎畸形+皮毛损	1			10			
78	病特征	成山羊慢发(关节+肺V乳房)炎	1				15		
79		发热+消瘦+黏膜卡他炎	1			15			
80		口唇丘疹+脓疱+溃疡+疣痂	1	15					
81		神障+兴奋↑+狂躁意乱+终死	1		15				
82	病性	急性	1					10	
83		咽难	1						15
84	病因	犬咬伤	1		15				
85		吃块状饲料面病	1						15

38-1 组 眼结膜病(传染病)

序	类	症 状	统	1 羊炭疽	10 钩端螺旋体病	16 羊链球菌病	22 羊衣原体病	23 羔羊支原体病	26 传染性结膜角膜炎
		ZPDS		14	15	18	12	26	21
1	眼结膜	滤泡1~10毫米	1			5			
2		炎	2			5			40
3		苍白V黄白	1	5					
4		发绀V紫绀	2	5				5	
5		红充血V水肿	3			5			10

续 38-1 组

序	类	症状	统	1 羊炭疽	10 钩端螺旋体病	16 羊链球菌病	22 羊衣原体病	23 羔羊支原体病	26 传染性结膜角膜炎
6	眼	1∨2侧患病	1						10
7	眼睑	肿∨水肿∨痛∨闭	2			5			10
8	眼角膜	瘢痕∨增厚∨混浊∨扬烂∨穿孔	2				5		15
9		破裂∨突起血管充血	1						10
10		小点-白∨灰白	1						10
11		炎∨翳∨云翳∨血管翳	2				5		10
12		乳白色	1						15
13	眼-晶体	脱落	1						10
14	眼流泪		4			5	5	5	5
15	眼-前房	蓄脓∨眼球化脓	1						10
16	眼视力	失明-双目∨脑病对侧的	1					15	
17	眼瞬膜	红肿	1						10
18	鼻	炎烂痂血红肿	1		10				
19		黏脓性∨黏性∨黏液性分泌物	1					5	
20	鼻色	淡铁锈色	1					15	
21	鼻涕	浆性∨水性∨鼻液	2			5		5	
22		脓性∨脓血痂	1					5	
23	鼻黏膜	坏死	1		5				
24	叫	呻吟	1					5	
25	精神	沉郁∨抑郁	2					5	5
26		拱腰痛苦状	1					10	
27		昏睡∨昏迷	1	5					
28		委靡不振∨委顿	1			5			
29		眩晕∨兴奋∨不安	1	5					
30	动	强直∨抽∨痉挛	2	5		5			
31		摔跤-失明致行	1					5	
32		游泳状	1	10					
33	动-跛行		1			5			
34	动-步	失调失衡∨蹒跚∨不稳∨倒地∨晃	2	5					
35	腹围	大∨肚胀∨腹胀∨增大	2	5				5	
36	呼-咳	干咳∨痛咳	1					10	

续 38-1 组

序	类	症状	统	1 羊炭疽	10 钩端螺旋体病	16 羊链球菌病	22 羊衣原体病	23 羔羊支原体病	26 传染性结膜角膜炎
37	呼-咳嗽		2			5		5	
38	呼吸	困难	3	5		5		5	
39	呼-胸	一侧胸膜肺炎	1					10	
40	呼-胸	触胸敏感	1					10	
41	口-磨牙		2	5					10
42	口-咀嚼	经常做咀嚼动作	1			5			
43		困难∨障碍	1		10				
44	口	渗出∨溃烂∨结痂	1				10		
45	口流涎	带泡沫∨血	1			5			
46	口-舌	苔黄厚∨薄白	1					10	
47	口	干	1					10	
48	口臭		1					5	
49	口唇	沾白色泡沫-少量	1				5		
50	口膜	潮红∨充血	1				10		
51	尿-色	血尿∨血红蛋白尿∨血色素尿	2	5	5				
52	皮	水肿	1			5			
53	皮-黄疸	皮膜坏死	1		10				
54	乳	减少	1						5
55	乳房	疹∨烂∨疱	1					15	
56		肿	1				15		
57	身	生长慢∨发育受阻	1					5	
58		衰竭	1		5				
59		消瘦∨瘦弱∨营养不良∨障碍	2		5			5	
60	身-腰背	弓起痛苦状	1					10	
61	食-饮食	拒废∨停止	1					5	
62	食欲	减退∨不振	3			5		5	5
63	天然孔	七窍出血不易凝固	1	40					
64	头-面	面颊肿	1			5			
65	温-寒战	战栗	1	5					
66	消-反刍	少∨慢	1					5	
67		无∨停	2		5	5			

续 38-1 组

序	类	症 状	统	1 羊炭疽	10 钩端螺旋体病	16 羊链球菌病	22 羊衣原体病	23 盖羊支原体病	26 传染性结膜角膜炎
68	消一粪	腹泻∨稀水∨软∨稀粥	3		5	5	5		
69		含：黏脓∨黏液∨血∨混血	3	5	5	5			
70	运一关节	炎∨多发关节炎	1				10		
71	殖一产羔	产羔率下降	1					10	
72	殖一流产		4		5	5	5	5	
73	病势	突病∨病急	1	5					
74	病特征	发热+咳嗽	1					15	
75		黄疸+血尿+皮膜死+发热+迅衰	1		15				

38-2 组 眼结膜病（其他病）

序	类	症 状	统	46 绦虫病	47 消化道线虫病	48 肺线虫病	54 梨形虫病	58 瘤胃酸中毒	61 瘤胃积食	62 急性瘤胃膨胀	67 绵羊肠扭转	73 酮病	77 氢氰酸中毒	78 有机磷中毒
		ZPDS		25	12	16	17	26	22	14	29	23	20	28
1	眼结膜	苍白	7	5	5	5	5				10	5		5
2		发绀	3					5	5	5				
3		红充血∨水肿	3			5	5					5		
4		黄白	6	5	5	5	5					5		5
5	眼球	凹∨眼凹	1				10							
6		震颤	1										15	
7	眼视力	弱∨障碍∨视力模糊∨紊乱	2				5				10			
8		失明一双目∨脑病对侧的	1								10			
9	眼瞳孔	散大	1										10	
10		缩小	1											15
11	嗳气	不断	1						5					
12		停止	2					10	10					
13	鼻	发凉	2				10							10
14	鼻呼气	酮味	1									55		
15	鼻痂	排黏稠物∨附鼻痂	1		10									

续 38-2 组

序	类	症状	统	46 绦虫病	47 消化道线虫病	48 肺线虫病	54 梨形虫病	58 瘤胃酸中毒	61 瘤胃积食	62 急性瘤胃膨胀	67 绵羊肠扭转	73 酮病	77 氢氰酸中毒	78 有机磷中毒
16	鼻声	鼾声	1					10						
17		喷嚏∨喷鼻	1			10								
18	鼻涕	脓血痂	1			5								
19	肌	麻痹	1											5
20		震颤∨痉挛∨颤抖	3	5									5	5
21	叫	呻吟	2					5	10					
22	精神	沉郁∨抑郁	5	5			5	5	5			5		
23		烦躁不安	1								5			
24		反应弱∨无	2	15									15	
25		拱腰痛苦状	1					10						
26		昏睡∨昏迷	1											5
27		离群呆立∨掉群	1								5			
28		痛苦状	1											15
29		委靡不振∨委顿	4	5			5		5		5			
30		兴奋→沉郁→衰弱	1										5	
31		兴奋∨不安	2						5					5
32		意识紊乱	1								5			
33	动	呆立不动	1							10				
34		盲目运动	1				5							
35		前冲后撞	1							10				
36		强迫运动	1							10				
37		强直∨抽∨痉挛	2	5							5			
38		震颤	5	5				5					15	5	5
39		转圈∨旋转	1	5										
40		转圈∨旋转	1							10				
41	动-步	失调失衡∨蹒跚∨不稳∨倒地∨晃	4						5	5	5	5		
42	动-卧	急起急卧	1							10				
43		起立困难	1	5										
44		瘫痪∨轻瘫	1	5										
45		卧∨喜卧∨不起∨难站	4			5		5		5				
46	耳	发凉	2					10						10

续 38-2 组

序	类	症 状	统	46 绦虫病	47 消化道线虫病	48 肺线虫病	54 梨形虫病	58 瘤胃酸中毒	61 瘤胃积食	62 急性瘤胃臌胀	67 绵羊肠扭转	73 酮病	77 氢氰酸中毒	78 有机磷中毒
47		震颤	1											5
48	腹	叩之如鼓	1							10				
49	腹壁	触诊敏感拒按	1								15			
50	腹部	触诊紧张	1						10					
51		臌胀-严重	1							10				
52		左侧轻度膨大	1					5						
53	腹痛	弓背∨伸腰∨望腹∨刨地∨起卧	6	10				5	5	5			5	5
54		摇尾∨哞叫	1					5						
55		镇痛药无效	1								15			
56		重剧	1								15			
57	腹围	大∨肚胀∨腹胀∨增大	7	5				5	5	5			5	5
58	呼出气	丙酮气味	1									35		
59	呼-咳嗽	干咳∨暴发性咳	1			10								
60		咳出线虫(成虫∨幼虫)∨黏团	1			40								
61		运动∨夜咳重	1			15								
62	呼吸	困难	4			5			5				5	5
63		微弱	1								10			
64	毛	粗乱无光∨逆立	3	5	5									
65	尿-量	少∨色浓	1				10							
66		失禁	1											15
67	尿-色	血尿	1				5							
68	尿-味	丙酮气味	1									35		
69	皮	蜱	1				35							
70		水肿	3	5	5									
71		脱水	1								15			
72	皮-汗	多汗	1											15
73	身	抽搐	1										5	
74		蹲膘	1								10			
75		渐瘦∨体重↓∨日渐消瘦	4	5	5	5	5							
76		全身反射减少∨消失	1										5	

续 38-2 组

序	类	症 状	统	46 绦虫病	47 消化道线虫病	48 肺线虫病	54 梨形虫病	58 瘤胃酸中毒	61 瘤胃积食	62 急性瘤胃臌胀	67 绵羊肠扭转	73 酮病	77 氢氰酸中毒	78 有机磷中毒
77		生长慢∨发育受阻	1		5									
78		消瘦∨瘦弱∨营养不良∨障碍	5	5	5	5	5						5	
79	身—肷	两肷内吸	1									10		
80	身—肷窝	略平∨稍凸∨触诊硬实	1						5					
81		突起	1							10				
82		左肷窝向外突出	1							10				
83	身—腰背	弓背	1								10			
84		伸腰	1								10			
85	食—采食	停止	1						5					
86	食欲	减退∨不振	5	5			5	5				5		5
87		无∨拒废∨厌食∨废绝	4					5	5	5				5
88	蹄	踢蹄骚动	1								10			
89	头	摆头	1								10			
90		高举∨后仰∨角弓反张	3	10					10			5		
91		回头顾腹	1								10			
92		水肿	1			5								
93	头颈	痉挛∨肌肉频细震颤	1										5	
94		弯一侧∨歪斜∨偏向一侧	1										5	
95		痉挛	1										5	
96	头—下颌	间隙水肿	1		10									
97	脱水		1					5						
98	尾	时面摇尾,不排粪尿	1								15			
99	胃—瘤胃	触:硬	1						40					
100		臌胀	1										10	
101		叩呈鼓音	1							40				
102		柔软	1					15						
103		蠕动力减弱次数减少	1						10					
104		蠕动弱∨停	1					10						
105		蠕动消失	1								10			
106		蠕动增强∨减弱∨停止	1					5						
107		胀满触为液体	1					10						

续 38-2 组

序	类	症状	统	46 绦虫病	47 消化道线虫病	48 肺线虫病	54 梨形虫病	58 瘤胃酸中毒	61 瘤胃积食	62 急性瘤胃臌胀	67 绵羊肠扭转	73 酮病	77 氢氰酸中毒	78 有机磷中毒
108	胃-前胃	弛缓∨蠕动减弱	1									10		
109	消-反刍	少∨慢	1					5						
110		无∨停	3					5	5	5				
111	消-粪	便秘∨干	2	5			5							
112		带虫	1		15									
113		带虫节片	1	15										
114		腹泻∨稀水∨软∨稀粥	5	5	5		5	5						5
115		含脓∨黏液∨血∨混血	2					5						5
116	消-粪色	黄绿∨黄褐	1					15						
117	消-肛	肛挂虫	1	40										
118	消-呕吐		1											10
119	消-消化	障碍∨不良∨紊乱	1		10									
120	运-后肢	麻痹	1									5		
121	运-四肢	僵硬	1				5							
122		水肿	1		5									
123	运-肢	发凉	2					10						10
124		后肢弹腹	1							10				
125		僵∨僵硬	1				10							
126		麻痹	2										5	5
127	殖-流产		1										5	
128	殖-阴道	流水	1											15
129	病势	突病∨病急	3					5	5			5		
130		慢∨缓慢	4	5	5	5					5			
131		快-吃青苗15分钟突发	1										15	
132	病特征	发病急+呼吸难+肌震颤+现缺氧	1										15	
133		反刍嗳气停∨瘤胃硬∨蠕弱∨腹痛	1						15					
134		废食+瘤胃胀停动+酸高	1					35						
135		神经功能紊乱-过度兴奋	1											10
136	病因	1次采∨偷吃谷物精料多	1					15						
137		1次吃大量青苗	1							15				

续 38-2 组

序	类	症　状	统	46 绦虫病	47 消化道线虫病	48 肺线虫病	54 梨形虫病	58 瘤胃酸中毒	61 瘤胃积食	62 急性瘤胃膨胀	67 绵羊肠扭转	73 酮病	77 氢氰酸中毒	78 有机磷中毒
138		吃霜霉料	1										15	
139		过食∨粗饲∨偷料	1						15					
140		剪毛饱食,翻体粗暴	1								10			
141		绵羊妊后期料多	1									15		

39组　眼球异常∨肢麻痹

序	类	症　状	统	2 羊副结核病	34 山羊关节炎	37 梅迪维斯纳病	49 脑脊髓丝虫病	58 瘤胃酸中毒	68 胃肠炎	78 有机磷中毒
		ZPDS		19	19	13	13	32	24	27
1	眼球	凹∨眼凹	3	10				10	10	
2		上旋	1				10			
3		震颤	3		5	5				15
4	眼结膜	苍白	1							5
5		充血红∨红肿	1					5		
6		黄白	1							5
7	眼视力	弱∨障碍∨视力模糊∨紊乱	1					5		
8		失明-双目∨脑病对侧的	1	5						
9	眼瞳孔	缩小	1							15
10	鼻	发凉	3					10	10	10
11	羔	2~6月龄脑脊髓炎-面神经麻痹	1	5						
12	肌	麻痹	1							5
13	肌肉	震颤∨痉挛∨颤抖	1							5
14	叫	呻吟	2				10	5		
15	精神	沉郁∨抑郁	3		5			5	5	
16		拱腰痛苦状	1					10		
17		昏睡∨昏迷	2						5	5
18		神经对称性麻痹	1			5				
19		痛苦状	1							15

续39组

序	类	症状	统	2 羊副结核病	34 山羊关节炎	37 梅迪维斯纳病	49 脑脊髓丝虫病	58 瘤胃酸中毒	68 胃肠炎	78 有机磷中毒
20		委靡不振∨不佳∨较差∨欠佳	2	5					5	
21		兴奋∨不安	1							5
22	动	盲目运动	1					5		
23		兴奋∨骚乱	1				10			
24		游泳－划动	1		5					
25		震颤	2					5		5
26		转圈∨旋转	1		5					
27		跛行	1		5					
28	动－步	困难	1				15			
29		异常	1			5				
30		失调失衡∨蹒跚∨不稳∨倒地∨晃	3		5	5	10			
31	动－卧	瘫痪∨轻瘫	1			5				
32		卧∨喜卧∨不起∨难站	4	5		5	10		5	
33		致褥疮	1				10			
34	耳	发凉	3					10	10	10
35	腹痛	弓背∨伸腰∨望腹∨刨地∨起卧	2						5	5
36	腹围	大∨肚胀∨腹胀∨增大	2					5		5
37	腹围	小∨卷缩	2						10	
38	口流涎		1	5						
39	口	牙关紧闭	1	10						
40	毛	粗乱无光∨逆立	1	5						
41		脱毛∨易脱	1	5						
42	尿－量	少	2					10	10	
43		失禁	1							15
44	尿－色	色浓	2					10	10	
45	黏膜色	苍白	1						5	
46	皮	弹性降低	1						10	
47		弹性丧失	1					5		
48	皮－汗	多汗	1							15
49	乳房	间质性乳房炎	1		15					
50	身	抽搐	1							5
51		渐瘦∨体重↓∨日渐消瘦	3	5	5				5	

211

续39组

序	类	症　状	统	2 羊副结核病	34 山羊关节炎	37 梅迪维斯纳病	49 脑脊髓丝虫病	58 瘤胃酸中毒	68 胃肠炎	78 有机磷中毒
52		衰弱∨虚弱	3	5	5	5				
53		卧地∨卧地不起∨横卧不起∨长卧	2	5	5					
54		喜卧地	1					5		
55		消瘦(进行性)	1	5						
56		消瘦∨瘦弱∨营养不良∨障碍	4	5	5	5			5	
57	身一腰髓	支配后躯运动障碍	1				10			
58	食	吞咽困难∨有吞咽作呕动作	1		5					
59	食欲	减退∨不振	3					5	5	5
60		无∨拒废∨厌食∨废绝	3					5	5	5
61	蹄	热肿烂脱壳	1					10		
62	蹄叶炎		1					5		
63	头	角弓反张	1		5					
64	头颈	弯一侧∨歪斜∨偏向一侧	2		5	5				
65		肌肉强直∨痉挛	1				10			
66	头一面	神经麻痹	1		5					
67	脱水		1						15	
68	胃一瘤胃	柔软	1					15		
69		蠕动弱∨停	1					10		
70		炎	1					5		
71		胀满触为液体	1					10		
72	消一反刍	少∨慢	1					5		
73		无∨停	1					5		
74	消一粪	腹泻∨稀水∨软∨稀粥	4	5				5	5	5
75		腹泻间歇性∨持续	1	15						
76		含：坏死脱落物	1						15	
77		含：泡沫∨气泡	1	10						
78		含：黏脓∨黏液∨血∨混血	4	5				5	5	5
79	消一粪色	黄绿∨黄褐	1					15		
80	消一粪味	腥臭∨腥恶臭∨恶臭	2	10					15	
81	消一呕吐		1							10
82	运一后肢	1~2侧无力	1				10			
83		麻痹	1				10			

续 39 组

序	类	症状	统	2 羊副结核病	34 山羊关节炎	37 梅迪维斯纳病	49 脑脊髓丝虫病	58 瘤胃酸中毒	68 胃肠炎	78 有机磷中毒
84		失足∨发软	1			5				
85	运-四肢	僵硬∨肢麻痹	1		5					
86		呈犬坐姿势	1				10			
87		发凉	3					10	10	10
88		麻痹	2			5				5
90	殖-流产	流水	1							10
89	病势	突病∨病急	2					5	5	
90		慢∨缓慢	2	5		5				
91	病特征	成山羊慢发(关节+乳房)炎	1		15					
92		废食+瘤胃积食胀满停动	1					35		
93		潜伏长+病程慢	1			5				
94		神经功能紊乱-过度兴奋	1							10
95		食欲减拒∨T↑泻∨脱水∨腹痛	1						15	
96		行走困难+卧地不起+死	1				15			
97	病因	1次采∨偷吃谷物精料多	1					15		

40 组 眼视力异常

序	类	症状	统	9 大肠杆菌病	26 传染性结膜角膜炎	34 山羊关节炎	35 绵羊痒病	43 脑多头蚴病	55 弓形虫病	58 瘤胃酸中毒	73 酮病	74 绵羊脱毛症
		ZPDS		27	27	21	28	32	13	30	25	16
1	眼视力	凝视∨目光呆滞	1				5					
2		弱∨模糊∨紊乱	6	5				5	10	5	10	10
3		失明	4		15	5		5			10	
4	眼	1∨2侧患病	1		10							
5	眼睑	肿∨水肿∨痛∨闭	1		10							
6	眼角膜	瘢痕∨增厚	1		10							
7		混浊∨溃疡∨溃疡穿孔	1		15							
8		突起血管充血	1		10							

续 40 组

序	类	症状	统	9 大肠杆菌病	26 传染性结膜角膜炎	34 山羊关节炎	35 绵羊痒病	43 脑多头蚴病	55 弓形虫病	58 瘤胃酸中毒	73 酮病	74 绵羊脱毛症
9		小点－白∨灰白	1	10								
10		炎∨翳∨云翳∨血管翳	1		15							
11		乳白色	1		15							
12	眼结膜	苍白	1								5	
13		充血红∨红肿	2		10				5			
14		黄白	1								5	
15	眼－晶体	脱落	1		10							
16	眼流泪		2		5				10			
17		大量	1		15							
18		畏光	1		10							
19	眼－前房	蓄脓	1		10							
20	眼球	凹∨眼凹	1						10			
21		震颤	1			5						
22		化脓	1		5							
23	眼瞬膜	红肿	1		10							
24	鼻	发凉	1						10			
25	鼻呼气	酮味	1								55	
26	鼻涕	浆性∨水性∨鼻液	1						10			
27	羔－死羔	脑－小脑前布非炎小死点	1						10			
28		皮下水肿	1						10			
29		体腔充液体,肠充血	1						10			
30	羔－粪	便秘	1									10
31	羔－腹痛		1									10
32	羔－身	消瘦	1									10
33	羔－食	啃食母羊被毛	1									10
34		异食癖∨喜污粪∨舔土	1									10
35	羔－胃肠	膨胀	1									10
36	羔－消化	不良	1									10
37	肌肉	震颤∨痉挛∨颤抖	1			5						
38	叫	呻吟	1							5		
39	精神	闭目	1	5								

续 40 组

序	类	症状	统	9 大肠杆菌病	26 传染性结膜角膜炎	34 山羊关节炎	35 绵羊痒病	43 脑多头蚴病	55 弓形虫病	58 瘤胃酸中毒	73 酮病	74 绵羊脱毛症
40		沉郁V抑郁	5	5	5	5		5		5		
41		痴呆	1				5					
42		拱腰痛苦状	1							10		
43		昏睡V昏迷	1	5								
44		惊恐-对声	1					5				
45		痉挛抽搐	1									
46		离群呆立V掉群	3				5	5			5	
47		前行遇障抵物呆立	1					5				
48		委靡不振V委顿	2	5				5				
49		兴奋V不安	2				5	5				
50		意识紊乱	1								5	
51		遇障停V直走倒	1					15				
52	动	回旋运动	1					5				
53		盲目运动	1							5		
54		前冲V后退	1					5				
55		前膝跪地爬行	1			5						
56		强直V抽V痉挛	2					5			5	
57		摔跤-失明致行	1		5							
58		行为异常	1				5					
59		游泳-划动	1				5					
60		站立失衡-蚴在小脑	1					5				
61		震颤	2							5	15	
62		圆圈运动-向病侧	1					5				
63	动	转圈V旋转	3			5		5			10	
64	动-跛行		1			5						
65	动-步	(高举V驴跑V雄鸡)步态	1				5					
66		不能跳跃V遇沟坡等障碍跌倒	1					5				
67		失调失衡V蹒跚V不稳V倒地V晃	6	5	5	5	5	5	10	5		
68	动-卧	卧V喜卧V不起V难站	2	5				5				
69	耳	发凉	1							10		
70	耳	震颤	1								5	

续 40 组

序	类	症状	统	9 大肠杆菌病	26 传染性结膜角膜炎	34 山羊关节炎	35 绵羊痒病	43 脑多头蚴病	55 弓形虫病	58 瘤胃酸中毒	73 酮病	74 绵羊脱毛症
71	腹痛	弓背∨伸腰∨望腹∨刨地∨起卧	1	5								
72	腹围	大(膨)	1	5								
73		大∨肚胀∨腹胀∨增大	2	5						5		
74	呼出气	丙酮气味	1								35	
75	呼-咳嗽		1						10			
76	呼吸	喘	1	5								
77		快∨促∨浅∨频数>20次/分	3	5					5	5		
78		困难	3	5		5			5			
79	呼-胸肋	肌肉频细震颤	1				5					
80	口-磨牙		2	5	10							
81	口流涎	带泡沫∨血	1									
82		带泡沫∨血(数分钟-几小时死)	1	15								
83	毛	被毛成羊无光泽灰暗	1									10
84		被毛脱落∨整片脱毛	1									10
85		被毛脱落在背颈胸臀	1									10
86		被毛营养不良	1									10
87	尿-量	少∨色浓	1							10		
88		失禁	1					15				
89		失禁因膀胱麻痹	1					5				
90	尿-味	丙酮气味	1								35	
91	皮	出血	1				10					
92		红∨炎肿∨破溃∨出血	1				10					
93		脱水	1							15		
94	皮痒	剧痒	1				15					
95	乳房	间质性乳房炎	1			15						
96	身	渐瘦∨体重↓∨日渐消瘦	2				5	5				
97		进行性消瘦	1		5							
98		瘙痒	1				10					
99		生长慢∨发育受阻	1		5							
100		衰弱∨虚弱	4	5		5	5	5				
101		瘫痪	1					5				

216

续 40 组

序	类	症状	统	9 大肠杆菌病	26 传染性结膜角膜炎	34 山羊关节炎	35 绵羊痒病	43 脑多头蚴病	55 弓形虫病	58 瘤胃酸中毒	73 酮病	74 绵羊脱毛症
102		卧地∨卧地不起∨横卧不起∨长卧	3			5	5	5				
103		喜卧地	1								5	
104		消瘦∨瘦弱∨营养不良∨障碍	4	5		5	5	5				
105		虚脱—迅速	1	5								
106		因生长慢∨成本增∨药费	1		5							
107		震颤∨颤抖∨痉挛	1				5					
108	身-腰背	人摇羊腰:伸颈∨摆头∨咬唇∨舔舌	1				5					
109	食	吃难—失明致行	1		5							
110		吞咽困难∨有吞咽作呕动作	1			5						
111	食欲	不愿采食	1				5					
112		互啃被毛	1									10
113		减退∨不振	5	5	5			5		5	5	
114		无∨拒废∨厌食∨废绝	2					5		5		
115		异食癖∨喜吃塑料地膜	1									15
116	蹄	热肿烂脱壳	1							10		
117		蹄叶炎	1							5		
118	头	高举∨后仰∨高仰∨抬起∨头后弯	3				10	10		5		
119		高举(蚴在脑后部)	1					5				
120		角弓反张	1			5						
121		角弓反张头后弯	1								5	
122	头颈	痉挛∨肌肉频细震颤	2				5				5	
123		伸直∨伸颈∨摇头∨甩头	1				5					
124		弯一侧∨歪斜∨偏向一侧	2			5					5	
125		痉挛	1								5	
126	头-面	神经麻痹	1		5							
127	头-下垂	(蚴在脑正前部)	1					5				
128	胃-瘤胃	柔软	1							15		
129		蠕动弱∨停	1							10		
130		炎	1							5		
131		胀满触为液体	1							10		

续40组

序	类	症状	统	9 大肠杆菌病	26 传染性结膜角膜炎	34 山羊关节炎	35 绵羊痒病	43 脑多头蚴病	55 弓形虫病	58 瘤胃酸中毒	73 酮病	74 绵羊脱毛症
132	胃一前胃	弛缓∨蠕动减弱	1							10		
133	消一反刍	少∨慢	1							5		
135		无∨停	1							5		
136	消一粪	腹泻∨稀水∨软∨稀粥	4	5					5	5		5
137		含:乳块∨泡沫∨气泡∨;黏∨脓∨血	1	10								
138		失禁∨里急后重	1									
139	消一粪色	黄绿∨黄褐	1							15		
140		泻粪发白	1	15								
141	消一粪味	腥臭∨腥恶臭∨恶臭	1	10								
142	运一后肢	麻痹	1						5			
143		软弱无力	1				5					
144	运一四肢	僵硬	1				5					
145	运一肢	1~4肢麻痹	1				5					
146		麻痹	2				5	5				
147	殖一产羔	产羔率下降	1		10							
148	殖一流产		1						5			
149		羊其他症状不明显	1						10			
150		在娩前4~6周	1						15			
151	病时	过食4~6小时发病	1							15		
152	病势	慢∨缓慢	2				5				5	
153	病特征	成山羊慢发(关节+肺∨乳房)炎	1			15						
154		废食+瘤积食胀满停动+酸高	1							35		
155		腹泻	1	15								
156	病性	羊妊娠后期酮尿	1								15	
157		幼羔急性致死传染病	1	10								
158	病因	1次采∨偷吃谷物精料多	1							15		
159		绵羊妊后期料多	1								15	
160		缺锌缺铜缺硫	1									15
161	病又名	红眼病	1		10							
162		瘤胃酸中毒,丰收病	1							15		
163		驴跑病,瘙绵羊痒病,震颤病	1				10					

41组 蹄病

序	类	症状	统	4 羊坏死杆菌病	25 羊腐蹄病	27 羊传染性脓疱	28 口蹄疫	33 蓝舌病	57 口炎	58 瘤胃酸中毒	85 创伤
		ZPDS		19	14	17	9	22	14	26	9
1	蹄	红肿热痛∨敏感	6	10	15		10	10		10	
2		溃烂∨烂斑∨腐∨化脓∨坏死	9	10	35	5	10	10	5	10	10
3		水疱	3			5	5		5		
4		蹄匣脱落	2	10							15
5		脱壳∨蹄壁分离	6	10	35		10			10	
6		全部蹄病	1			5					
7		肉芽	1								
8		小黑∨棕色坑∨沟	1								
9	蹄病	1∨2 蹄	1								
10		波及腱∨韧带∨关节	1	10							
11		波及蹄基部∨蹄骨∨肌间∨关节	1		5						
12	蹄臭	流臭脓∨恶臭	2	10							
13	蹄腐	促因：过湿∨伤∨角质软化∨	1		10						
14		影响产毛∨采食∨孕∨体重∨运动	1		5						
15	蹄尖	着地：系部球关节屈曲	1								
16	蹄间裂	扩大	1								
17	蹄-趾间	局部损伤	1		5						
18	鼻	发凉	1							10	
19		结节∨水疱∨棕痂	1	5							
20		炎烂痂血红肿∨脓血痂	1				10				
21	鼻镜	∨鼻孔：糜烂出血	1					5			
22	鼻腔	充血∨渗出∨溃烂∨结痂	1						5		
23	鼻涕	混血∨带血∨浆性∨水性∨鼻液	1					5			
24		脓性∨脓血痂	1			5					
25	动	盲目运动	1							5	
26		震颤	1							5	
27	动-跛行	剧痛	1								
28	动-跛行		6	5	5	5	5	5			
29	动-步	悬跛	1								
30	动-卧	卧∨喜卧∨不起∨难站	1		5						
31	耳	发凉	1							10	

续 41 组

序	类	症 状	统	4 羊坏死杆菌病	25 羊腐蹄病	27 羊传染性脓疱	28 口蹄疫	33 蓝舌病	57 口炎	58 瘤胃酸中毒	85 创伤
32		甩耳∨龟裂∨出血∨痂垢∨增生	1			10					
33	腹围	大∨肚胀∨腹胀∨增大	1							5	
34	腹下	痘疹	1					5			
35	肝	转移性病灶	1		5						
36	羔－新羔	婉儿畸形如脑积水等	1					5			
37	呼－咳		2			5			5		
38	呼吸	快∨促∨浅∨频数>20次/分	1							5	
39		困难	1					5			
40	精神	呻吟∨拱腰痛苦状	1							10	
41		沉郁∨抑郁	1							5	
42		离群呆立∨掉群∨委顿	1							5	
43		委靡不振∨不佳∨较差∨欠佳	2				5	5			
44	口唇	下唇增厚	1	5							
45	口－咀嚼	咀嚼困难	1	5							
46		困难∨障碍	1	10							
47	口流涎		2	5	5						
48		白色泡沫∨血∨呕吐	1			5					
49	口－舌	肿硬	1	5							
50	毛	脱毛∨痊愈后被毛脱落	1					5			
51		质量下降减产8%	1		5						
52	尿量	少∨色浓	1							10	
53	皮	坏死	1	15							
54		经伤感染	1	5							
55		脓疱	1			10					
56		水肿	1					5			
57		损伤∨溃疡	1		5						
58	乳房	痘疹	1					5			
59		疹∨烂∨疱	1				15				
60		转移性病灶	1		5						
61	身	渐瘦∨体重↓	1		5						
62		卧－喜卧地	1							5	
63		消瘦∨瘦弱∨营养不良∨障碍	2		5		5				

续 41 组

序	类	症状	统	4 羊坏死杆菌病	25 羊腐蹄病	27 羊传染性脓疱	28 口蹄疫	33 蓝舌病	57 口炎	58 瘤胃酸中毒	85 创伤
64		衰弱∨虚弱	1					5			
65	食	吞咽困难	2			5		5			
66	食－采食	障碍	1						5		
67	食欲	减∨不振∨不思	3				5		5	5	
68		无∨拒∨厌∨废∨停	4		5				5	5	
69	头	痘疹	1					5			
70	胃－瘤胃	柔软∨弱∨停∨炎	1							15	
71	消－反刍	少∨慢∨无∨停	1							5	
72	消－粪干	便秘∨干	1					5			
73	消－粪含	含:黏脓∨黏液∨血∨混血	2					5		5	
74	消－粪色	黄绿∨黄褐	1							15	
75	消－粪泻	腹泻∨稀水∨软∨稀粥	4	5					5	5	
76	消化道	黏膜坏死∨其他脏器坏死	1	15							
77	眼部	结节∨水疱∨棕痂	1	5							
78	眼角	痘疹	1					5			
79	眼结膜	充血红∨红肿	1						5		
80	眼球	凹∨眼凹	1							10	
81	运－肢	1肢病	1		5						
82	运－肢	发凉	1							10	
83	创口	化脓	1								10
84	创面	肿∨痛∨增温∨流脓∨厚脓痂	1								10
85	创腔	深∧口小:创囊∨脓肿∨蜂窝织炎	1								10
86	创伤	出血＋痛＋伤口开裂	1								15
87	创缘	肿∨痛∨增温∨流脓∨厚脓痂	1								10
88	殖－流产		1								5
89		外伤也可以造成流产	1								5
90	病暴	烂蹄＝湿暖季＋低湿地	1		35						
91	病势	突病∨病急	1							5	
92		慢∨缓慢	1					5			
93	病特征	采食咀嚼困难＋口流清涎＋痛	1						15		
94		发热＋消瘦＋黏膜卡他炎	1				15				
95		废食＋瘤胃胀满停动	1							35	

续41组

序	类	症 状	统	4 羊坏死杆菌病	25 羊腐蹄病	27 羊传染性脓疱	28 口蹄疫	33 蓝舌病	57 口炎	58 瘤胃酸中毒	85 创伤
96		口唇丘疹＋脓疱＋溃疡＋疣痂	1			15					
97		口蹄水疱溃烂(含乳房)	1				15				
98		蹄趾间皮肤坏死炎	1		15						
99	病性	蹄底和球负面糜烂	1								
100	病因	1次采∨偷吃谷物精料多	1							15	
101		口外伤∨化药∨他病	1						15		
102		阉割∨剪脐消毒不严	1								5
103		因湿发病	1	10							

42组 跛 行

序	类	症 状	统	4 羊坏死杆菌病	11 绵羊巴氏杆菌病	13 羊布氏杆菌病	22 羊衣原体病	25 羊腐蹄病	27 羊传染性脓疱	28 口蹄疫	33 蓝舌病	34 山羊关节炎
		ZPDS		16	10	9	13	10	13	9	18	15
1	动－跛行		10	5	5	5	5	5	5	5	5	5
2		剧痛	1					5				
3	鼻	结节∨水疱∨棕痂	1	5								
4		炎烂痂血红肿	1								10	
5	鼻涕	脓血痂	1		10							
6	病暴	烂蹄＝湿暖季＋低湿地	1					35				
7	动	前膝跪地爬行	1									5
8		强直∨抽∨痉挛∨震颤	1		5							
9		运步－悬跛	1									
10		卧∨喜卧	1							5		
11	耳	甩耳	1								10	
12	羔动	跛行	1				10					
13	羔关节	多发炎∨(腕跗)肿痛	1				10					
14	羔肌肉	僵硬	1				10					
15	羔精神	掉群	1				10					
16	羔身	长期卧地	1				10					

续 42 组

序	类	症状	统	4 羊坏死杆菌病	11 绵羊巴氏杆菌	13 羊布氏杆菌病	22 羊衣原体病	25 羊腐蹄病	27 羊传染性脓疱	28 口蹄疫	33 蓝舌病	34 山羊关节炎
17	羔身	体重减轻∨发育受阻	1				10					
18	羔身	弓背而立	1				10					
19	羔食欲	减退	1				10					
20	羔眼	结膜炎	1				5					
21	公羊	睾丸炎	1			15						
22	呼	支气管炎	1		5							
23	精神	离群呆立∨掉群	1								5	
24		委顿	1								5	
25		委靡不振∨不佳∨较差∨欠佳	3	5						5	5	
26	口臭		1								10	
27		疮	1	5								
28		结节∨水疱∨棕痂	1	5								
29		水肿蔓延到颊耳颈胸腹	1								5	
30	口-咀嚼	困难∨障碍	1							10		
31	口流涎	泡沫状	1							5		
32		唾液红色∨渗血	1								5	
33	口膜	水疱∨溃疡∨糜烂	1							5		
34		异常	2	5						5		
35		肿∨充血∨发绀∨青紫淤斑∨溃烂	1								15	
36	口-舌	充血∨发绀∨青紫淤斑∨溃烂	1								5	
37		蓝色	1								35	
38	口水疱	溃烂在龈∨唇内∨舌面∨颊膜	1							5		
39	淋巴结	腘淋肿大	1									5
40		肿	1	5								
41	毛	脱毛∨易脱	1								5	
42	皮	坏死	1	15								
43		经伤感染	1	5								
44		脓疱	1						10			
45		损伤∨溃疡	1						5			
46	潜伏期	50~131天	2				5					5
47	乳房	间质性乳房炎	1									15

续42组

序	类	症状	统	4 羊坏死杆菌病	11 绵羊巴氏杆菌病	13 羊布氏杆菌病	22 羊衣原体病	25 羊腐蹄病	27 羊传染性脓疱	28 口蹄疫	33 蓝舌病	34 山羊关节炎
48		脓疱∨烂宽∨痂垢-病羔吸乳致	1						5			
49		疹∨烂∨疱	1							15		
50		转移性病灶	1					5				
51	食	吞咽困难∨有吞咽作呕动作	3						5		5	6
52	食欲	减退∨不振	2		5					5		
53		无∨拒废∨厌食∨废绝	3		5			5		5		
54	蹄	病一多	1	10								
55		全部蹄病	1					5				
56		热肿烂脱壳∨腐蹄	1	10								
57		深部蜂窝织炎—恶臭	1									
58		真皮受害∨热肿烂脱壳	1							10		
59	蹄壁	部分分离	1									
60	蹄病	1∨2蹄	1									
61		波及腱∨韧带∨关节	1	10								
62	蹄底	小黑∨棕色坑∨沟∨糜烂∨肉芽	1									
63	蹄腐	促因:过湿∨伤∨软∨∨	1					10				
64		影响采食∨产毛∨受孕∨体重∨运动	1					10				
65	蹄冠	红肿热痛∨溃烂∨挤流臭脓	1									
66		水疱∨脓疱∨溃疡∨化脓∨坏死	1						5			
67		蹄叶:发炎∨敏感∨痛	1							5		
68	蹄尖	着地:系部球关节屈曲	1									
69	蹄间裂	扩大	1									
70	蹄间隙	红肿热痛∨溃烂∨挤流臭脓	1	10								
71	蹄间腺	窦道∨蹄炎	1									
72		开口处脓液∨植物毛刺∨小脓肿	1									
73	蹄—局部	肿∨热∨增温∨压痛	1									
74	蹄壳	大面积分离	1					35				
75		皮肤严重坏死	1					35				

续 42 组

序	类	症状	统	4 羊坏死杆菌病	11 绵羊巴氏杆菌	13 羊布氏杆菌病	22 羊衣原体病	25 羊腐蹄病	27 羊传染性脓疱	28 口蹄疫	33 蓝舌病	34 山羊关节炎
76	蹄皮	热肿烂脱壳	1						—	10		
77		水疱∨溃疡∨糜烂	1						5			
78	蹄球部	小黑∨棕色坑∨沟∨糜烂∨肉芽	1									
79	蹄匣	脱落	2	10								
80	蹄—趾间	局部损伤	1					5				
81		邻近坏死	1					5				
82		皮坏死	1					5				
83	蹄轴	侧沟:小黑∨棕色坑∨沟∨糜烂∨肉芽	1									
84	头	角弓反张	1									5
85	头颈	弯一侧∨歪斜∨偏向一侧	1									5
86	消—反刍	无∨停	1		5							
87	消—粪	腹泻稀水∨软稀粥	3	5	5						5	
88		含:黏脓∨黏液∨血∨混血	2		5						5	
89		血水	1									
90	眼	结节∨水疱∨棕痂	1	5								
91	运—关节	多发关节炎	1				5					
92		发热波动疼痛敏感	1									10
93		关节炎∨滑液囊炎	3		5	5						5
94		活动不便	1									10
95		腕关节肿大	1									10
96		膝∨跗关节炎	1									5
97		肿大∨活动不便	1									5
98		周围软组织水肿发热波动痛	1									5
99	运—肢	1肢病	1					5				
100	殖—流产	初产母羊流产	1			15						
101		受胎3~4个月	1			15						
102		只1次	1			20						
103		主要表现(少~50%)	1			25						
104	殖—阴道	流脏物	1			15						

43组 乱动

序	类	症状	统	1 羊炭疽	8 李氏杆菌病	12 肉毒梭菌中毒症	18 羊肠毒血症	34 山羊关节炎	35 绵羊痒病	43 脑多头蚴病	44 棘球蚴病	49 脑脊髓丝虫病	58 瘤胃酸中毒	67 绵羊肠扭转
				13	13	9	15	15	21	18	4	11	21	19
1	乱动	独自奔跑	1				15							
2		盲目运动	2								15		5	
3		前冲∨后退∨前冲后撞	2							10				10
4		强迫运动∨急起急卧	1											10
5		兴奋∨骚乱	1									10		
6		行为异常	1						5					
7		游泳状∨划动	3	10	10				5					
8		点头运动	1				15							
9	动	不便	1				5							
10		呆立不动	1											10
11		震颤	1										5	
12		头弯一侧	1				10							
13		(高举∨驴跑∨雄鸡)步态	1						5					
14		不能跳跃∨遇沟坡跌倒	1						5					
15		僵硬∨困难	2				5					15		
16		转圈∨旋转	3		10				5		10			
17		强直∨抽∨痉挛	3	5			5			5				
18	动-卧	卧∨喜卧∨不起∨难站	4				5			5		10		5
19		致褥疮	1									10		
20	运-后肢	1~2侧无力∨麻痹	1									10		
21		软弱无力	1						5					
22	运-四肢	僵硬	1					5						
23	运-肢	1~4肢麻痹	1					5						
24		呈犬坐姿势	1									10		
25		发凉	1										10	
26		麻痹	3					5	5					10
27	鼻	发凉	1										10	
28	鼻涕	浆性∨水性∨鼻液	1		5									
29		沫	1				10							
30	腹	叩之如鼓∨触诊敏感拒按	1											10

续 43 组

序	类	症 状	统	1 羊炭疽	8 李氏杆菌病	12 肉毒梭菌中毒症	18 羊肠毒血症	34 山羊关节炎	35 绵羊痒病	43 脑多蚴病	44 棘球蚴病	49 脑脊髓丝虫病	58 瘤胃酸中毒	67 绵羊肠扭转
31	腹痛	重剧∨镇痛药无效	1											15
32	腹围	大∨肚胀∨腹胀∨增大	4	5			5						5	5
33	羔	急性败血症迅死	1		5									
34		症状明显	1							5				
35	呼-肺	听诊有湿啰音	1					5						
36	呼-咳	明显∨咳后卧地∨不愿起立	1								15			
37	呼吸	快∨促∨浅∨频数>20次/分	4	5						5			5	5
38	肌	嚼肌麻痹∨咽麻痹	1		10									
39		震颤∨痉挛∨颤抖	1						5					
40	叫	呻吟	2									10	5	
41	精神	沉郁∨抑郁	4		5			5				5		
42		烦躁不安-因啃咬擦痒	1											5
43		拱腰痛苦状	1									10		
44		昏睡∨昏迷	2	5	5									
45		惊恐-对声∨痉挛抽搐	1						5					
46		离群呆立∨掉群	2				5		5					
47		委顿	2					5						5
48		兴奋∨不安	4	5		5			5	5				
49		眩晕	1	5										
50		遇障停∨直走倒	1							15				
51	口	干	1										10	
52		舔舌咬(唇∨腹∨股∨尾)	1						15					
53	口唇	翘唇∨沾白色泡沫-少量	1											10
54	口-咀嚼	空嚼	1									10		
55		困难∨障碍	1		10									
56	口流涎	带泡沫∨血	2		5	5								
57	口-磨牙		2	5		5								
58	淋巴结	肩前∨腘淋巴结肿大	1				5							
59	毛	脱毛∨易脱∨粗乱无光	1									10		
60	尿	少∨色浓	1										15	
61		失禁	1					15						

续43组

序	类	症状	统	1 羊炭疽	8 李氏杆菌病	12 肉毒梭菌中毒症	18 羊肠毒血症	34 山羊关节炎	35 绵羊痒病	43 脑多蚴病	44 棘球蚴病	49 脑脊髓丝虫病	58 瘤胃酸中毒	67 绵羊肠扭转
62		血尿	1	5										
63	皮痒	红∨炎肿∨破溃∨出血	1							10				
64	乳房	间质性乳房炎	1					15						
65	身	渐瘦∨体重↓∨日渐消瘦	2						5	5				
66		卧地∨卧地不起∨横卧不起∨长卧	4				5	5	5	5				
67		喜卧地	1										5	
68		消瘦∨瘦弱∨营养不良∨障碍	4						5	5	5			
69		震颤∨颤抖∨痉挛	2					5	5					
70	身—腰背	弓背∨伸腰∨蹲胯∨肷内吸	1											10
71		人搔腰:伸颈∨摆头∨咬唇∨舔舌	1						5					
72	身—腰髓	支配后躯运动障碍	1									10		
73	食	吞咽困难∨吞咽作呕	1			5								
74	食欲	减退∨不振∨不愿采食	4		5				5	5			5	
75		无∨拒废∨厌食∨废绝	2							5			5	
76	蹄	热肿烂脱壳	1										10	
77		踢蹄骚动	1											10
78	天然孔	七窍出血不易凝固	1	40										
79	头	摆头∨回头顾腹	1											10
80		高举∨后仰∨上仰∨抬起	4		10		5		10	10				
81		角弓反张头后弯	3		10		5	5						
82	头颈	痉挛∨震颤∨伸直∨摇头	1					5						
83		面麻痹	2		15			15						
84		弯一侧∨歪斜∨偏向一侧	2			5		5						
85		肌肉强直∨痉挛	1									10		
86		强直	1		15									
87	尾	时而摇尾,不排粪尿	1											15
88		弯一侧∨向一侧摆动	1			10								
89	胃—瘤胃	蠕动弱∨停∨胀满	1										15	
90		蠕动消失	1											10
91	温—寒战	战栗	1	5										

续 43 组

序	类	症 状	统	1 羊炭疽	8 李氏杆菌病	12 肉毒梭菌中毒症	18 羊肠毒血症	34 山羊关节炎	35 绵羊痒病	43 脑多头蚴病	44 棘球蚴病	49 脑脊髓丝虫病	58 瘤胃酸中毒	67 绵羊肠扭转
92	温-体温	38.5℃~40℃-正常∨不高	4				5		5				5	5
93	消-反刍	少∨慢∨无∨停	1										5	
94	消-粪	腹泻∨稀水∨软∨稀粥	2				5						5	
95		含:黏脓∨黏液∨血∨混血	2	5									5	
96	消-粪色	黄褐∨黄绿	2				5						5	
97	眼	震颤-眼球	1						5					
98	眼球	上旋	1									10		
99	眼视力	凝视∨目光呆滞	1						5					
100	黏∨膜色	发绀	1	10										
101	诊-穿腹	流淡红如洗肉水	1											15
103	殖-流产		1		10									

44 组 难动∨僵∨僵硬

序	类	症 状	统	3 破伤风	6 羊土拉杆菌病	12 肉毒梭菌中毒症	17 羊快疫	34 山羊关节炎	35 绵羊痒病	38 肝片吸虫病	46 绦虫病	48 肺线虫病	49 羊脑脊髓丝虫
		ZPDS		17	11	12	13	14	24	15	30	13	12
1	动	前膝跪地爬行	1					5					
2		无力难动	2	5									
3		不能跳跃∨遇沟坡等障碍跌倒	1						5				
4		缓慢	1								10		
5		僵硬∨困难∨起立困难	6	5	5	5	5	5			5		5
6	动	不便	2		5		5						
7		不愿动∨不愿走	2				5			5			
8		震颤	1							5			
9		头弯一侧	1		10								
10		(高举∨驴跑∨雄鸡)步态∨行为异常	1						5				
11		兴奋∨骚乱	1										10
12		游泳-划动	1				5						

续44组

序	类	症状	统	3 破伤风	6 羊土拉杆菌病	12 肉毒梭菌中毒	17 羊快疫	34 山羊关节炎	35 绵羊痒病	38 肝片吸虫病	46 绦虫病	48 肺线虫病	49 羊脑脊髓丝虫
13		点头运动	1			15							
14		转圈∨旋转	1								5		
15	动—跛行		1					5					
16	动—步	失调失衡∨踯躅∨不稳∨倒地∨晃	6		5	5	5	5	5				10
17	动	强直∨抽∨痉挛	2			5					5		
18	动—卧	瘫痪∨轻瘫	2	5							5		
19		卧∨喜卧∨不起∨难站	3	5							5		10
20		致褥疮	1										10
21	运—关节	发热∨波动∨疼痛∨敏感	1					10					
22		(膝∨跗∨腕)关节炎肿∨活动不便	1					10					
23	运—后肢	1~2侧无力∨麻痹	1										10
24		软弱无力	1						5				
25		瘫软∨软弱∨瘫痪	1		15								
26	运—四肢	强直∨抽	1	5									
27		水肿	1								5		
28	运—肢	呈犬坐姿势	1										10
29		僵∨僵硬	1		15								
30		麻痹	1						5				
31	鼻	排黏稠物∨附痂∨喷嚏∨喷鼻∨脓血痂	1									10	
32	鼻涕	浆性∨水性∨鼻液	1		5								
33	腹痛	弓背∨伸腰∨望腹∨刨地∨起卧	2			5				10			
34	腹围	大∨肚胀∨腹胀∨增大	2	5						5			
35	腹下	水肿	1							5			
36	呼—咳嗽	干咳∨暴发性咳∨咳出线虫	1									40	
37		运动咳∨夜咳重∨呼吸困难∨快	1									15	
38	呼吸式	腹式∨胸式	1		10								
39	呼—胸	水肿	2							5	5		
40	呼—胸肋	肌肉频细震颤	1					5					
41	呼—音	声粗重如拉风箱∨听啰音	1									10	

续 44 组

序	类	症状	统	3 破伤风	6 羊土拉杆菌病	12 肉毒梭菌中毒	17 羊快疫	34 山羊关节炎	35 绵羊痒病	38 肝片吸虫病	46 绦虫病	48 肺线虫病	49 羊脑脊髓丝虫
42	肌肉	震颤∨痉挛∨颠抖	2						5		5		
43	叫	呻吟	1										10
44	精神	沉郁∨抑郁	2					5			5		
45		痴呆∨离群呆立∨掉群	1						5				
46		反应弱∨无	1								15		
47		昏睡∨昏迷	2		5		5						
48		突然声响刺激痉挛∨倒地	1	25									
49		委靡不振∨不佳∨委顿	3		5				5		5		
50		兴奋∨不安	3		5	5			5				
51	口	经常做咀嚼动作	1								5		
52		舔舌∨咬(唇∨腹肋∨股∨尾)	1						15				
53		牙关紧闭	1	10									
54	口—咀嚼	空嚼	1										10
55	口流涎		4	5		5	5				5		
56		带泡沫∨血	2			5					5		
57		带泡沫∨血(数分钟至几小时死)	1			15							
58	口—磨牙		1				5						
59	口周	泡沫	1								5		
60	淋巴结	肩前∨膕淋肿大	1					5					
61		肿—体表的	2		5								
62	毛	产量低	1						5				
63		粗乱无光∨逆立	2								5	5	
64		脱毛∨易脱	1						5				
65	皮	红∨炎肿∨破溃∨出血	1					10					
66		经伤感染	1	5									
67		水肿	2								5	5	
68		损伤∨溃疡	1	5									
69	皮痒	剧痒∨脱毛∨破损∨撕脱	1						15				
70	贫血		3						5	10	10		
71	乳	产量低	1						5				
72	乳房	间质性乳房炎	1					15					
73	身	抽搐	1			5							

续44组

序	类	症 状	统	3 破伤风	6 羊土拉杆菌病	12 肉毒梭菌中毒	17 羊快疫	34 山羊关节炎	35 绵羊痒病	38 肝片吸虫病	46 绦虫病	48 肺线虫病	49 羊脑脊髓丝虫
74		渐瘦∨体重↓∨日渐消瘦	3						5		5	5	
75		进行性消瘦	1				5						
76		衰弱∨虚弱	4				5	5	∨	5			
77		瘫∨卧地∨横卧不起∨长卧	2					5	5				
78		消瘦∨瘦弱∨营养不良∨障碍	6				5	5	5	5	5	5	
79		震颤∨颤抖∨痉挛	1						5				
80	身一腰背	人摇羊腰:伸颈∨摆头∨咬唇∨舐舌	1						5				
81	身一腰	后躯运动障碍	1										10
82	食一饮欲	增加∨渴	1							5			
83	食欲	减退∨不振∨不愿采食	3						5	5	5		
84		异嗜∨异食	1							5			
85	头	高举∨后仰∨高仰∨抬起∨头后弯	3	10					10		10		
86		颔下水肿	1							5			
87		后仰∨仰头倒地	1								5		
88		角弓反张	2	10							10		
89		水肿	1									5	
90	头颈	痉挛∨肌肉频细震颤	1						5				
91		伸直∨伸颈∨摇头∨甩头	1						5				
92		弯一侧∨歪斜∨偏向一侧	1		5								
93		肌肉强直∨痉挛	1										10
94	尾	弯一侧∨向一侧摆动	1			10							
95		直	1	15									
96	消一肠	臌胀(轻度)	1	5									
97	消一粪	干∧带虫节片∨肛挂虫∨臌胀虫塞	1								35		
98		便秘腹泻交替	1							5			
99		腹泻∨稀水∨软∨稀粥	4	5	5		5			5			
100	眼睑	肿∨水肿∨痛∨闭	1							5			
101	眼结膜	苍白∨黄白	2							5	5		
102	眼球	上旋	1										10
103	眼视力	凝视∨目光呆滞	1					5					
104	黏膜色	苍白	1							5			
105	殖一流产	流死胎	1			10							

45组 强直∨抽搐∨痉挛∨震颤

序	类	症状	统	1 炭疽	3 破伤风	11 绵羊巴氏杆菌病	16 羊链球菌病	17 羊快疫	18 羊肠毒血症	19 羊猝狙	43 脑多头蚴病	46 绦虫病	58 瘤胃酸中毒	73 酮病	77 氢氰酸中毒	78 有机磷中毒
		ZPDS		17	19	24	21	13	17	10	27	31	30	25	22	28
1	动	强直∨抽搐∨痉挛	10	5	5	5	5	10	5	5	5		5			
2		震颤	6			5						5	5	15	5	5
3	肌肉	震颤∨痉挛∨颤抖	3										5		5	5
4	口唇	颤	1											15		
5	鼻	发凉	2										10			10
6	鼻呼气	酮味	1											35		
7	鼻涕	浆性∨水性鼻液	2				5	5								
8		沫	1						10							
9		脓性∨脓血痂	2				10	5								
10	病时	过食4~6小时发病	1										10			
11	病势	突病∨病急	2										5	5		
12		快-吃青苗15分钟突然发作	1												5	
13	病特征	发病急+呼吸难+肌震颤现缺氧	1												15	
14		废食+瘤胃积食胀满停动	1										35			
15		神经功能紊乱-过度兴奋	1													10
16	病性	接触∨吸入有机磷而病	1													15
17		吃富含氰苷青苗而病	1												10	
18	病因	1次采∨偷吃谷物精料多	1										15			
19		1次吃大量青苗	1												15	
20	动	不愿动∨不愿走	1					5								
21		不愿动∨不愿走	1		5											
22		步-失调∨蹒跚∨晃倒	1											5		
23		独自奔跑	1								15					
24		后肢麻痹	1								5					
25		盲目运动	1								5					
26		起立困难	2		5						5					
27		强直∨抽∨痉挛	9	5		5	5	5	5	5	5	5	5			
28		无力难动	2		5			5								

续 45 组

序	类	症状	统	1 羊炭疽	3 破伤风	11 绵羊巴氏杆菌病	16 羊链球菌病	17 羊快疫	18 羊肠毒血症	19 羊猝狙	43 脑多头蚴病	46 绦虫病	58 瘤胃酸中毒	73 酮病	77 氢氰酸中毒	78 有机磷中毒
29		游泳状	1	10												
30		站立失衡-蚴在小脑	1								5					
31		肢:发凉	2										10			10
32		肢-麻痹	2												5	5
33		转圈∨旋转	2								5			5		
34	动-跛行		1			5										
35	动-步	困难	1		10											
36		失调失衡∨蹒跚∨不稳∨倒地∨晃	4	5			5				5			5		
37	动-卧	瘫痪∨轻瘫	2		5							5				
38		卧∨喜卧∨不起∨难站	5		5			5	5	5						
39	耳	发凉	2										10			10
40	腹膜	炎	1							15						
41	腹痛	弓背∨伸腰∨塑腹∨刨地∨起卧	6			5		5	5			10			5	5
42	腹围	大∨肚胀∨腹胀∨增大	7	5	5				5			5	5		5	5
43	呼出气	丙酮气味	1											35		
44	呼-咳嗽		1			5										
45	呼吸	快∨促∨浅∨频数>20次/分	5	5							5		5		5	
46		困难	5	5											5	5
47	呼-咽喉	肿	1			10										
48	肌	麻痹	1													5
49	叫	呻吟	1									5				
50	精神	沉郁∨抑郁	5		5						5	5	5		5	
51		反应弱∨无	2									15			15	
52		拱腰痛苦状	1										10			
53		昏睡∨昏迷	3	5					5							5
54		惊恐-对声	1								5					
55		痉挛抽搐	1								5					
56		离群呆立∨掉群	4					5	5	5		5				
57		前行遇障抵物呆立	1								5					

234

续45组

序	类	症状	统	1 羊炭疽	3 破伤风	11 绵羊巴氏杆菌病	16 羊链球菌病	17 羊快疫	18 羊肠毒血症	19 羊猝狙	43 脑多头蚴病	46 绦虫病	58 瘤胃酸中毒	73 酮病	77 氢氰酸中毒	78 有机磷中毒
58		神经症状	4								5	5		5		5
59		痛苦状	1													15
60		突然声响刺激痉挛∨倒地	1		25											
61		委靡不振∨不佳∨较差∨欠佳	3			5	5					5				
62		兴奋→沉郁→衰弱	1											5		
63		兴奋∨不安	4	5					5	5						5
64		眩晕	1	5												
65		意识紊乱	1										5			
66		遇障停∨直走倒	1								15					
67	口	经常做咀嚼动作	1										5			
68		牙关紧闭	1		10											
69	口唇	肿	1				5									
70	口-咀嚼	空嚼	1													15
71	口	流涎	5		5			5	5			5				5
72		带泡沫∨血	3						5			5				5
73		带泡沫∨血(数分钟至几小时死)	1			15										
74	口-磨牙		4	5				5	5	5						
75	口-舌	肿大	1				5									
76	口周	泡沫	1										5			5
77	毛	粗乱无光∨逆立	1									5				
78	尿-量	少∨色浓	1										10			
79		失禁	2						15							15
80	尿-色	血尿	1	5												
81	尿-味	丙酮气味	1											35		
82	皮	经伤感染	1		5											
83		水肿	3			5	5					5				
84		损伤∨溃疡	1		5											
85		脱水	1										15			
86		弹性丧失	1									5				
87	皮-汗	多汗	1													15

续 45 组

序	类	症状	统	1 羊炭疽	3 破伤风	11 绵羊巴氏杆菌病	16 羊链球菌病	17 羊快疫	18 羊肠毒血症	19 羊猝狙	43 脑多头蚴病	46 绦虫病	58 瘤胃酸中毒	73 酮病	77 氢氰酸中毒	78 有机磷中毒
88	贫血		1									10				
89	乳房	肿	1				15									
90	身	渐瘦∨体重↓∨日渐消瘦	2								5	5				
91		全身反射减少∨消失	1												5	
92		衰弱∨虚弱	4			5			5	5						
93		卧地∨卧地不起∨喜卧∨长卧	3					5			5	5				
94		消瘦∨瘦弱∨营养不良∨障碍	6			5		5		5	5			5		
95		震颤∨颤抖∨痉挛	2					5	5							
96	食－饮欲	增加∨渴	1									5				
97	食欲	减退∨不振	7			5	5				5	5	5	5		5
98		无∨拒∨厌∨废∨停	4			5					5		5			5
99	蹄	红肿热痛∨敏感	1										10			
100		溃烂∨烂宽∨腐∨化脓∨坏死	1										10			
101		脱壳∨蹄壁分离	1										10			
102	天然孔	七窍出血不易凝固	1	40												
103	头	高举∨后仰∨高仰∨抬起∨头后弯	5		10				5		10	10		5		
104		高举蚴在脑后部	1								5					
105		后仰∨角弓反张∨头后弯	4		10			5			10			5		
106	头颈	痉挛	1											5		
107	头－面	面颊肿	1				5									
108	头－下垂	蚴在脑正前部	1								5					
109	尾	直	1		15											
110	胃－瘤胃	臌胀	1										10			
111		柔软∨蠕动弱∨停∨炎∨液满	1										15			
112	胃－前胃	弛缓∨蠕动减弱	1										10			
113	温－寒战	战栗	2	5		5										
114	消－肠	肠炎	1						15							
115	消－肠	臌胀(轻度)	1		5											
116	消－反刍	无∨停	3		5	5					5					

续45组

序	类	症状	统	1 羊炭疽	3 破伤风	11 绵羊巴氏杆菌病	16 羊链球菌病	17 羊快疫	18 羊肠毒血症	19 羊猝狙	43 脑多头蚴病	46 绦虫病	58 瘤胃酸中毒	73 酮病	77 氢氰酸中毒	78 有机磷中毒
117	消-粪	便秘∨干	2					5				5				
118		带虫节片	1									15				
119		腹泻∨稀水∨软∨稀粥	6			5	5	5	5	5		5				
120		含:黏脓∨黏液∨血混血	3		5		5	5								
121		松软	1					5								
122	消-粪含	黏∨脓∨黏液∨血混血	2											5		5
123	消-粪色	黄绿∨黄褐	2							5		15				
124	消-粪泻	腹泻∨稀水∨软∨稀粥	2										5			5
125	消-肛	肛挂虫	1									40				
126	消-呕吐		1													10
127	眼睑	肿∨水肿∨痈∨闭	1				5									
128	眼角膜	炎∨疡	1				5									
129		翳∨云翳∨血管翳	1				5									
130	眼结膜	充血红∨红肿	1				5									
131		黄白∨苍白	3									5		5		5
132		紫绀	1	5												
133		充血红∨红肿	2										5	5		
134		黄白	1													5
135	眼流泪	浆性∨黏性∨脓性	1					5								
136	眼球	凹∨眼凹	1										10			
137		震颤	1													15
138	眼视力	失明∨弱∨模糊	3								5		10			
139	眼瞳孔	散大	1										10			
140		缩小	1													15
141	运-四肢	强直∨抽	1		5											
142	黏∨膜色	苍白	2											5		5
143		发绀	1	10												
144		黄染	1											5		
145		鲜红	1												10	

46-1组 运动失调∨晃∨转圈∨肢麻痹(传染病)

序	类	症 状	统	1 羊炭疽	6 羊土拉杆菌病	9 大肠杆菌病	12 肉毒梭菌中毒症	17 羊快疫	34 山羊关节炎	35 绵羊痒病	37 梅迪维斯纳病
		ZPDS		16	16	28	13	15	24	32	20
1	动-步	失调失衡∨踌躇∨不稳∨倒地	8	5	5	5	5	5	5	5	5
2		鼻涕 浆性∨水性∨鼻液	1				5				
3	病特征	成山羊慢(关节+肺∨乳房)炎	1						15		
4		发热+肌肉偏硬+淋巴结肿大	1		35						
5		腹泻	1			15					
6		潜伏长+病程慢+肺炎∨脑炎	1								5
7		突发+病程短+皱胃出血炎	1					15			
8	动	不便	2				5				
9		不愿动∨不愿走	1					5			
10		点头运动	1				15				
11		强直∨抽∨痉挛	2	5				5			
12		无力难动	1					5			
13		行为异常	1							5	
14		游泳状∨划动	2	10					5		
15		转圈∨旋转∨跛行	1						5		
16	动-步	(高举∨驴跑∨雄鸡)步态	1						5		
17		不能跳跃∨遇沟坡等障碍跌倒	1						5		
18		僵硬	2		5		5				
19		头弯1侧	1				10				
20	动-卧	瘫痪∨轻瘫	1							5	
21		卧∨喜卧∨不起∨难站	2			5					5
22	腹痛	弓背∨伸腰∨望腹∨刨地∨起卧	2				5	5			
23	腹围	大(臌)	1				5				
24		大∨肚胀∨腹胀∨增大	2	5			5				
25	羔	病重全∨症∨死率很高	1		5						
26		兴奋不安∨昏睡	1		5						
27	羔-粪	腹泻1间歇性∨持续	1		5						
28	羔-新羔	死胎	1		10						
29	呼-咳	干咳	1							5	
30	呼-咳		2						5		5

续 46-1 组

序	类	症状	统	1 羊炭疽	6 羊土拉杆菌病	9 大肠杆菌病	12 肉毒梭菌中毒症	17 羊快疫	34 山羊关节炎	35 绵羊痒病	37 梅迪维斯纳病
31	呼吸	喘	1		5						
32		快∨促∨浅∨频数>20次/分	3	5		5					5
33		困难	4	5		5			5		5
34		困难∧日重	1								5
35	呼吸式	腹式∨胸式	1				10				
36	呼-胸肋	肌肉频细震颤	1							5	
37	肌肉	颤抖	1							5	
38	精神	闭目∨神经症状	1			5					
39		沉郁∨抑郁	2			5			5		
40		痴呆	1							5	
41		昏睡∨昏迷	4	5	5	5		5			
42		离群呆立∨掉群	2							5	5
43		神经对称性麻痹	1								15
44		神经麻痹	2							5	5
45		神经遇障跌倒	1							15	
46		委靡不振∨不佳∨委顿	3		5	5			5		
47		兴奋∨不安	4		5	5		5		5	
48		兴奋∨不安(病缓时)	1							5	
49		眩晕	1	5							
50	口	舔舌	1							15	
51		咬(唇∨腹肋∨股∨尾)部	1							15	
52	口唇	口唇震颤	1								5
53		口流涎	2			5	5				
54		带泡沫∨血	2			5	5				
55		带泡沫(数分钟至几小时死)	1				15				
56	口-磨牙		3	5		5	5				
57	淋巴结	腘∨肩前淋肿大	1						5		
58		肿-体表的	1		5						
59	尿-色	血尿	1	5							
60	皮	红∨炎∨肿∨破溃∨出血	1						10		
61	皮毛	脱毛∨破损∨撕脱	1							5	
62	皮痒	剧痒∨擦痒在墙∨栅栏∨树干	1							5	

续 46-1 组

序	类	症状	统	1 羊炭疽	6 羊土拉杆菌病	9 大肠杆菌病	12 肉毒梭菌中毒症	17 羊快疫	34 山羊关节炎	35 绵羊痒病	37 梅迪维斯纳病
63	乳房	间质性乳房炎	1						15		
64	身	不能起立	1			5					
65		抽搐	1					5			
66		渐瘦∨体重↓∨日渐消瘦	1							5	
67		进行性消瘦	1						5		
68		瘙痒(轻)	1							10	
69		衰竭	1			5					
70		衰弱∨虚弱	5		5		5		5	5	5
71		瘫痪	1							5	
72		体重减轻	1								5
73		脱水	1			5					
74		卧地不起∨长卧	2						5	5	
75		消瘦∨瘦弱∨营养不良∨障碍	5			5		5	5	5	5
76		虚脱—迅速	1			10					
77		震颤∨颤抖∨痉挛	1							5	
78	身—摇腰背	伸颈∨摆头咬唇砰舌	1							5	
79	食	吞咽困难∨有吞咽作呕动作	1						5		
80	食欲	不愿采食	1							5	
81		减退∨不振	1			5					
82	天然孔	七窍出血不易凝固	1	40							
83	头	高举∨后仰∨仰∨抬起∨头后弯	1							10	
84	头	角弓反张	1					5			
85	头颈	痉挛∨肌肉频细震颤	1							5	
86		伸直∨伸颈∨摇头∨甩头	1							5	
87		弯一侧∨歪斜∨偏向一侧	3				5		5		5
88	头—面	神经麻痹	1						5		
89	尾	弯一侧	1				10				
90		向一侧摆动	1				10				
91	温—寒战	战栗	1	5							
92	消—粪	腹泻	3		5	5		5			
93		含:泡沫∨气泡∨乳块	1			10					

续 46-1 组

序	类	症 状	统	1 羊炭疽	6 羊土拉杆菌病	9 大肠杆菌病	12 肉毒梭菌中毒症	17 羊快疫	34 山羊关节炎	35 绵羊痒病	37 梅迪维斯纳病
94		含:黏脓∨黏液∨血∨混血	2	5		5					
95		失禁∨里急后重∨恶臭	1			10					
96	眼	震颤—眼球	2						5		5
97	眼结膜	紫绀	1	5							
98	眼视力	凝视∨目光呆滞	1						5		
99		失明∨模糊	2			5			5		
100	眼瞳孔	散大	1			10					
101	运—关节	炎肿痛	2			5			5		
102		肿大∨活动不便	1						5		
103		周围软组织水肿发热波动痛	1						5		
104	运—后肢	软弱无力	1						5		
105		失足∨发软	1							5	
106		瘫软∨软弱∨瘫痪	1		15						
107	运—四肢	僵硬	1						5		
108	运—肢	1~4肢麻痹	1						5		
109		僵∨僵硬	1		15						
110		麻痹	2							5	5
111	殖—流产	流死胎	1		15						

46-2 组 运动失衡∨晃∨转圈∨肢麻痹(其他病)

序	类	症 状	统	43 脑多头蚴病	49 脑脊髓丝虫病	53 羊鼻蝇蛆病	55 弓形虫病	62 急性瘤胃膨胀	67 绵羊肠扭转	73 酮病	77 氢氰酸中毒
		ZPDS		26	15	21	11	14	27	23	20
1	动—步	失调失衡∨蹒跚∨不稳∨倒地	8	5	10	5	10	5	5	5	5
2	嗳气	停止	1					10			
3	鼻	炎烂痂血红肿	1			10					
4		痒∨摩∨黏脓物	1			10					
5	鼻呼气	酮味	1							55	
6	鼻声	喷嚏∨喷鼻	1			10					

续 46-2 组

序	类	症 状	统	43 脑多头蚴病	49 脑脊髓丝虫病	53 羊鼻蝇蛆病	55 弓形虫病	62 急性瘤胃臌胀	67 绵羊肠扭转	73 酮病	77 氢氰酸中毒
7	鼻涕	浆性∨水性∨鼻液	2			10	10				
8		脓性∨脓血痂	1			10					
9		脓血痂	1			5					
10	病特征	发病急＋呼吸难＋肌震颤现缺氧	1								15
11		行走困难＋卧地不起＋死	1		15						
12	动	呆立不动∨前冲后撞∨强迫运动	1						10		
13		强直∨抽∨痉挛	2	5						5	
14		兴奋∨骚乱	1		10						
15		站立失衡—蚴在小脑	1	5							
16		震颤	2							15	5
17		转圈∨旋转	3	5		5			10		
18	动一步	困难	1		15						
19	动一卧	急起急卧	1						10		
20		卧∨喜卧∨不起∨难站	3	5	10				5		
21		致褥疮	1		10						
22	耳	震颤	1							5	
23	腹	叩之如鼓∨臌胀—严重	1						10		
24	腹壁	触诊敏感拒按	1						15		
25	腹部	触诊紧张	1				10				
26	腹痛	弓背∨伸腰∨塱腹∨刨地∨起卧	3					5			5
27		重剧∨镇痛药无效	1						15		
28	腹围	大∨肚胀∨腹胀∨增大	3					5	5		5
29	羔	症状明显	1	5							
30	呼一咳嗽		1				10				
31	呼吸	快∨促∨浅∨频数>20次/分	3	5					5		5
32		困难	4			5	5	5			5
33		微弱	1						10		
34		症状	1				5				
35	肌肉	痉挛	1								5
36	叫	哀鸣	1			10					

续 46-2 组

序	类	症 状	统	43 脑多头蚴病	49 脑脊髓丝虫病	53 羊鼻蝇蛆病	55 弓形虫病	62 急性瘤胃臌胀	67 绵羊肠扭转	73 酮病	77 氢氰酸中毒
37	精神	沉郁∨抑郁	2	5							5
38		烦躁不安-因啃咬擦痒	2			5			5		
39		反应弱∨无	1								15
40		惊恐-对声易	1	5							
41		痉挛抽搐	1	5							
42		离群	1	5							
43		离群呆立∨掉群	1						5		
44		前行遇障抵物呆立	1	5							
45		神经症状	4	5		5	5		5		
46		委顿	1						5		
47		兴奋→沉郁→衰弱	1								5
48		兴奋∨不安	3	5		5	5				
49		意识紊乱	1						5		
50		遇障停∨直走倒	1	15							
51	口唇	颤	1							15	
52		翘唇	1					10			
53		沾白色泡沫-少量	1					10			
54	口-咀嚼	空嚼	2	10						15	
55	口流涎		3			5				5	5
56		白色泡沫∨血	1								5
57		带泡沫∨血	1						5		
58	尿-量	失禁∃膀胱麻痹	1	15							
59	尿-味	丙酮气味	1							35	
60	身	蹒跚	1					10			
61		渐瘦∨体重↓∨日渐消瘦	2	5		5					
62		全身反射减少∨消失	1							5	
63		衰弱∨虚弱	1	5							
64		消瘦∨瘦弱∨营养不良∨障碍	3	5		5					5
65	身-肷	两肷内吸	1						10		
66	身-肷窝	突起	1					10			
67		左肷窝向外突出∨高于髋节∨脊背	1					10			

续 46-2 组

序	类	症 状	统	43 脑多头蚴病	49 脑脊髓丝虫病	53 羊鼻蝇蛆病	55 弓形虫病	62 急性瘤胃臌胀	67 绵羊肠扭转	73 酮病	77 氢氰酸中毒
68	身-腰背	弓背	1						10		
69		伸腰	1						10		
70	身-腰髋	支配后躯运动障碍	1		10						
71	食欲	减退∨不振	3	5		5				5	
72		无∨拒废∨厌食∨废绝	2	5		5					
73	蹄	踢蹄骚动	1						10		
74	头	摆头	1						10		
75		高举∨后仰∨高仰∨抬起	2	10						5	
76		高举蚴在脑后部	1	5							
77		回头顾腹	1						10		
78		角弓反张头后弯	1							5	
79	头颈	痉挛∨肌肉频细震颤	1							5	
80		伸直∨伸颈∨摇头∨甩头	1			5					
81		弯一侧∨歪斜∨偏向一侧	2			5					
82		肌肉强直∨痉挛	1		10						
83		痉挛	1							5	
84	头-下垂	蚴在脑正前部	1	5							
85	尾	时而摇尾,不排粪尿	1						15		
86	胃-瘤胃	臌胀	2					10			10
87		叩呈鼓音	1					40			
88		蠕动消失∨减少	2					10			10
89	消-反刍	无∨停	1					5			
90	消-粪	腹泻	1			5					
91	眼睑	肿∨水肿∨痛∨闭	1			5					
92	眼结膜	苍白	2						10	5	
93		红∨红肿	1								5
94		发绀∨紫绀	2					5	5		
95		黄白	1							5	
96	眼流泪		2			10	10				
97	眼球	上旋	1		10						
98	眼视力	失明∨模糊	3	5			5			5	
99	眼瞳孔	散大	1								10

续 46-2 组

序	类	症 状	统	43 脑多头蚴病	49 脑脊髓丝虫病	53 羊鼻蝇蛆病	55 弓形虫病	62 急性瘤胃膨胀	67 绵羊肠扭转	73 酮病	77 氢氰酸中毒
100	运－后肢	1～2 侧无力	1	10							
101		后肢弹腹	1						10		
102		麻痹	4	5	5	5					5
103	运－肢	呈犬坐姿势	1	10							
104	殖－流产		1				5				
105	病特征	发病急+呼吸难+肌震颤	1								15
106		行走困难+卧地不起+死	1	15							

47-1 组 卧∨瘫痪（传染病）

序	类	症 状	统	2 羊副结核病	3 破伤风	9 大肠杆菌病	18 羊肠毒血症	19 羊猝疽	27 羊传染性脓疱	37 梅迪维斯纳病
		ZPDS		13	14	19	14	9	10	15
1	动－卧	瘫痪∨轻瘫	2	5						5
2		卧∨喜卧∨不起∨难站	7	5	5	5	5	5	5	5
3	动	不愿动∨不愿走∨无力难动	1		5					
4		步困难∨异常∨跛行	3		10				5	5
5		步失调∨踽踽∨不稳∨倒地∨晃	2				5			5
6		独自奔跑	1				15			
7		强直∨抽∨痉挛	2				5	5		
8	运－关节	炎肿痛	1			10				
9	运－后肢	失足∨发软∨麻痹	1							5
10	运－四肢	强直∨抽	1		5					
11	运－肢	1 肢病	1						5	
12	鼻涕	沫	1				10			
13		脓性∨脓血痂	1						5	
14	腹膜	炎	1					15		
15	腹痛	弓背∨伸腰∨空腹∨刨地∨起卧	2			5	5			
16	腹围	大（膨）	1			5				
17		大∨肚胀∨腹胀∨增大	3		5	5	5			

续 47-1 组

序	类	症 状	统	2 羊副结核病	3 破伤风	9 大肠杆菌病	18 羊肠毒血症	19 羊猝疽	27 羊传染性脓疱	37 梅迪维斯纳病
18		小∨卷缩	1	5						
19	呼-咳		1						5	
20	呼吸	喘	1			5				
21		难∨快∨促∨浅∨频数>20次/分	2			5				5
22		困难∧日重	1							5
23	精神	闭目∨沉郁∨昏迷∨神经症状	1				5			
24		离群呆立∨掉群	3				5	5		5
25		神经麻痹∨对称性麻痹	1							15
26		突然声响刺激痉挛∨倒地	1		25					
27		委靡不振∨不佳∨较差∨欠佳	2	5			5			
28		兴奋∨不安	1					5		
29	口	牙关紧闭	1		10					
30	口唇	震颤	1							5
31	口-咀嚼	困难∨障碍	1						10	
32	口流涎	带泡沫∨血	2		5		5			
33	口膜	异常	1						5	
34	口-磨牙		2				5	5		
35	毛	脱毛∨易脱∨粗乱无光∨逆立	1	5						
36	皮	经伤感染∨脓疱∨损伤∨溃疡	2		5				5	
37	身	渐瘦∨体重↓∨日渐消瘦	1	5						
38		衰弱∨虚弱	4			5	5	5		5
39		卧地∨卧地不起∨横卧不起∨长卧	2		5		5			
40		消瘦∨瘦弱∨营养不良∨障碍	5	5		5	5	5	5	5
41		震颤∨颤抖∨痉挛	2				5	5		
42	蹄	水疱∨脓疱∨溃疡∨坏死	1						5	
43	头	高举∨后仰∨高仰∨抬起∨角弓反张	2		10		10			
44	头颈	弯一侧∨歪斜∨偏向一侧	1							5
45	尾	直	1		15					
46	温-体温	38.5℃~40℃-正常∨不高∨40℃~41℃略高	4			5	5			5
47		41℃~43℃升高∨发热	1			5				

续 47-1 组

序	类	症 状	统	2 羊副结核病	3 破伤风	9 大肠杆菌病	18 羊肠毒血症	19 羊猝阻	27 羊传染性脓疱	37 梅迪维斯纳病
48	消-肠	肠炎-溃疡性	1					15		
49		膨胀轻度	1		5					
50	消-粪	腹泻∨稀水∨软∨稀粥	4	5		5	5	5		
51		含:黏脓∨黏液∨血∨混血∨泡	2	5		5				
52	消-粪	失禁∨里急后重∨腥恶臭	2	10		10				
53	眼	震颤-眼球	1							5
54	眼球	凹∨眼凹	1	10						
55	眼视力	弱∨障碍∨失明	1			5				

47-2 组 卧∨瘫痪(其他病)

序	类	症 状	统	43 脑多头蚴病	44 棘球蚴病	46 绦虫病	49 羊脑脊髓丝虫	54 梨形虫病	60 羊肠弛缓	61 前胃积食	63 瘤胃阻塞	67 瓣胃阻塞	68 绵羊肠扭转	胃肠炎
		ZPDS	25	5		26	13	18	15	18	18	27	27	
1	动-卧	瘫痪∨轻瘫	2		5					5				
2		卧∨喜卧∨不起∨难站	9	5		5	10	5	5	5	5	5	5	
3		致褥疮	1			10								
4	动	呆立不动	1									10		
5		步困难	1			15								
6		步失调失衡∨蹒跚∨不稳∨倒地∨晃	3	5		10					5			
7		回旋运动∨前冲∨后退∨站失衡	1	5										
8		急起急卧∨强迫运动∨前冲后撞	1									10		
9		盲目运动	1	15										
10		强直∨抽搐∨痉挛∨转圈∨旋转	2	5	5									
11		卧起立困难∨震颤	1		5									
12		兴奋∨骚乱	1			10								
13	运-后肢	1~2侧无力	1			10								
14		麻痹	2	5		10								
15	运-四肢	僵∨僵硬	1				5							
16	运-肢	呈犬坐姿势	1			10								

续 47-2 组

序	类	症状	统	43 脑多头蚴病	44 棘球蚴病	46 绦虫病	49 羊脑脊髓丝虫	54 梨形虫病	60 前胃弛缓	61 瘤胃积食	63 瓣胃阻塞	67 绵羊肠扭转	68 胃肠炎
17		发凉	1										10
18	运—肢	后肢弹腹	1									10	
19		麻痹	1	5									
20	嗳气	不断	1							5			
21		停止	2						10	10			
22	鼻	发凉	1										10
23	鼻声	鼾声	1					10					
24	腹	叩之如鼓	1									10	
25	腹壁	触诊敏感拒按	1									15	
26	腹部	左侧轻度膨大	1							5			
27	腹痛	弓背∨伸腰∨望腹∨刨地∨起卧	4			10				5		5	5
28		摇尾∨哞叫	1							5			
29		重剧∨镇痛药无效	1									15	
30	腹围	大∨肚胀∨腹胀∨增大	5			5			5	5	5	5	
31		小∨卷缩	1										10
32	呼—咳	咳后卧地∨不愿起立	1		15								
33		明显	1		5								
34	呼吸	60次/分以上∨微弱	1									10	
35		快∨促∨浅∨频数>20次/分	5	5				5		5	5	5	
36	肌肉	震颤∨痉挛∨颤抖	1			5							
37	叫	呻吟	2					10		10			
38	精神	沉郁∨抑郁	6			5		5	5	5			5
39		烦躁不安—因啃咬擦痒	1									5	
40		反应弱∨无	1			15							
41		昏睡∨昏迷	1										5
42		惊恐—对声∨离群∨痉挛抽搐	1	5									
43		前行遇障抵物呆立	1	5									
44		神经症状	2			5							
45		委靡不振∨不佳∨委顿	7			5		5	5	5	5	5	5
46		兴奋∨不安∨遇障停∨直走倒	1									5	
47	口	干	1										10
48		经常做咀嚼动作	1			5							

续 47-2 组

序	类	症状	统	43 脑多头蚴病	44 棘球蚴病	46 绦虫病	49 羊脑脊髓丝虫	54 梨形虫病	60 前胃弛缓	61 瘤胃积食	63 瓣胃阻塞	67 绵羊肠扭转	68 胃肠炎
49		口臭	1										5
50	口唇	翘唇∨沾白色泡沫-少量	1								10		
51	口-咀嚼	空嚼	1				10						
52	口流涎	带泡沫∨血∨口周泡沫	1			5							
53	口-舌	苔黄厚∨薄白	1										10
54	淋巴结	体表∨肩前淋肿大触痛	1					5					
55	毛	脱毛∨易脱∨粗乱无光∨逆立	3		5	5			5				
56	尿-量	少	1										10
57		失禁	1	15									
58	尿-色	色浓	1										10
59		血尿	1					5					
60	皮	弹性降低	1										10
61		有蜱	1					35					
62	贫血	水肿	1				5						
63	身	蹲踞	1								10		
64		恶病质	1										5
65		渐瘦∨体重↓∨日渐消瘦	4	5		5		5					5
66		倦怠乏力∨衰弱∨虚弱	3	5					5		5		
67		卧地∨卧地不起∨横卧不起∨长卧	1	5									
68		消瘦∨瘦弱∨营养不良∨障碍	5	5	5	5		5					5
69	身-肷	两肷内吸	1								10		
70	身-肷窝	略平∨稍凸∨触诊硬实	1						5				
71	身-腰背	弓背∨伸腰	1								10		
72	身-腰	后躯运动障碍	1				10						
73	食-采食	停止	1						5				
74	食-饮欲	增加∨渴	1		5								
75	食欲	减退∨不振	6	5				5	5		5		5
76		无∨拒废∨厌食∨废绝	5	5				5	5				5
77	蹄	踢蹄骚动	1								10		
78	头	摆头	1								10		
79		高举∨后仰∨高仰∨抬起	3	10		10			10				

续47-2组

序	类	症 状	统	43 脑多头蚴病	44 棘球蚴病	46 绦虫病	49 羊脑脊髓丝虫	54 梨形虫病	60 前胃弛缓	61 瘤胃积食	63 瓣胃阻塞	67 绵羊肠扭转	68 胃肠炎
80		高举蜥在脑后部	1	5									
81		后仰∨仰头倒地	1				5						
82		回头顾腹	1									10	
83		角弓反张	1			10							
84	头颈	肌肉强直∨痉挛	1				10						
85	头-下垂	蚴在脑正前部	1	5									
86	尾	时而摇尾,不排粪尿	1									15	
87	胃-瓣胃	触硬∨蠕动消失	1								40		
88		小叶发炎∨坏死	1								5		
89		阻塞因胃力弱聚瓣叶间变干	1								15		
90	胃-瘤胃	触:硬	1							40			
91		腹听诊瘤胃蠕动音强∨弱	2							5	10		
92		臌胀∨积食	1							5			
93		柔软	1						15				
94	温-热型	稽留热(含数日)	1					5					
95	温-体温	38.5℃~40℃-正常∨不高	3					5			5	5	
96		40℃~41℃微热∨微升∨略高	4	5				5			5	5	
97		41℃~43℃升高∨发热	6	5				5			5	5	
98	消-肠	变位不能复位必死	1									10	
99	消-反刍	少∨慢	1						5				
100		无∨停	2						5	5			
101	消-粪	便秘∨干	3			5		5			5		
102		不排便	1								15		
103		带虫节片	1			15							
104		腹泻∨稀水∨软∨稀粥	4			5		5	5				5
105		含:坏死脱落物	1										15
106		含:黏脓∨黏液∨血∨混血	1										5
107	消-粪味	腥臭∨腥恶臭∨恶臭	1										15
108	消-肛	肛挂虫	1			40							
109	眼球	凹∨眼凹	1									10	
110		上旋	1				10						
111	眼视力	弱∨障碍∨失明	1	5									

250

续 47-2 组

序	类	症 状	统	43 脑多头蚴病	44 棘球蚴病	46 绦虫病	49 羊脑脊髓丝虫	54 梨形虫病	60 前胃弛缓	61 瘤胃积食	63 瓣胃阻塞	67 绵羊肠扭转	68 胃肠炎
112	黏∨膜色	发绀	1						5				
113	诊－触诊	肩关节水平线上下现痛苦	1								5		
114		右第7～9肋间现痛苦	1								5		
115		不排粪＋瓣胃大∧痛∧硬	1								35		

二、羊病剖检表

见表 2-1。

表 2-1 羊病剖检表

序	病 名	病理变化
1	羊炭疽	如果智能卡诊断为炭疽的羊，严禁解剖。外观可见尸体迅速腐败而极度臌胀，天然孔流血，血液呈酱油色的煤焦油样，凝固不良。可视黏膜发绀或有点状出血，尸僵不全。
2	羊副结核病	尸体常极度消瘦。多数病例病变局限于消化道。剖检时可见空肠、回肠和结肠的肠黏膜整个或局部肿胀增厚，形成皱褶，形似脑回样，呈黄白色或灰白色。皱襞凸起充血，覆有浑浊黏液。相应的肠系膜高度肿胀，皱胃和直肠也出现明显的水肿变化。有的心肌发软、色淡，心内膜有条状出血斑。肺脏有出血点，局部气肿。
5	山羊伪结核病	尸体消瘦，被毛粗乱、干燥，体表淋巴结肿大，内含干酪样坏死物。在肺脏、肝脏、脾脏、肾脏和子宫角等处有大小不一、数量不等的脓肿。
6	羊土杆菌病	剖检尸体可见表面寄生许多蜱，组织贫血明显，在皮下和浆膜下分布着许多出血点，在蜱侵袭部位及其附近尤为明显。淋巴结肿大，有坏死和化脓灶。肝脏、脾脏可能肿大。在一些病羔中，肺脏的尖叶与心叶可能有肺炎病变。

续表 2-1

序	病　名	病理变化
7	羊放线菌病	在受害器官的个别部分,有扁豆粒至豌豆粒大的结节样生成物,这些小结节聚集而形成大结节,最后变为脓肿。脓肿中含有乳黄色脓液。这种肿胀是化脓性微生物增殖的结果。当细菌侵入骨骼(颌骨、鼻甲骨、腭骨等)时,逐渐增大,状似蜂窝,这是由于骨质稀疏和再生性增生的结果。切面常呈白色、光滑,其中镶有细小脓肿。也可发现有瘘管通过皮肤或引流至口腔。在口腔黏膜上有时可见溃烂,呈蘑菇状,圆形,质地柔软,呈褐黄色。病程长的病例,肿块有钙化的可能。
8	李氏杆菌病	剖检一般没有特殊的肉眼可见病变。有神经症状的病羊,脑及脑膜充血、水肿,脑脊液增多、稍浑浊,脑部有化脓性坏死灶。流产羊都有胎盘炎,表现子叶水肿、坏死,血液和组织中单核细胞增多。
9	大肠杆菌病	死于败血型病羊,剖检胸、腹腔和心包,可见大量积液,内有纤维素样物质;关节肿大,内含浑浊液体或脓性絮片;脑膜充血,有许多小出血点。死于下痢型病羊主要为急性胃肠炎变化,胃内乳凝块发酵,肠黏膜充血、水肿和出血,肠内混有血液和气泡,肠系膜淋巴结肿胀,切面多汁或充血。
10	钩端螺旋体病	剖检尸体消瘦,皮肤有干裂性坏死性病灶,口腔黏膜有溃疡,黏膜有不同程度的黄染,皮下胶样浸润和出血,肠黏膜和浆膜有大量出血,胸腔、腹腔有黄色渗出液。肺脏、心脏、肾脏和脾脏等实质器官有出血斑点。肝脏肿大、松软,呈黄色或色调不均匀,质地脆弱。肾脏肿大,皮质有散在的灰白色病灶。肠系膜淋巴结肿大、出血。
11	绵羊巴氏杆菌病	一般在皮下有液体浸润和小点状出血。心包和胸腔内有渗出液和纤维素凝块。肺脏膨大、水肿,呈紫红色,一般在前腹侧区有显著实变。病程长的绵羊,病理变化界限更为明显,呈暗红色,胸膜粘连。有的肺部还见有黄豆大至胡桃大的化脓灶。其他脏器水肿和淤血,间有小点状出血。脾脏不肿大,肝脏有坏死灶。
12	肉毒梭菌中毒	病尸剖检一般无特异性变化,有时在胃内发现骨片、木、石等物,说明生前有异食癖。咽喉和会厌软骨有灰黄色被覆物,其下有出血点,胃肠黏膜可能有卡他性炎症和小点状出血,心内、外膜也可能有小点状出血,脑膜可能充血,肺可能发生充血和水肿。

续表 2-1

序	病 名	病理变化
13	布氏杆菌病	剖检常见的病变是胎衣部分或全部呈黄色胶样浸润,其中有部分覆有纤维蛋白和脓液,胎衣增厚并有出血点。流产胎儿主要为败血症病变,浆膜和黏膜有出血点、出血斑,皮下和肌肉间发生浆液性浸润,脾脏和淋巴结肿大,肝脏中出现坏死灶。公羊可发生化脓性坏死性睾丸炎和附睾炎,初期睾丸肿大,后期萎缩。
14	羊沙门氏菌病	下痢型病羊尸体消瘦,后躯常被稀粪污染,组织脱水。皱胃和小肠空虚,内容物稀薄,常含有血块。肠黏膜充血,肠系膜淋巴结肿大,心内外膜有小出血点。流产、死产的胎儿或生后1周内死亡的羔羊,呈败血症病变,组织水肿、充血,肝脏、脾脏肿大,有灰色病灶,胎盘水肿、出血。
15	羊弯杆菌病	病理剖检可见流产胎儿腹部皮下组织呈红色水肿,胸腹腔内有多量深红色液体。胃内有多量淡红色的胶状物。肝脏稍肿大,一般重170~200克,可见肝脏表面有1~5分硬币样圆形溃疡,少数病例可浸沥血斑。肾脏呈深红色,一般重10~12.1克。淋巴结稍肿大,偶见心冠部斑状出血。肺脏稍肿大,有的可见斑状淤血。病死羊可见子宫炎、子宫蓄脓和腹膜炎。
16	羊链球菌病	病理变化主要以败血性变化为主,尸僵不显著或者不明显。淋巴结出血、肿大,鼻、咽喉、气管黏膜出血,肺脏水肿、气肿,肺实质出血、肝变,呈大叶性肺炎症状,有时可见有坏死灶。大网膜、肠系膜有出血点。胃肠黏膜肿胀,有的部分脱落。皱胃出血,内容物变稀。瓣胃内容物干如石灰,幽门出血和充血。肠管充满气体,十二指肠内容物变为橙黄色。肺脏常与胸壁粘连。肝脏肿大,表面有少量出血点。胆囊肿大2~4倍,胆汁外渗。肾脏质地变脆、变软,肿胀、梗死,被膜不易剥离。膀胱内膜出血。各脏器浆膜面常覆有黏稠、丝状的纤维素样物质。
17	羊快疫	病死羊尸体迅速腐败、膨胀。剖检可视黏膜充血,呈暗紫色。体腔多有积液。特征性表现为皱胃出血性炎症,胃底部和幽门部黏膜可见大小不等的出血斑点和坏死区,黏膜下发生水肿。肠管内充满气体,常有充血、出血、坏死或溃疡。心内、外膜可见点状出血。胆囊多肿胀。

续表 2-1

序	病 名	病理变化
18	羊肠毒血症	胸腔、腹腔和心包积液。心脏扩张,心肌松软,心内外膜有出血点。肺脏呈紫红色,切面有血液流出。肝脏肿大,呈灰褐色半熟状,质地脆弱,被膜下有点状或带状溢血。胆囊肿大。特征性变化在肠管,尤其是小肠和十二指肠,黏膜充血、出血。重病者整个肠管壁呈血红色,或有溃疡,故有血肠子病之称。幼龄羊一侧或两侧肾脏软化如稀泥样。皮下组织血管扩张充血,血液凝固不良并含有气泡。全身淋巴结肿大,呈急性淋巴结炎症状,切面湿润,髓质部分呈黑褐色。
19	羊猝狙	十二指肠和空肠黏膜严重充血、糜烂,个别区段可见大小不等的溃疡灶,浆膜上有出血点。体腔多有积液,暴露于空气中易形成纤维素凝块。浆膜上有小点出血。病羊刚死时骨骼肌表现正常,死后 8 小时骨骼肌肌间积聚有血样液体,肌肉出血,有气性裂孔。
20	羔羊痢疾	尸体严重脱水,尾部污染有稀粪。最显著的变化在消化道。皱胃内有未消化的乳凝块;小肠尤其回肠黏膜充血发红,常可见直径 1~2 毫米的溃疡病灶,溃疡病灶周围有一充血、出血带环绕。肠系膜淋巴结肿胀充血,间或出血;心包积液,心内膜可见有出血点;肺脏常有充血区或出血斑。
21	羊黑疫	病羊尸体皮下静脉淤血,使羊皮呈暗黑色外观(黑疫之名由此而来)。皱胃幽门部、小肠黏膜充血、出血。肝脏表面和深层有数目不等的凝固性坏死灶,呈灰黑色不整圆形,周围有一鲜红色充血带围绕,坏死灶直径达 2~3 厘米,切面呈半月形。羊黑疫肝脏的这种坏死变化,具有重要诊断意义(这种病变与未成熟肝片吸虫通过肝脏时所造成的病变不同,后者为黄绿色、弯曲似虫样的带状病痕)。体腔多有积液,心内膜常见出血点。

续表 2-1

序	病 名	病理变化
22	羊衣原体病	1. 流产型　流产母羊胎膜水肿、增厚，子叶呈黑红色或土黄色，胎膜周围的渗出物呈棕色。流产胎儿水肿，皮肤、皮下组织、胸腺和淋巴结等处有点状出血。肝脏充血、肿胀，表面可能有针尖大小的灰白色病灶。组织病理学检查，可见胎儿肝脏、肺脏、肾脏、心肌和骨骼肌血管周围网状内皮细胞增生。 2. 关节炎型　关节囊扩张，发生纤维素性滑膜炎。关节囊内积聚有炎性渗出物，滑膜附有疏松的纤维素性絮片。患病数周的关节滑膜层由于绒毛样增生而变得粗糙。 3. 结膜炎型　结膜充血、水肿。角膜发生水肿、糜烂和溃疡。瞬膜、眼结膜可见大小不等的淋巴样滤泡，组织病理学检查，可发现滤泡内淋巴细胞增生。
23	羔羊支原体病	病羔精神沉郁，吮乳减少或废绝，后肢软弱甚至不能站立，少数病羔腕关节明显肿大，体温一般正常，少数可升高至41℃，发病后2～3天因极度衰弱而死亡。部分死亡病羔死前有头颈伸直、后仰、呻吟等表现，死亡率可达67.7%。死后剖检可见肺尖叶、心叶有实变区，心脏、肝脏、肾脏有不同程度的变性。
24	真菌肺炎	病变主要位于肺脏，呈弥漫性肺炎和结节性肺炎。前者常为支气管肺炎或纤维素性肺炎，眼观肺脏有大小不一的实变区；镜检时，在支气管内及肺泡腔中积聚大量的黏液、纤维素、炎性细胞及菌丝；病灶周围的肺组织常发生坏死和渗出变化。后者可分为急性和慢性两种。急性结节性肺炎时，肺部可见针头、小米粒至豌豆粒大的黄色结节，质地实在，切面呈层状，中心为干酪样坏死，周围有上皮样细胞和多核巨细胞分布，再外层为结缔组织包裹，其中有淋巴细胞、巨噬细胞和中性粒细胞。真菌染色时，在结节内可见菌丝。 鼻腔黏膜和其他器官偶尔可见肉芽肿结节。

续表 2-1

序	病　名	病理变化
27	羊传染性脓疱病	本病在临床上一般分为唇型、蹄型和外阴型3种类型，也可见混合型感染病例。 　　1. 唇型　病羊首先在口角、上唇或鼻镜上出现散在的小红斑，逐渐变为丘疹和小结节，继而成为水疱或脓疱，破溃后结成黄色或棕色的疣状硬痂。如为良性经过，则经1～2周痂皮干燥、脱落而康复。严重病例患部继续发生丘疹、水疱、脓疱、痂垢，并互相融合，波及整个口唇周围、眼睑和耳廓等部位，形成大面积龟裂且易出血的污秽痂垢，痂垢下伴有肉芽组织增生，痂垢不断增厚，整个嘴唇肿大外翻呈桑葚状隆起，影响采食，病羊日趋衰弱。部分病例常伴有坏死杆菌、化脓性病原菌的继发感染，引起深部组织化脓和坏死，致使病情恶化。有些病例口腔黏膜也发生水疱、脓疱和糜烂，使病羊采食、咀嚼和吞咽困难，个别病羊可因继发肺炎而死亡。 　　2. 蹄型　主要侵害绵羊，病羊多见一肢患病，但也可能同时或相继侵害多数甚至全部蹄端。通常于蹄叉、蹄冠或系部皮肤上形成水疱、脓疱，破裂后则成为由脓液覆盖的溃疡。如继发感染则发生化脓、坏死，常波及基部、蹄骨，甚至肌腱或关节。病羊跛行，长期卧地，病情缠绵。也可能在肺脏、肝脏以及乳房中发生转移性病灶，严重者因衰竭或败血症死亡。 　　3. 外阴型　这类病例较为少见。病羊阴道有黏液性或脓性分泌物，在肿胀的阴唇及附近皮肤上发生溃疡；乳房和乳头皮肤（多系病羔吸吮时传染）上发生脓疱、烂斑和痂垢；公羊则表现为阴囊鞘肿胀，出现脓疱和溃疡。
28	口蹄疫	病死羊除见口腔、蹄部和乳房部等处出现水疱、烂斑外，严重病例咽喉、气管、支气管和前胃黏膜有时也有烂斑和溃疡形成。前胃和肠道黏膜可见出血性炎症。心包膜有散在性出血点。心肌松软，似煮熟状，切面呈灰白色或淡黄色的斑点或条纹，似老虎身上的斑纹，称为"虎斑心"。
29	狂犬病	尸体常无特异性变化。病尸消瘦，一般有咬伤、裂伤，口腔黏膜、咽喉黏膜充血、糜烂。组织学检查有非化脓性脑炎，可在神经细胞的胞质内检出嗜酸性包涵体。
31	绵羊痘	尸检前胃和皱胃黏膜往往有大小不等的圆形或半球形坚实结节，单个或融合存在，严重者形成糜烂或溃疡。咽喉部、支气管黏膜也常有痘疹，肺部则见干酪样结节以及卡他性肺炎区。

续表 2-1

序	病 名	病理变化
33	蓝舌病	病死羊各脏器和淋巴结充血、水肿和出血；颌下、颈部皮下胶样浸润；口腔黏膜糜烂并有深红色区，口唇、舌、齿龈、硬腭和颊部黏膜水肿、出血；呼吸道、消化道、泌尿系统黏膜以及心肌、心内外膜可见有出血点。严重病例，消化道黏膜常发生坏死和溃疡，蹄冠等部位上皮脱落但不发生水疱，蹄叶发炎并形成溃烂。
34	山羊病毒性关节炎—脑炎	主要病变见于中枢神经系统、四肢关节、肺脏，其次是乳腺和肾脏。 1. 中枢神经　主要发生于小脑和脊髓的灰质，在前庭核部位将小脑与延髓横断，可见一侧脑白质有一棕色区。镜检见血管周围有淋巴样细胞、单核细胞和网状纤维增生，形成套管，套管周围有星状胶质细胞和少突胶质细胞增生包围，神经纤维有不同程度的脱髓鞘变化。 2. 肺脏　轻度肿大，质地硬，呈灰色，表面散在灰白色小点，切面有大叶性或斑块状实变区。支气管淋巴结和纵隔淋巴结肿大，支气管空虚或充满浆液和黏液。镜检见细支气管和血管周围有淋巴细胞、单核细胞或巨噬细胞浸润，甚至形成淋巴小结。肺泡上皮增生，肺泡隔肥厚。小叶间结缔组织增生，邻近细胞萎缩或纤维化。 3. 关节　关节周围软组织肿胀波动，皮下浆液渗出。关节囊肥厚，滑膜常与关节软骨粘连。关节腔扩张，充满黄色或粉红色液体，其中悬浮纤维蛋白条索或血凝块。滑膜表面光滑或有结节状增生物，透过滑膜可见到组织中的钙化斑。镜检见滑膜绒毛增生折叠，淋巴细胞、浆细胞和单核细胞灶状聚集，严重者发生纤维蛋白性坏死。 4. 乳腺　发生乳腺炎的病例，镜检可见血管、乳导管周围和腺叶间有大量淋巴细胞、单核细胞和巨噬细胞渗出，继而出现大量浆细胞，间质常发生灶状坏死。 5. 肾脏　少数病例肾表面有直径 1～2 毫米的灰白色小点，镜检见广泛性的肾小球肾炎。

续表 2-1

序	病　名	病理变化
35	绵羊痒病	病死羊尸体剖检,除见尸体消瘦、被毛脱落以及皮肤损伤外,常无肉眼可见的病理变化。病理组织学检查,突出的变化是中枢神经系统的海绵样变性。自然感染的病羊,以中枢神经系统神经元的空泡变性和星状胶质细胞肥大增生为特征,病变通常是非炎症性的,且两侧对称。大量的神经元发生空泡化,胞质内出现1个或多个空泡,呈圆形或卵圆形,界限明显,胞核常被挤压于一侧甚至消失。神经元空泡化主要见于延髓、脑桥、中脑和脊髓。星状细胞肥大增生呈弥漫性或局灶性,多见于脑干的灰质和小脑皮质内。大脑皮质常无明显的变化。
36	绵羊肺腺瘤病	病羊死后的病理变化主要局限于肺部和胸部。早期病羊肺尖叶、心叶、膈叶前缘等部位出现弥散性小结节,质地硬,稍突出于肺表面,切面可见颗粒状凸起物,反光性强。随着疾病的进展,肺脏出现大量肿瘤组织构成的结节,呈小米粒至枣子大小。有时一个肺叶的结节增生、融合而形成较大的肿块。继发感染时则形成大小不一的脓肿。患区胸膜增厚,常与胸壁、心包膜粘连。支气管淋巴结、纵隔淋巴结增大,也形成肿块。体腔内常积聚少量的渗出液。病理组织学检查,肿瘤是由支气管上皮细胞所组成,除见有简单的腺瘤状构造外,还可见到乳头状瘤构造。新增生的细胞呈立方形,胞质丰富、淡染,核丰富、呈圆形或卵圆形,有的无绒毛结构。排列紧密的上皮细胞由于异常增生而向肺泡腔和细支气管内延伸,形如乳头状或手指状,逐渐取代正常的肺泡腔。在肺腺瘤病灶之间的肺泡内有大量的巨噬细胞浸润。这些细胞常被腺瘤上皮分泌的黏液连在一起,形成细胞团块。支气管淋巴结、纵隔淋巴结失去正常结构,形成类似肺内腺瘤状的构造。

续表 2-1

序	病 名	病理变化
37	梅迪—维斯纳病	1. 梅迪病　病理变化主要见于肺脏及周围淋巴结。病肺体积和重量均增大 2～4 倍，呈淡灰黄色或暗红色，触之有橡皮样感觉。肺脏组织致密，质地如肌肉，以膈叶的变化最为严重，心叶、尖叶次之。仔细观察，在胸膜下散在许多针尖大小、半透明、暗灰白色的小点。肺小叶间质明显增宽。呈暗灰色细网状花纹，在网眼中显出针尖大小的暗灰色小点。病肺切面干燥，如滴加 50%～98%醋酸溶液，很快会出现针尖大小的小结节。支气管淋巴结肿大，平均重量可达 40 克(正常为 10～15 克)，切面均质发白。病理组织学变化主要为慢性间质性肺炎，肺泡间隔增厚，淋巴样组织增生。在细支气管、血管和肺泡周围出现弥漫性淋巴细胞、单核细胞以及巨噬细胞的浸润。微小的细支气管上皮、肺泡间隔平滑肌、血管平滑肌上皮增生。 2. 维斯纳病　维斯纳病的眼观病变不显著。病理组织学变化主要表现为弥漫性脑膜脑炎，脑膜和血管周围淋巴细胞与小胶质细胞增生、浸润并出现血管套现象。大脑、小脑、脑桥、延髓和脊髓白质内出现弥漫性脱髓鞘现象，在脑膜附近形成脱髓鞘腔。
38	肝片吸虫病	剖检时，病理变化主要呈现在肝脏，其变化程度与感染虫体的数量及病程长短有关。在大量感染、急性死亡的病例中，可见急性肝炎和大出血后的贫血现象。肝脏肿大，包膜有纤维素沉积，有 2～5 毫米长的暗红色虫道，虫道内有凝固的血液和少量幼虫。腹腔中有血红色的液体，有腹膜炎病变。 　　慢性病例主要呈现慢性增生性肝炎。在肝组织被破坏的部位出现淡白色索状瘢痕，肝实质萎缩、褪色、变硬，边缘钝圆，小叶间结缔组织增生。胆管肥厚、扩张呈绳索样突出于肝表面；胆管内有磷酸钙和磷酸镁等盐类沉积，使内膜粗糙，刀切时有"沙沙"声。胆管内有虫体和污浊、稠厚的液体。病尸出现消瘦、贫血和水肿现象。胸膜腔和心包内蓄积有透明的液体。
39	双腔吸虫病	肝脏肿大变硬。胆管扩张，管壁增厚，周围结缔组织增生。挤压切开的肝脏断面，常见从大、小胆管内流出多量黄白色脓性物质，内含有大量不同发育阶段的虫体和虫卵。胆囊肿大，在胆汁内也混有大量不同发育阶段的虫体和虫卵。

续表 2-1

序	病 名	病理变化
40	阔盘吸虫病	尸体消瘦,胰腺肿大,胰管因高度扩张而呈黑色蚯蚓状,突出于胰脏表面。胰管发炎肥厚,管腔黏膜不平,呈乳头状小结节样凸起,并有点状出血,内含大量虫体。慢性感染则因结缔组织增生而导致整个胰脏硬化、萎缩,胰管内仍有数量不等的虫体寄生。
41	前后盘吸虫病	可见尸体消瘦,黏膜苍白,唇和鼻镜上有浅在溃疡。腹腔内有红色液体,有时在液体内还可发现幼小虫体。皱胃幽门部、小肠黏膜有卡他性炎症,黏膜下可发现幼小虫体,肠内充满腥臭的稀便。胆管、胆囊膨胀,内有幼虫。成虫寄生部位损害轻微,常可在瘤胃壁的胃绒毛之间吸附有大量成虫。
42	血吸虫病	剖检可见尸体明显消瘦、贫血和出现大量腹水;肠系膜、大网膜,甚至胃肠壁浆膜层出现显著的胶样浸润;肠黏膜有出血点、坏死灶、溃疡、肥厚或瘢痕组织;肠系膜淋巴结和脾变性、坏死;肠系膜静脉内有成虫寄生;肝脏病初肿大,后期萎缩、硬化;在肝脏和肠管处有数量不等的灰白色虫卵结节;心脏、肾脏、胰脏、脾脏、胃等器官有时也可发现虫卵结节存在。
43	脑多头蚴病	急性死亡的羊见有脑膜炎和脑炎病变,还可见到六钩蚴在脑膜中移行时留下的弯曲伤痕。慢性期病例则可在脑或脊髓的不同部位发现 1 个或数个大小不等的囊状多头蚴。在病变或虫体相接的颅骨处,骨质松软、变薄甚至穿孔,致使皮肤向表面隆起;病灶周围脑组织或较远部位发炎,有时可见萎缩变性或钙化的多头蚴。
44	棘球蚴病	剖检病变主要见于虫体经常寄生的肝脏和肺脏,其表面凹凸不平,重量增大,有数量不等的棘球蚴囊泡凸起,肝脏、肺脏实质中存在有数量不等、大小不一的棘球蚴包囊,囊内含有大量液体,除不育囊外,囊液沉淀后,即可见大量的包囊砂。有时棘球蚴发生钙化和化脓。此外,在脾脏、肾脏、脑、脊椎管、肌肉和皮下,偶尔可见棘球蚴寄生。

续表 2-1

序	病 名	病理变化
45	细颈囊尾蚴病	慢性病例可见肝脏浆膜、肠系膜、网膜上具有数量不等、大小不一的虫体泡囊,严重时还可在肺脏和胸腔处发现虫体。急性病程可见急性肝炎和腹膜炎,肝脏肿大,表面有出血点,肝实质中有虫体移行的虫道,有时出现腹水并混有渗出的血液,病变部有尚在移行发育中的幼虫。
46	绦虫病	尸体消瘦、贫血。剖检死羊,可在小肠中发现数量不等的虫体,其寄生处有卡他性炎症,有时可见肠壁扩张、肠套叠乃至肠破裂;肠系膜、肠黏膜、肾脏、脾脏甚至肝脏发生增生性变性过程;肠黏膜、心内膜和心包膜有明显的出血点;脑内可见出血性浸润和出血;腹腔和颅腔有渗出液。
47	消化道线虫病	剖检可见消化道各部有数量不等的相应线虫寄生。尸体消瘦、贫血,内脏显著苍白,胸、腹腔内有淡黄色渗出液,大网膜、肠系膜胶样浸润,肝脏、脾脏出现不同程度的萎缩、变性。皱胃黏膜水肿,有时可见虫咬的痕迹和针尖大至小米粒大的结节。小肠和盲肠黏膜有卡他性炎症,大肠可见到黄色小点状结节或化脓性结节,以及肠壁上遗留下的一些瘢痕性斑点。当大肠上的虫卵结节向腹膜面破溃时,可引发腹膜炎和多发性粘连;向肠腔内破溃时,则可引起溃疡性和化脓性肠炎。
48	肺线虫病	剖检病变主要表现在肺部,可见有不同程度的肺膨胀不全和肺气肿,肺脏表面隆起,呈灰白色,触摸时有坚硬感;支气管中有黏性或脓性混有血丝的分泌物团块;气管、支气管和细支气管内可发现数量不等的大、小肺线虫。尸体消瘦,贫血。
49	脑脊髓丝虫病	脑脊髓的硬膜和蛛网膜有浆液性、纤维素性炎症和胶样浸润病灶及出血灶。脑脊髓实质的病变主要发生在白质区,可引起大小不等的空洞、出血和化脓灶,并可发现虫体。
54	梨形虫病	死于巴贝斯虫病的羊尸,可视黏膜和皮下组织充血、黄染,心内、外膜有出血点。肝脏、脾脏肿大,表面也有出血点。胆囊肿大2～3倍,充满胆汁。网胃常塞满干硬物质。尿液呈红色。 死于泰勒虫病的羊尸,外观消瘦,贫血。剖检变化主要以全身性出血,皱胃黏膜有溃疡斑,肝脏、脾脏、淋巴结高度肿胀为特征。肾脏呈黄褐色,表面有结节和小点出血。皱胃黏膜上有溃疡斑,肠黏膜上有少量出血点。

续表 2-1

序	病 名	病理变化
55	弓形虫病	病变主要表现在胎盘的特征性病变,即胎盘子叶肿胀,绒毛呈暗红色,有直径为 1~2 毫米的白色坏死灶。另外,中枢神经系统的非化脓性脑炎病变也比较常见。
56	球虫病	仅小肠有明显病变,肠黏膜上有淡白色、黄色圆形或卵圆形结节,大小如小米粒大至豌豆粒大。十二指肠和回肠有卡他性炎症,有点状或带状出血。尸体消瘦,后肢和尾根部常沾染有稀便。

说明:无剖检的疾病,请凭临床症状和辅检结果做出诊断

三、羊病辅检表

见表 2-2。

表 2-2 羊病辅检表

序	病 名	辅检送检材料
1	羊炭疽	如果智能卡诊断为炭疽病时,严禁解剖,可以电告本地兽医主管部门,等待处理
2	羊副结核病	生前做变态反应,或采血清送检;死后采取直肠刮取物或采粪(带黏液)送检
3	破伤风	必要时从创伤部位取材送检做细菌分离鉴定
4	羊坏死杆菌病	从病灶与健康组织交界处采病料,送检做涂片检菌
5	山羊伪结核病	生前采血做血清反应,死后采取特征性病灶送检做片检菌
6	羊土拉杆菌病	生前采血清做血清学反应死后采血、淋巴结、肝、脾涂片检菌
7	羊放线菌病	生前诊断容易
8	李氏杆菌病	剖检无特征病变。采血、肝、脾、脑、脑脊液做触片或涂片检菌
9	大肠杆菌病	采内脏组织、血做分离细菌检查和生化检查
10	钩端螺旋体病	生前采血清做血清学反应,死后采肾、肝涂片送检
11	绵羊巴氏杆菌病	采肺、脾、肝及胸腔液送检
12	肉毒梭菌中毒症	尸检无特殊病变。可以采饲料和胃肠内容物送检

续表 2-2

序	病 名	辅检送检材料
13	布氏杆菌病	生前采血做血清学反应,采流产胎儿胃液或阴道分泌物送检
14	羊沙门氏菌病	采死羊肠系膜淋巴结、脾涂片和心血、粪送检
15	羊弯杆菌病	采新鲜胎衣子叶、流产胎儿胃内容物送检
16	羊链球菌病	采血、脓汁、胸水、腹水和淋巴结、脾涂片送检
17	羊快疫	无菌采取病死羊脏器,同时做肝被膜涂片或其他脏器涂片送检
18	羊肠毒血症	采小肠内容物、肾、淋巴结送检,血、尿常规—血糖、尿糖升高
19	羊猝狙	采体腔液、脾送检
20	羔羊痢疾	生前采粪,死后采肝、脾涂片和小肠内容物送检
21	羊黑疫	采肝坏死病灶边缘与健康组织相接的肝组织送检
22	羊衣原体病	采肠及内容物、血、脾、肺及气管分泌物,采流产胎儿及流产物送检
23	羔羊支原体病	采急性病例肺、胸腔渗出液送检
24	真菌肺炎	采病羊肺等送检
25	腐蹄病	从蹄壳损害边缘采病料送检
26	传染性结膜角膜炎	采结膜囊分泌物、鼻液送检
27	羊传染性脓疱病	采血清做血清学反应,采集病变局部水疱液、水疱皮、脓疱皮以及深层痂皮送检
28	口蹄疫	采血清做血清学反应,采集病变局部水疱液、水疱皮,采病羊血(抗凝)、心肌等送检
29	狂犬病	尸检无特殊病变。采病羊、捕杀羊的大脑、小脑、唾液腺送检
30	伪狂犬病	采鼻咽洗液、患部水肿液送检;采肺、脾、淋巴结送检
31	绵羊痘	采丘疹、脓疱、痂皮、死羊内脏送检,采体温高时血送检
32	山羊痘	参照(三十一)绵羊痘
33	蓝舌病	生前采血清做血清学反应,死后采新鲜的淋巴结、脾、肝送检
34	山羊病毒性关节炎—脑炎	采关节液、乳、血送检;杀羊采脑髓、肺、关节送检

续表 2-2

序	病 名	辅检送检材料
35	绵羊痒病	无肉眼可见的尸检变化,确诊需要采中枢神经(脑)送检,做病理组织学检查
36	绵羊肺腺瘤病	生前采血做血清学反应,采羊肺的腺瘤组织及鼻腔分泌物(倒提后肢收集鼻液)送检
37	梅迪—维斯纳病	生前采血做血清学反应,采脑、脊髓、肺、唾液腺及鼻分泌物送检
38	肝片吸虫病	采粪送检,急性病采肝、胆送检
39	双腔吸虫病	采粪送检,胆囊找虫体
40	阔盘吸虫病	采粪送检
41	前后盘吸虫病	采粪送检
42	血吸虫病	采粪送检,刮肠黏膜送检(虫卵)
43	脑多头蚴病	有研究,生前做变态反应诊断的;采血清送检做血清学反应;珍贵羊对病羊做X线或超声波检查可确诊
44	棘球蚴病	生前做皮内变态反应,采血清做血清学反应;宰羊发现肝、肺等脏器有大小不等、数量不一的包囊。X线和超声波检查包囊可确诊
45	细颈囊尾蚴病	宰羊在肝等处见到大小不一的泡囊确诊
46	绦虫病	宰羊在小肠内发现2米多长的扁带子一样的虫体就是绦虫。平时可见肛门挂着虫体
47	消化道线虫病	采粪送检。宰羊在胃肠内容物内很容易发现像线头一样5~10厘米的虫体,用水洗一洗更容易发现
48	肺线虫病	采粪送检。宰羊在肺脏切几刀,可见线样虫体(10~30毫米)流出
49	脑脊髓丝虫病	送死羊头检脑中虫。生前诊断困难
50	疥螨病	刮病皮(显血为度)送检
51	痒螨病	刮病皮(显血为度)送检
52	蠕形螨病	送结节或脓疮检螨
53	羊鼻蝇蛆病	往鼻腔喷药可检到蝇蛆。死后剖检鼻腔可看到蝇蛆(比桑葚还大)

续表 2-2

序	病 名	辅检送检材料
54	梨形虫病	采抗凝血送检。做涂片,染色,在千倍显微镜下观察红细胞内的虫体
55	弓形虫病	送血涂片、眼房水、脑脊液、唾液检虫,送死羊的肝、肺、淋巴结检虫
56	球虫病	采粪送检。检球虫
57	口 炎	凭临床症状诊断
58	瘤胃酸中毒	采瘤胃液用石蕊试纸测胃酸,pH 值<6,可确诊。
59	食管阻塞	羊内科较少送检,多凭症状诊断
64	创伤网胃腹膜炎	同 60 食管阻塞。白细胞增数核左移
71	吸入性肺炎	同序 60 食管阻塞。白总↑,中性↑,嗜酸 20%,核左移
73	酮 病	同序 60 食管阻塞。送尿检硝普钠,检酮尿+
75	尿结石	同序 60 食管阻塞。送尿镜检;镜检尿见脓细胞∨血∨砂粒
78	有机磷中毒	同序 60 食管阻塞。室检胆碱酯酶活性降低

说明:①1～37 病为传染病,确诊时要辅检。采病料送检时,一要有临床初诊结论,二要尽快送给,越新鲜越好,三是途中病料应低温保存。②38～57 为寄生虫病,确诊时内寄生虫要采粪送检,或者宰杀后在寄生部位查虫;外寄生虫则刮病羊皮送检。③无辅检的病,凭症状诊断。

第三章　羊病防治

一、羊病预防

(一)羊有几类疾病？各有什么特点？

羊有传染病、寄生虫病和普通病三类疾病，特点如下。

传染病是由细菌、真菌、病毒引起。微生物在病羊体内生长繁殖产生毒素或致病因子，破坏机体使羊发病。如不及时防治常引起死亡。羊患传染病时微生物从体内排出，通过直接接触或间接接触传给其他羊，造成流行。寄生虫病是由寄生虫(蠕虫、蜘蛛、昆虫、单细胞原虫)引起。虫体损害器官组织，夺取营养和产生毒素，使羊消瘦、贫血、生产性能下降，严重的可导致死亡。寄生虫病也具有侵袭性，使多数羊发病。某些寄生虫需要中间宿主。寄生虫病造成的损失并不亚于传染病。普通病是指内科病、外科病、产科病。这类病是因饲养管理不当、营养代谢失调、误食毒物、机械损伤、异物刺激或温度、气压、光线等因素所致。普通病不具有传染性、侵袭性，多为零星散发，但是像误食毒草或毒物，也会大批发病，造成严重的经济损失。

预防为主是防治疫病的正确方针。应采取加强饲养管理、搞好环境卫生、开展防疫检疫、定期驱虫、预防中毒等综合防治措施。

(二)如何加强饲养管理？

1. 坚持自繁自养　选养良种公羊和母羊，自行繁殖，防止因引入新羊带进病原体。

2. 合理组织放牧　放牧是羊群获取营养的重要方式。合理组织和生长发育好坏与生产性能高低有着十分密切的关系。应依据草场情况,羊的品种、年龄、性别差异,分别编群放牧。应懂得和推行轮牧。

3. 适时补饲 羊的营养主要来自放牧,但草枯营养下降或放牧采食不足,必须补饲。特别对幼羊、妊娠母羊、哺乳母羊、种公羊补饲尤为重要。种公羊常采取舍饲方式,按标准喂养。

4. 妥善安排生产环节 环节是鉴定、剪毛、梳绒、配种、产羔、育羔、羊羔断奶和分群。各环节应尽量在较短时间内完成,以增加有效放牧时间;如果影响放牧,要及时适当补饲。

5. 推广棚室养殖 我国属于典型大陆型季风气候,冬季寒冷,特别是北方地区,冬季严寒时间较长,常发生冬瘦春死现象。近年兴起的棚室养殖提高了生产能力,减少了冷环境的威胁。是养羊生产力解放的一项重要技术(图1)。

构建暖棚充分利用太阳能和羊体散发的热量,提高舍温,创造适宜小气候,减少热能损耗,提高营养物质利用率,再配合其他技术(优种、全价饲料、科学饲管、疫病防治),即可充分提高羊的生产能力,从而获得理想的经济效益。

(三)怎样搞好环境卫生?

卫生差、病菌多易发病,这是常识。圈舍、场地、用具等,清洁、干燥、卫生,肯定少得病。

饲草清洁、干燥好;不能喂发霉腐烂草和料;饮水也不能饮污水、冰冻水。

老鼠、蚊蝇能传播多种疫病,应清除羊舍周围的杂物、垃圾、乱草堆等,填平水坑,杀虫灭鼠。到药店买杀虫灭鼠药,学会用法,而且要索取发票,也要注意人、畜安全。

(四)怎样严格执行检疫制度?

检疫是应用临床的和实验室的方法对羊及其产品进行传染病

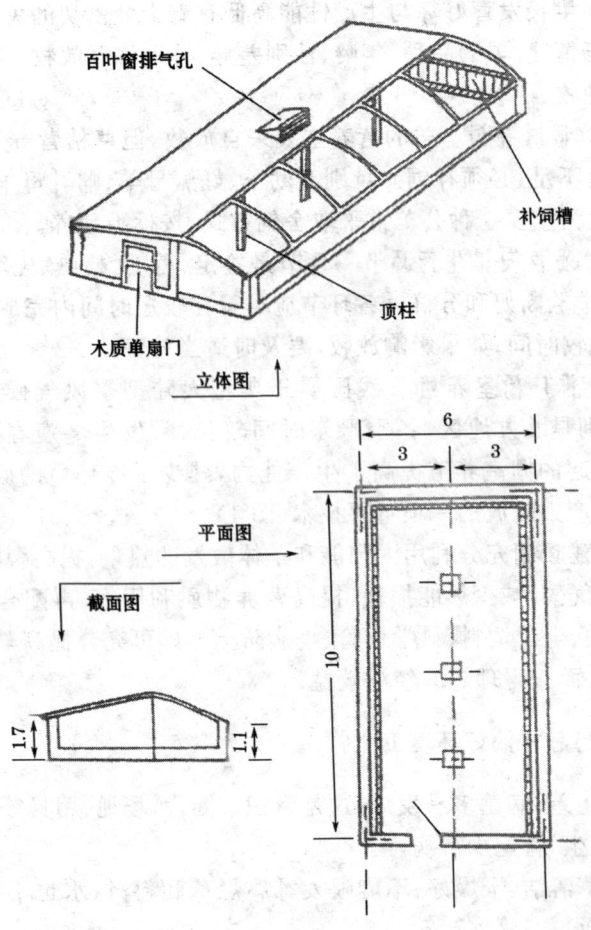

图1 羊用拱形塑料暖棚构造示意 （单位：米）

和寄生虫病检查,并采取相应的措施,以防疫病的发生和传播。必须严格执行检疫手续,以便在羊及其产品流通各环节,做到层层检疫、环环扣紧、互相制约,杜绝疫病传播蔓延。入场检疫、收购检疫、运输检疫、屠宰检疫、出场检疫、出口检疫,该做的必须做。出入场检疫是最基本最重要的检疫,只有经过检疫而未发现疫病时,方可让羊及其产品进场或出场。

2005年,中国老促会带教学组到某县讲授智能卡诊断法,一位农民听说来了讲课老师,就拉来3只快死的羊让诊断。问诊时,他说:从几个县买来50只羊,陆续发病,死了十几只了。问他检疫了吗?他说没有。这就等于买来羊,也带来病,到了家,疫病互相传播,剩不了几只。

要进羊,一定要从非疫区购买,经当地检疫部门检疫,并签发检疫合格证明书;运到目的地后,隔离观察1个月以上,确认健康,经驱虫、消毒、补注疫苗,方可混群。为了防病,饲料和用具也要从安全地区购入。

大群检疫可用检疫夹道。即在普通羊圈内,用木板做个夹道,进口如漏斗,与待检圈相连,出口处有两个活动小门,分别通向健康圈和隔离圈。夹道用2厘米×10厘米木板做成75厘米高的栅栏,夹道宽度50厘米,活动小门宽度50厘米(图2)。检疫时,将羊赶入夹道内,检疫人员即可在夹道两侧进行检疫。根据检疫结果,打开出口小门,分别将羊赶入健康圈或隔离圈。此设施还可作分群用。

(五)如何给羊只免疫接种?

有组织有计划地进行免疫接种是预防和控制传染病的重要措施。目前,我国用于预防羊主要传染病的疫苗有20余种,要根据当地羊病流行情况制订本场的免疫程度。关键是要懂得免疫重要性,并去执行。

1. 预防羊主要传染病的疫苗

(1)无毒炭疽芽胞苗 预防羊炭疽。

(2)Ⅱ号炭疽芽胞苗 预防羊炭疽。

(3)炭疽芽胞氢氧化铝佐剂苗 预防羊炭疽。

(4)布氏杆菌猪型2号菌苗 预防布鲁氏菌病。

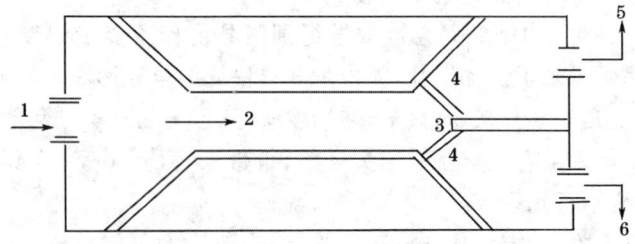

图 2 羊的检疫夹道平面
1. 进口 2. 夹道 3. 出口
4. 活动小门 5. 去健康圈 6. 去隔离圈

(5)布氏杆菌羊型 5 号菌苗 预防布鲁氏菌病。

(6)破伤风明矾沉降类毒素 预防破伤风。

(7)破伤风抗毒素 紧急预防和治疗破伤风。

(8)羊快疫、羊猝狙、肠毒血症三联灭活菌苗 预防羊快疫、羊猝狙、肠毒血症。

(9)羔羊痢疾灭活菌苗 预防羔羊痢疾。

(10)羊黑疫、快疫二联灭活菌苗 预防羊黑疫和羊快疫。

(11)大肠杆菌病灭活菌苗 预防大肠杆菌病。

(12)羊厌气菌氢氧化铝甲醛五联灭活菌苗 预防羊快疫、羔羊痢疾、羊猝狙、肠毒血症、羊黑疫。

(13)肉毒梭菌 C 型灭活菌苗 预防羊肉毒梭菌中毒症。

(14)山羊传染性胸膜肺炎氢氧化铝灭活菌苗 预防山羊传染性胸膜肺炎。

(15)羊肺炎支原体氢氧化铝灭活菌苗 预防由绵羊肺炎支原体引起的绵羊、山羊传染性胸膜肺炎。

(16)羊痘鸡胚化弱毒疫苗 既预防绵羊痘,也能预防山羊痘。

(17)山羊痘弱毒疫苗 预防山羊痘和绵羊痘。

(18)兽用狂犬病ERA株弱毒细胞苗　预防犬类和其他家畜（羊、猪、牛、马）的狂犬病。

(19)伪狂犬病弱毒细胞苗　预防伪狂犬病。

(20)羊链球菌病活菌苗　预防绵羊、山羊败血性链球菌病。

2. 免疫接种效果　与羊的健康状况、年龄、妊娠、哺乳，以及饲养管理的好坏有密切关系。成年羊、体壮、管理好的羊群，接种后产生较强的免疫力；反之，幼年、体弱、有慢性病、饲养管理不好的羊群，接种后产生的免疫力就差些，甚至引起接种反应。妊娠母羊尤其临产羊，接种疫苗时，驱赶捕捉或疫苗反应，可能会引起流产、早产或影响胎儿发育；哺乳羊会减少泌乳；羔羊在一定时间内有母源抗体，故接种不能获得满意效果。所以，对幼羊、弱羊、有慢性病的羊、妊娠后期的羊，除非已经受到传染病的威胁，最好暂时不给接种。对饲养管理差的羊群，在接种时必须创造条件改善饲养管理。

3. 按免疫程序免疫　目前国际上还没有一个统一的羊免疫程序。只能依据各地、各场所受传染病威胁的实际、疫苗的性质、各苗免疫有效期限，制订一个适合的免疫程序。个体养羊户可以请教乡或县级的畜牧部门。

(六)怎样做好羊场的消毒工作？

消毒是预防传染病的重要措施。目的在于消灭病原微生物、切断传播途径、阻止疫病蔓延。羊场应建立切实可行的消毒制度，定期对圈舍、工具、地面、粪便、污水、皮毛等进行消毒。

1. 羊舍消毒　先清扫冲洗，后用药物喷雾消毒。消毒药有10%～20%石灰乳、10%漂白粉混悬液、0.5%过氧乙酸等许多种。买来药看说明书使用。装在喷雾器内，先消毒地面、再消毒墙壁、后消毒天花板，最后开门窗通风，用清水刷洗饲槽、用具，将残余消毒药除去。

如果羊舍有密闭条件，可关闭门窗，用福尔马林熏蒸消毒

12~24小时,然后开窗通风24小时。用量12.5~50毫升/米^3,加等量的水一起加热蒸发。无热源时,也可加入高锰酸钾(30克/米^3),即可产生高热蒸发。

一般羊场,每年春、秋各做1次消毒;产房,产羔前消毒1次,产羔高峰时消毒多次,产羔结束再消毒1次。病羊舍、隔离舍出入口处应放置浸有消毒液的麻袋或草垫;消毒液可用2%~4%氢氧化钠溶液、1%菌毒敌(对病毒病),或用10%克辽林溶液(对其他病)。

2. 地面土壤消毒 土壤表面用10%漂白粉混悬液、4%甲醛溶液。

发生炭疽病时,消毒要特别严格:先一般消毒,再掘起30厘米左右土层,撒上干漂白粉,并与土混合,将此土妥善运出去掩埋,让此土永远不得与人、畜接触。

发生其他传染病时,先翻土30厘米,翻地同时撒上漂白粉(0.5千克/米^3),用水泅湿、压平。

如果放牧地被污染,一般由阳光来消除病原体;如果污染的面积不大,则应使用化学消毒药消毒。

3. 粪便消毒 生物热消毒法,即在距羊场100~200米以外的地方设一堆粪场,将羊粪堆积起来,上面覆盖10厘米沙土,堆放30天左右,即可作肥料。

4. 污水消毒 引入污水处理池,加入药品(如漂白粉或其他氯制剂)进行消毒,用量视污水量而定。一般1升污水用2~5克漂白粉。

5. 皮毛消毒 发生炭疽病时严禁剥皮。尸体处理见炭疽病防治(焚烧)。

羊毛消毒,用环氧乙烷气体消毒法:在密闭的专用消毒室或容器(聚乙烯或聚氯乙烯薄膜制成的帐篷)内进行。室温15℃时,用环氧乙烷0.4~0.8千克/米^{3}密闭空间(看说明书)。维持12~48小时,相对湿度在30%以上。此法对细菌、病毒、真菌均有良好的消毒效果。对皮毛等产品中的炭疽芽胞也有较好的消毒作用。但要注意：本品对人、畜有毒，其蒸汽遇明火会燃烧甚至爆炸。故必须注意安全，具备一定条件才可使用。

(七)如何做好羊病的药物预防

目前还有不少的传染病没有疫苗。因此，药物预防也很重要。常以混饲或饮水，做药物预防。如磺胺类药物、抗生素、抗真菌药。用量、用法参看说明书。一般连用 5~7 天。长期使用化学药物，容易产生耐药性菌株，影响药物防治效果。因此，常做药敏试验，选择高度敏感的药物用于防治。个别药可引起中毒反应，要加以注意。

抗菌增效剂是一类广谱抗菌药，与磺胺类药并用能显著增强疗效，又能与一些抗生素（四环素、庆大霉素）起协同作用，在疫病防治上具有广阔前景。目前常用抗菌增效剂有：三甲氧苄胺嘧啶（TMP）、二甲氧苄胺嘧啶（DVD）（又称敌菌净），按 1：5 比例与磺胺类药混合使用，可使磺胺类药的抗菌效力提高数倍至数十倍。

饲料添加剂可促进羊体生长发育，且可增强抗感染能力。其内含有各种维生素、矿物质、氨基酸、抗氧化剂、抗生素、中草药等。

微生态制剂是根据微生物学原理，利用机体正常的有益微生物制成的活性制剂。目前国内已有促菌生、乳康生、调痢生、健复生等 10 余种制剂。

(八)怎样做好羊只的定期驱虫工作？

根据寄生虫病的季节动态确定日期。一般在秋末冬初、春末夏初各进行 1 次药物驱虫。也可以将驱虫药小剂量地混在饲料内，在整个冬季补饲期间让羊食用。预防性驱虫药有：丙硫咪唑（高效、低毒、广谱）。对胃肠道线虫、肺线虫、肝片吸虫病、绦虫均有效。用药驱虫，必须先做小群试验，取得经验后，再做全群驱虫。不能说药好，就不做小群试验。否则，后悔莫及。

药浴是防治羊体外寄生虫(尤其是螨病)的有效措施。可在剪毛后10天左右进行。药浴液可用1%敌百虫水溶液或氰戊菊酯乳油(80~200毫克/升)。药浴可在药浴池内进行,或淋浴场淋浴,也可以抓羊在大盆(缸)中逐只洗浴。

(九)怎样防止羊中毒?

某些物质进入羊体会引起中毒和死亡。

1. 预防措施

(1)不在生长有毒植物地区放牧　在当地饲养放牧羊群应该知道当地的有毒植物。

(2)不喂霉败饲料　贮存饲料要干燥通风,饲喂前还要检查,发现发霉变质,应废弃不用。

(3)注意饲料的调制、搭配和贮藏　棉籽饼含有游离棉籽油酚,有毒性,经高温处理可减毒,减毒后再按一定比例同其他饲料混合搭配饲喂,就不会中毒。马铃薯贮藏不当龙葵素会大量增加,对羊有毒。应贮存在避光处,防止变绿发芽。饲喂也要同其他饲料按一定比例搭配。

(4)妥善保存农药化肥　放仓库、专人保管,不能让羊接触到农药化肥。

(5)防止水源性毒物　喷过农药和使用化肥的农田排水,不能饮羊;对工厂污水或池塘内死水也不应饮用。

2. 中毒羊急救　尽快查明原因,尽早施救。

(1)除去毒物　经口摄入的,用胃管洗胃,用温水反复冲洗,以排除胃内容物。加入适量药用炭,可以提高洗胃效果。如中毒较长时间,毒物已经进入肠道,应灌服泻剂,硫酸钠或硫酸镁50~100克。加药用炭,有利于吸附毒物,效果会更好。也可用清水或肥皂水反复给羊深部灌肠。对已经吸收入血的毒物,可从静脉放血,放血后随即静脉注射5%糖盐水。多数毒物经肾脏排出,利尿排毒有一定效果。如利尿素或醋酸钾,加水适量口服。

(2)应用解毒药 不明毒物,可用通用解毒药:药用炭或木炭末2份,氧化镁1份,鞣酸1份,混合均匀,每羊服20~30克,具有吸附、氧化、沉淀作用,对一般毒物都有解毒作用。已明毒物,可针对性地使用中和毒物药(如酸类中毒,可服碳酸氢钠、石灰水等;如碱类中毒,可口服食醋等)、沉淀解毒药(如2%~4%鞣酸或浓茶,用于生物碱或重金属中毒)、氧化解毒药(如静脉注射1%亚甲蓝,用于生物碱类中毒)或特异性解毒药(如解磷定只对有机磷中毒有效)。

(3)对症治疗 心脏衰弱,用强心剂;呼吸衰竭,用呼吸兴奋剂;病羊不安时,用镇静剂;为增强肝脏解毒功能,应大量输液。

(十)羊群暴发传染病时应如何处理?

兽医人员立即上报;立即将病羊、健羊隔离;与病羊接触过的可疑羊要单独圈养,经20天观察,未发病才合群,发病了按病羊处理。对隔离病羊,要及时治疗。隔离场所禁止人、畜接触,工作人员应遵守消毒制度才能进出;隔离区的用具、饲料、粪便等,未经彻底消毒不得运出。没有治疗价值的病羊,由兽医按国家规定进行严格处理。病羊尸体要焚烧或深埋,不得随意丢弃。对健康羊,要进行疫苗紧急接种或用药物做预防性治疗。

二、羊病治疗——给药方法

(一)群体给药

1. 混饲 将药均匀混入饲料中,让羊吃进药物。此法简便易行,适用于长期投药。对不溶于水的药物,更为适用。注意一定要均匀,建议用"倍倍"搅拌法:1份药+2份料,搅拌均匀;再加3份料,搅拌均匀;再加6份料,搅拌均匀。拌不匀的后果有时很严重。

2. 混水 将药物溶解于水,让羊自由饮用。有的疫苗,也用此法。有的羊因病不能吃,而能饮,此法更为好用。注意饮水量,计算药的稀释浓度;给药前,一定要停止饮水半天,以保证每羊都能饮到足够的水。注意药必须是溶于水的。还要注意药在水中破坏变质的时间。故要限定时间,以防药液失效。

(二)口服给药

1. 长颈玻璃瓶给药　将药液倒入瓶中;抬高羊的嘴巴,右手持瓶,左手食指、中指自羊的右侧口角伸入口中,轻轻按压舌头,羊口即张开;然后,右手将药瓶口从羊左口角伸入口中,并抽出左手,待瓶口伸到舌头中段,即抬高瓶底,将药液灌入。

2. 药板给药　竹制或木制的小板,专门用来给羊服用舔剂。板长 30 厘米、宽 3 厘米、厚约 3 毫米,光滑无刺无棱角。给药者站立在羊的右侧,左手将开口器放入羊的口中,右手持板刮取药膏,从羊右口角伸入到舌根部,将药板翻转,轻轻按压,并抽出。待羊咽下后,再抹第二板、第三板,如此反复,直到把药给完。

(三)灌肠法

将药配成液体,灌入直肠。先将粪便排净。将胶皮管端口涂擦凡士林,再插入肛门内,举起胶管另端(漏斗内装药液),将药灌入。灌完,拔出胶管,用手压住肛门或拍打尾根部,以防药液排出。药液温度应与体温一致。

(四)胃管法

经鼻或经口都可以将胃管插入到胃。

1. 经鼻法　先将胃管端涂点油,插入鼻内,沿下鼻道慢慢插,到达咽部有受阻感觉,待羊吞咽时趁机送入食管、深插到胃内,如不吞咽,可摸摸咽喉或来回抽动胃管诱发吞咽。胃管进到食管,会感到稍有阻力。在颈部左侧甚至可以摸到或看到胃管。怎么知道胃管是在食管还是在气管呢?这一点判定特别重要。如果在气管,灌药立即致死。判定也非常容易:吹气或橡皮球打气,可见左侧颈沟有起伏,橡皮球瘪了也不起来。继续深送胃管到胃,到胃后会冒出酸臭气体,放低胃管,可流出胃内容物。确知胃管在胃内后,可以灌药。

2. 经口法 先装木制开口器并拴在羊头上。将胃管通过"器"的中间孔,沿上腭插入咽部,借羊的吞咽动作趁机插进食管,继续深送到胃。接上漏斗灌药。

(五)注 射 法

将已经灭菌的药,用注射器注射到羊体内。注射器要消毒无菌。注射部位也要消毒。

1. 皮下注射 部位在颈部或股内侧皮肤松软处。剪毛,涂碘酊消毒,左手捏起皮肤,右手持注射器刺入,针头能左右晃动,确知针头在皮下,即可注药。

2. 肌内注射 部位在羊颈部。注射时,左手拇指、食指呈八字形压住肌肉,碘酊消毒,右手持注射器注射。技术不熟练,先刺入针头,而后接上注射器注药。肌内注射就是要选肉厚的部位。

3. 静脉注射 药效发生得迅速。注射部位是颈静脉。剪毛、碘酊消毒,手压静脉使之怒张,右手持注射器注药。技术不熟练,先刺入针头——往怒张的静脉刺入,靠近左手拇指的静脉扁而宽,容易刺中,再接针管注射。氯化钙等强刺激药,勿漏注皮下。注射完拔出针头,要按压一会注射部位。

4. 气管注射 侧卧保定,且头高臀低。针头穿过气管软骨之间,垂直刺入,摇动针头,确知在气管内,接上注射器,抽动活塞,见有气泡,即可将药液缓缓注入。要想将药液流入两侧肺内,则应注2次:将羊卧于另一侧,再注射另一半药液。

5. 瘤胃注射 瘤胃臌胀时用,部位在左肷窝臌胀最高处。剪毛,消毒,将皮肤稍向上移,将套管针或普通针头垂直地或朝右侧肘头方向刺入皮肤及瘤胃壁,放出气体后,可注入制酵防腐剂。拔出针头,用碘酊再消毒针孔部位。

三、羊 85 种病的防治

(一)羊炭疽

炭疽是由炭疽杆菌引起的一种人畜共患的急性、热性、败血性传染病。其病变的特点是脾脏显著肿大,皮下及浆膜下结缔组织出血性浸润,血液凝固不良,呈煤焦油样。羊常呈最急性型,突然发病,眩晕,可视黏膜发绀和天然孔流出带泡沫的暗色血液,常于数分钟内死亡。

病原为炭疽杆菌,革兰氏染色阳性,菌体两端平直,呈竹节状,无鞭毛,本菌在病畜体内和未剖开的尸体中不形成芽胞,但暴露于充足氧气和适当温度下能在菌体中央处形成芽胞;炭疽杆菌菌体对外界理化因素的抵抗力不强,但芽胞则有较强的抵抗力,在干燥的状态下可存活 32~50 年,150℃干热 60 分钟方可杀死。现场消毒常用 20%漂白粉,0.1%升汞,0.5%过氧乙酸。来苏儿、石炭酸和酒精的杀灭作用较差。

【治 疗】 由于病羊常呈最急性型经过,往往来不及治疗。病程稍缓羊只,必须在严格隔离条件下治疗。初期可使用抗炭疽血清,静脉或皮下注射。炭疽杆菌对青霉素、土霉素敏感,其中最常用的是青霉素,剂量按药品说明书,每隔 8 小时肌内注射 1 次。实践证明,抗炭疽血清与青霉素合用效果更好。

【预 防】 在疫区或常发地区,每年用无毒炭疽芽胞苗做预防注射,接种 14 天后产生免疫力,免疫期为 1 年。另外,要加强检疫和大力宣传有关本病的危害性及防治办法。当有炭疽病发生时,应及时隔离病羊,对污染的羊舍、地面及用具要立即用 10%热碱水或 20%漂白粉混悬液喷洒消毒,每隔 1 小时 1 次,连续 3 次。

(二)羊副结核病

羊副结核病病又称羊副结核病性肠炎,是一种慢性传染病。临床以间歇性腹泻、逐渐消瘦为特征。病原为羊副结核病分枝杆菌,该菌为革兰氏阳性小杆菌,具有抗酸染色特性。该菌对外界环境有较强的抵抗力,在污染的牧场、圈舍中可存活数月,对热及紫外线敏感,75%酒精和10%漂白粉能很快将其杀死。

【治　疗】 病羊无治疗价值。

【预　防】 本病目前尚无有效治疗方法。发病后,对发病羊群用变态反应检疫,对出现症状或变态反应阳性羊只及时淘汰,感染严重、经济价值低的一般生产羊群应全部淘汰,对病羊的圈舍、用具应使用20%漂白粉或20%石灰乳彻底消毒,并空闲1年再利用。

(三)破伤风

破伤风是由破伤风梭菌经伤口感染引起的一种急性中毒性人兽共患病。其特征是患羊骨骼肌持续性痉挛和对外界刺激的反射兴奋性增强。病原为破伤风梭菌,该菌为一种大型厌气性革兰氏阳性杆菌。破伤风梭菌繁殖体抵抗力不强,一般消毒药均能在短时间内将其杀死,但芽胞体抵抗力强,在土壤中可存活几十年。

【治　疗】 ①创伤处理:尽快查明感染的创伤和进行外科处理。清除创内的脓汁、异物、坏死组织及痂皮,对创深、伤口小的要扩创,以5%~10%碘酊或1%高锰酸钾消毒,然后用青、链霉素做创周注射,同时用青、链霉素做全身治疗。②药物治疗:早期使用破伤风抗毒素。③对症治疗:当病羊兴奋不安和强直痉挛时,可使用镇静解痉剂。一般多用氯丙嗪肌内注射或静脉注射,每天早、晚各1次,可用25%硫酸镁做肌内注射或静脉注射,以解痉挛。对咬肌痉挛、牙关紧闭者,可用1%普鲁卡因注射液于开关、锁口穴位注射,每日1次,直至开口为止。

【预　防】　在断尾、剪毛、配种、产羔前,可给羊只注射破伤风类毒素。接羔时,要严格对羔羊脐部进行消毒。平时要注意饲养管理和环境卫生,并对羊舍进行定期消毒。

(四)羊坏死杆菌病

坏死杆菌病是畜禽共患的一种慢性传染病。在临床上表现为皮肤、皮下组织和消化道黏膜的坏死,有时在其他脏器形成转移性坏死灶。病原为坏死杆菌,该菌为革兰氏阴性菌,其对理化因素抵抗力不强,常用消毒药均有效,但在污染的土壤中和有机质中能存活较长时间。

【治　疗】　首先要清除坏死组织。用食醋或1%高锰酸钾冲洗或6%甲醛溶液脚浴,再涂抗生素软膏,包扎。当病灶转移时,应全身注射磺胺嘧啶或土霉素或四环素,连续5日,并配合强心和解毒药物,可促进康复,提高治愈率。

【预　防】　预防本病的发生,关键在于避免皮肤、黏膜损伤,保持羊舍、环境、用具的清洁与干燥,低湿牧场注意排水,正确护蹄,发现外伤及时进行处理。

(五)山羊伪结核病

山羊伪结核病是由伪结核棒状杆菌感染所引起的一种接触性、慢性传染病。特征为局部淋巴结发生干酪坏死,有时在肺脏、肝脏、脾脏和子宫角等处发生大小不等的结节,内含淡黄绿色干酪样物质。

【治　疗】　伪结核棒状杆菌对青霉素高度敏感,但因脓肿有厚皮囊,疗效不好。早期用0.5%黄色素注射液10毫升静脉注射有效,如与青霉素并用疗效更佳。对脓肿按一般外科常规处理,在脓肿熟透皮未破之前,用刀切开,将脓排除,用浓碘酊消毒,伤口内塞入浸有碘酊的纱布条,将脓汁清理深埋,地面用百毒杀消毒。

【预　防】　平时做好皮肤和环境的清洁卫生工作,皮肤破伤应及时处理,发现病羊及时隔离治疗。

(六)羊土拉杆菌病

土拉杆菌病是牧场绵羊(尤其羔羊)的一种急性败血性传染病,也是人兽共患病。又称野兔热。特征为发热、肌肉僵硬、淋巴结肿大。病原为土拉弗朗西斯氏菌,革兰氏阴性,对热和消毒药敏感。野兔和野生啮齿动物是本病主要传染源,通过蜱等吸血虫也可以传播给羊只,呈地方性流行。

【治　疗】　本病治疗以链霉素最为有效,其次是土霉素和金霉素每日 2 次,肌内注射,连用 5~7 日。

【预　防】　为了防止蜱对羊群的侵袭,可用灭蜱药物进行全群药浴;病死羊的尸体以及各种啮齿动物的尸体要深埋,以免污染环境。

(七)羊放线菌病

放线菌病是牛、羊和其他家畜以及人的一种非接触传染的慢性病。特征为局部组织增生与化脓,形成放线菌肿。其病原主要是牛放线菌和林氏放线杆菌,此外还有化脓放线菌(原名化脓棒状杆菌)和金黄色葡萄球菌。

【治　疗】　硬结可用外科手术切除,若有瘘管形成,要连同瘘管彻底切除。切除后的新创腔,用碘酊纱布填塞,1~2 天更换 1 次,伤口周围注射 10%碘仿醚或 2%鲁格氏液。口服碘化钾,每日 1~3 克,连用 2~4 周。在用药过程中如出现碘中毒现象(脱毛、消瘦和食欲不振等),应暂停用药 5~6 天或减少用量。抗生素治疗该病也有效,可同时用青霉素和链霉素注射于患部周围,每日 1 次,连用 5 日为 1 个疗程。

【预　防】　防止皮肤黏膜损伤,避免饲喂粗硬草料,发现伤口及时处理。

(八)李氏杆菌病

李氏杆菌病又称转圈病,是畜禽、啮齿动物和人共患的传染病,临床特征是病羊神经系统紊乱,表现转圈运动,面部麻痹,妊娠羊可发生流产。单核细胞增多症李氏杆菌是其病原,革兰氏阳性,一般消毒药可以使之灭活。易感动物几乎包括各种畜禽和野生动物。

【治　疗】　早期可应用对该菌敏感的氨苄青霉素、链霉素、土霉素、金霉素、红霉素以及磺胺类药物。病羊出现神经症状时,可使用镇静药物治疗。

【预　防】　注意卫生,加强饲养管理,消灭牧场和圈内啮齿动物;发现病羊应隔离治疗或深埋,并用5%来苏儿水消毒。

(九)大肠杆菌病

大肠杆菌病是由致病性大肠杆菌引起的幼羔羊的一种急性致死性传染病,呈腹泻和败血症特征。本菌为革兰氏阴性菌。本病多发生在数日至6周龄的羔羊,主要经消化道,也可通过脐带或创伤感染。

【治　疗】　①口服抗菌药,磺胺脒0.5克、土霉素0.2～0.3克,每日2～3次。这些药比较敏感。②助消化用胃蛋白酶0.2～0.3克内服,每日2次,用2～3天。也可用鞣酸蛋白0.2克、次硝酸铋0.2克等内服止痢,每日2次,用1～2天。③肌内注射氨苄青霉素0.5克×1支等,每日2次。日久脱水的羔羊酌情用5%糖盐水20～100毫升静脉注射,心力衰竭的羔羊加入20%安钠咖0.2～0.5毫升。连用2～3天。④有血痢的,并每日肌内注射止血剂,用1～2天。

【预　防】　做好母羊的抓膘保健工作,使新羔健壮和提高抵抗力。羊舍要保暖、采光好、通风。做好羔羊舍的卫生及消毒工作,常用3%～5%来苏儿消毒,发现病羔及时隔离,防止传染。此病流行地区,定期免疫,接种疫苗。

(十)钩端螺旋体病

钩端螺旋体病是由钩端螺旋体引起的人、兽共患的一种自然疫源性传染病。临床特征为发热、黄疸、血色素尿、黏膜和皮肤坏死、水肿,羊感染后多呈隐性经过。钩端螺旋体在水沟沼泽可存活数月以上。该病易感动物范围包括家畜和野生动物,鼠最易感染,且在传播上起着重要作用。本病多发生于夏、秋季,温暖潮湿多雨地区,经皮肤、黏膜、消化道感染。

【治　疗】　应用链霉素和四环素类抗生素进行治疗。

【预　防】　当羊群发现该病时,立即隔离、治疗病羊及带菌羊;对污染的水源、场地、栏舍、用具等进行消毒;用钩端螺旋体病多价菌苗进行紧急预防接种。在常发区,平时应进行预防接种,加强饲养管理,以提高羊只的抵抗力。

(十一)绵羊巴氏杆菌病

巴氏杆菌病主要是由多杀性巴氏杆菌所引起的各种家畜、家禽和野生动物的一种传染病,在绵羊主要表现为败血症和肺炎。本病分布广泛。

【治　疗】　发现病羊和可疑病羊立即隔离治疗。庆大霉素、四环素以及磺胺类药物都有良好的治疗效果。

【预　防】　本病平时应注意饲养管理,避免羊只受寒。发生本病后,羊舍用5％漂白粉或10％石灰乳彻底消毒;必要时用高免血清或疫苗给羊做紧急免疫接种。

(十二)肉毒梭菌中毒症

【治　疗】　发病早期可使用肉毒梭菌多价血清,同时使用泻剂和洗胃、灌肠,以促进消化道内毒物排出。遇有体温升高者,注射抗生素或磺胺类药物以防发生继发性肺炎。

【预　防】　平时注意环境卫生,在牧场羊舍中如发现有动物尸体和残骸应及时清除,要特别注意不用腐败的饲料喂羊。平时在饲料中加入适量的食盐、钙和磷等矿物质,以防止动物发生异嗜癖、乱舔食尸体和残骸等。发现该病时应查明毒素来源,予以消除。

(十三)布氏杆菌病

布氏杆菌病是羊的一种慢性传染病,又称布鲁氏菌病。主要侵害生殖系统。羊只感染后,以母羊发生流产和公羊发生睾丸炎为特征。

【治　疗】　病羊无治疗价值。

【预　防】　对从未发生过布氏杆菌病的羊群,坚持自繁自养,不从疫区引进羊只;引进的羊只需在隔离条件下检疫,确定无感染后方可入群。对于受此病威胁的羊群,每年用凝集反应或变态反应定期检疫2次,检出的阳性病羊立即淘汰,可疑病羊应及时分群隔离饲养,等待复查。受污染的羊舍、运动场、饲喂用具等用来苏儿溶液、10%～20%石灰乳等消毒。流产胎儿、胎衣、胎水及分泌物等应深埋处理。布氏杆菌病常发地区,每年应定期对羊只预防接种,接种过疫苗的不再进行检疫。

(十四)羊沙门氏菌病

羊沙门氏菌病包括成羊流产和羔羊副伤寒两病。前者的病原是羊流产沙门氏菌,后者病原是以都柏林沙门氏菌和鼠伤寒沙门氏菌为主。发病羔羊以急性败血症和腹泻为主。

【治　疗】　对病羊可实行隔离治疗或淘汰处理。早期应用青霉素或磺胺类药物治疗。青霉素每次80万～160万单位,每日肌内注射2次,连用2～3天。20%磺胺嘧啶钠注射液5～10毫升,每日肌内注射2次;或口服磺胺嘧啶,每次5～6克(羔羊减半),每日1～3次,连用2～3天。

【预　防】　羔羊出生后及时吃好初乳,注意保暖。发现病羊要及时隔离治疗,被污染的圈栏彻底消毒,发病羊群要进行药物预防。

(十五)羊弯杆菌病

是由弯杆菌属的细菌引起的多种动物易患的传染病。羊弯杆菌病主要表现暂时性不育、流产等症状。

【治　疗】　四环素口服治疗20～50毫克/千克体重,分2～3次服完,连用2～3天,早期治疗能减少流产损失。

【预　防】　严格执行卫生防疫措施。产羔季节流产母羊严格隔离,并进行治疗。流产的胎儿、胎衣及污染物要彻底销毁;粪便、垫草及时清除并做无害化处理;流产地点及时消毒除害。染疫群的羊不得销售,以免扩大传染。

本病流行区可用当地分离的菌株制备弯杆菌多价灭活菌苗,对绵羊免疫接种,可有效预防流产。

(十六)羊链球菌病

羊链球菌病俗称嗓喉病,是一种急性、热性、败血性传染病。特征是咽喉部及下颌淋巴结肿胀、大叶性肺炎、呼吸异常困难、胆囊肿大。病原为链球菌属C群兽疫链球菌的一种,革兰氏阳性,有清晰荚膜。绵羊易感,山羊次之。冬、春季气候寒冷、草质不良时多发。

【治　疗】　早期应用青霉素或磺胺类药物治疗。病羊要隔离治疗,注意彻底消毒。

【预　防】　加强饲养管理,抓膘保膘,防寒保暖。勿从疫区购羊、羊肉及皮毛产品。每年发病季节到来之前,要用链球菌氢氧化铝甲醛菌苗进行预防接种,3月龄以下羔羊2～3周后重复1次,免疫期半年以上。

(十七)羊快疫

羊快疫是由腐败梭菌引起的急性、致死性传染病,主要发生于绵羊。其特征是突然发病,病程短促,真胃出血、炎性损害。多呈散发性和地方性流行,对养羊业有很大危害。

【治　疗】　由于本病的病程短促,往往来不及治疗就死亡。病程稍长的,可选青霉素肌内注射,或内服磺胺嘧啶,每日2次。辅助疗法是:强心、补液解除代谢性酸中毒。

【预　防】　加强平时的防疫措施,当羊场发生本病时,将病羊隔离,对病程较长的病例应对症治疗。在本病常发地区,每年可定期注射"羊快疫、羊猝狙、肠毒血症三联苗",或"羊快疫、羊猝狙、肠毒血症、羔羊痢疾、羊黑疫五联苗"。

(十八)羊肠毒血症

羊肠毒血症主要是绵羊的一种急性毒血症。该病的发生是由于D型魏氏梭菌在羊肠道中大量繁殖,产生毒素所引起。死后肾组织软化,因此又常称此病为"软肾病"。本病在临床症状上类似羊快疫,故又称"类快疫"。

【治　疗】　由于病程急促,往往来不及治疗就死亡。对于病程较慢的病例,可用抗生素或磺胺类药,结合强心、镇静对症治疗。

【预　防】　当羊群中出现本病时,可立即搬圈。在常发地区,应定期注射羊肠毒血症菌苗,或羊快疫、羊猝狙、肠毒血症三联苗。

(十九)羊猝狙

羊猝狙是由C型魏氏梭菌引起的一种毒血症,以急性死亡、腹膜炎、溃疡性肠炎为特征。1~2岁成年绵羊发病较多,常流行于潮湿地区和冬、春季节。

【治　疗】　参考(十七)羊快疫或参考(十八)羊肠毒血症的有关内容。

【预　防】　参考(十七)羊快疫或参考(十八)羊肠毒血症的有关内容。

(二十)羔羊痢疾

羔羊痢疾简称羔羊痢,是由 B 型魏氏梭菌引起的初生羔羊的一种急性毒血性传染病。剧烈腹泻和小肠溃疡是本病特征。有时 C、D 型也参与致病。发生在 7 月龄以内,尤其 2~5 日龄的羔羊发病较多,主要经消化道,也可通过脐带或创伤感染。

【治　疗】　① 抗羔羊痢疾高免血清 3~10 毫升肌内注射,有较高治愈率。②助消化、止痢:用乳酶生 5 片/次、酵母片、胃蛋白酶 0.2~0.3 克、鞣酸蛋白 0.2 克、次硝酸铋 0.2 克、大黄苏打片 1~2 片等内服,每日 2 次,连用 1~2 天。③ 口服抗菌药,磺胺脒 0.5 克、土霉素 0.2~0.3 克,每日 2~3 次。④ 有血痢的,并每日肌内注射止血剂,连用 2~3 天。⑤ 肌内注射氨苄青霉素 0.5 克×1 支等,每日 2 次。

【预　防】　①羔羊舍要保暖、采光好、通风。②吃好初乳,奶中加健胃药,如乳酶生片。③做好羔羊舍的卫生及消毒工作,发现病羔及时隔离,防止传染。④定期免疫,接种羊六联苗。

(二十一)羊黑疫

羊黑疫又称传染性坏死性肝炎,是由 B 型诺维氏梭菌引起的绵羊、山羊的一种急性高度致死性毒血症,以肝实质坏死性病灶为特征。2~4 岁营养良好的绵羊多发,该病的发生与肝片吸虫的感染程度密切相关,主要发生于低洼、潮湿地区,以春、夏季多发。

【治　疗】　该病由于病程短促,往往来不及治疗。病程较长者,可肌内注射青霉素或静脉、肌内注射抗诺维氏梭菌血清,连用 2 次。

【预　防】　①流行本病的地区应搞好控制肝片吸虫感染的工作。②常发病地区定期接种"羊快疫、肠毒血症、羊猝狙、羔羊痢疾、羊黑疫"五联苗。③本病发生、流行时,将未发病羊群转移于高燥地区。可用抗诺维氏梭菌血清进行早期预防,连用2次。

(二十二)羊衣原体病

衣原体是衣原体科、衣原体属的微生物,其所致流产曾叫做病毒性流产或地方性流产,症状分为流产型、关节炎型、肺肠炎型、结膜炎型和脑脊髓炎型,流产型以流产、发热、死胎和产弱羔为特征。

【防　治】　国内外用疫苗免疫,效果显著。以羊流产疫苗研制较为成功,如用甲醛溶液处理的感染鸡胚卵黄囊佐剂疫苗,一次注射能使母羊3个妊娠期得到保护,易感母羊在配种之前,可用佐剂疫苗免疫接种。本病暴发时,对所有流产母羊、病弱羔羊和同群羔羊必须隔离饲养,直到全部母羊停排恶露和全部存活羔羊恢复健康为止。流产胎儿、胎衣、恶露等深埋或无害化处理,污染环境、用具等彻底消毒。羊圈用2%氢氧化钠溶液严格消毒,对继发细菌感染的母羊,可试用四环素、氧氟沙星等治疗。

(二十三)羔羊支原体病

羔羊支原体病又称山羊传染性胸膜肺炎,是由丝状支原体山羊亚种引起的山羊特有的接触性传染病。发热、咳嗽、浆液性和纤维蛋白渗出性肺炎及胸膜炎为本病特征。只限山羊发病,以3岁以下者最易感,主要是通过空气飞沫呼吸感染。阴雨潮冷、瘦弱易诱发本病。

【治　疗】　①新胂凡钠明10毫克/千克体重(极量0.5克),溶于5～10毫升注射水,缓慢静脉注射,必要时隔4～7天重复用药1次。②土霉素30～40毫克/千克体重,肌内注射,每日1次,连用3～5天。

【预　防】　坚持自繁自养,不从疫区购羊。购入羊要隔离检疫,无病才可入群。疫区内将羊分群,对假定健康羊用山羊传染性胸膜肺炎氢氧化铝苗接种,半岁以下羊皮下或肌内注射3毫升,半岁以上羊注射 5 毫升。消毒外部环境和用具。新近发现羊肺炎支原体引起的类似传染性胸膜肺炎的疾病,如果当地有羊群发病,可用最近研制成功的羊肺炎支原体灭活苗进行免疫接种。

(二十四)真菌肺炎

又名肺曲霉菌病,是由真菌引起的肺炎。以肺肉芽肿结节为主要病变。

【治　疗】 发病时要迅速采取环境消毒等措施,还可使用抗真菌药治疗。

【预　防】 ①保持羊舍干燥、清洁、通风,并注意卫生消毒,不用发霉饲料和垫草。②在阴雨潮湿季节要防止霉菌滋生。

(二十五)腐 蹄 病

腐蹄病是指趾间皮肤和深部组织的炎症。患部皮肤常坏死与化脓,可伴有蹄冠、系部和球节的发炎,呈现出不同程度的跛行。一般热天潮湿季节多发。

【治　疗】 ①用 2% 来苏儿溶液或 4% 硫酸铜液洗净患蹄。②用蹄刀将坏死腐烂组织彻底除去,并进行扩创,使深部脓汁排出,创内撒布硫酸铜粉、高锰酸钾粉或松馏油后,用棉球填塞,装蹄绷带,将患羊置于干燥圈舍内饲喂。③体温升高,全身症状严重时,可用磺胺二甲基嘧啶一次静脉注射,或磺胺嘧啶静脉或肌内注射。④防止败血症发生,可用 5% 糖盐水、5% 碳酸氢钠液、25% 葡萄糖液、维生素 C,一次静脉注射。

(二十六)传染性结膜角膜炎

又名红眼病。是由摩拉菌属的细菌引起的反刍兽的急性传染病。眼结膜和角膜发生明显的炎症。伴大量流泪。世界性分布,属常见多发病。虽然死的少,但扰乱视力,影响生长、增加饲养成本,还影响产羔,造成经济损失。

【治　疗】　①对病羊应立即隔离,早期治疗。②彻底清除厩肥,全面消毒场舍。③牧区流行时,应划定并封锁疫区,禁止易感动物流动。④对症治疗方法有:A. 用2%~4%硼酸水溶液洗眼,拭干后再用3%~5%弱蛋白银溶液滴入结膜囊内,每日2~3次,或滴入5000单位/毫升青霉素溶液,也可涂抹四环素软膏;角膜混浊、角膜翳时,涂抹1%~2%黄降汞软膏;B. 肌内注射0.05%酒石酸泰乐霉素或青霉素和双氢链霉素混合液,可取得较好效果。

【预　防】　①不从疫区进羊只及其产品,引进羊要严格检疫,隔离观察,无病才可引进。②加强饲养管理,严格执行卫生制度,放牧应避免强光刺激,避免强风扬尘,夏、秋注意灭蝇。③多价摩拉菌苗免疫接种,对本病有一定的预防作用。

(二十七)羊传染性脓疱病

羊传染性脓疱病又叫"羊口疮",是由羊口疮病毒引起的绵羊与山羊的一种传染性疾病。本病以患羊口唇等处皮肤、黏膜形成丘疹、脓疱、溃疡及疣状厚痂为特征。主要是3~6月龄羔羊发病,常呈群发性流行,成年羊呈散发。

【治　疗】　刮掉干硬痂皮,痂皮较硬时,先用水杨酸软膏将垢痂软化,除去痂垢后,用0.1%~0.2%高锰酸钾溶液冲洗创面,或用浸有5%硫酸铜溶液的棉球擦掉溃疡面上的污物,再涂以2%龙胆紫溶液、碘甘油,或磺胺类软膏,每日2~3次;蹄部病变,可将蹄部置于5%~10%甲醛溶液中浸泡1~2分钟,再用3%龙胆紫溶液、1%苦味酸或土霉素软膏涂擦患部;结膜患病时,可用1%硫酸锌溶液或0.5%鞣酸溶液治疗;乳房患部用2%~3%硼酸水冲洗,涂氧化锌鱼肝油软膏。

【预　防】　预防本病的主要措施是不从疫区引进羊只和畜产品,外地引进羊只要隔离观察2~3周,无病才能混群。管理上保持羊舍干净、卫生,避免饲喂带刺的草或在有刺植物多的草场放牧,以免刺破皮肤;平时加喂适量食盐,以防羊只啃土、啃墙而引起口唇黏膜损伤。加强羊舍和用具的定期消毒,出现病羊要隔离治疗,还要对圈舍、用具、羊体表及蹄部多次进行消毒,疫区羊群每年定期预防接种。

(二十八)口 蹄 疫

口蹄疫又称"口疮"、"蹄癀",是由口蹄疫病毒引起的偶蹄兽和人的一种急性、高热性,具有高度接触性传染病。本病以口腔黏膜、蹄部、乳房皮肤水疱、溃烂为特征。口蹄疫病毒有7个不同的血清型和65个亚型,各型之间均无交叉免疫性,给诊断和防治带来困难。本病主要靠直接和间接接触性传播,消化道和呼吸道传染是主要传播途径,在新疫区呈流行性,发病率100%,而老疫区发病率较低。无明显季节性,往往秋末开始,冬季加剧,春季减缓,夏季平息。

【治 疗】 发生口蹄疫后,一般经10~14天自愈。为了促进病畜早日痊愈,缩短病程,应在严格隔离的条件下,及时治疗。口腔可用清水、食醋或0.1%高锰酸钾洗漱,糜烂面上可涂以1%~2%明矾或碘甘油,也可用冰硼散。蹄部可用3%臭药水或来苏儿洗涤,擦干后涂松馏油或鱼石脂软膏等,再用绷带包扎。乳房可用肥皂水或2%~3%硼酸水洗涤,然后涂以青霉素软膏或其他防腐软膏,定期将奶挤出以防发生乳房炎。恶性口蹄疫病畜除局部治疗外,可用强心剂和补剂,如安钠咖、糖盐水等。

【预 防】 无病地区严禁从疫区引进动物及产品、饲料、生物制品等。来自无病地区的动物及其产品,也应进行检疫。口蹄疫流行区,坚持免疫接种。用当地流行毒株同型的口蹄疫弱毒疫苗或灭活疫苗接种。当动物发生口蹄疫时,应立即上报疫情,确定诊断,划定疫点、疫区和受威胁区,实施隔离封锁措施,对疫区和受威胁区的未发病动物进行紧急免疫接种,搞好消毒。

(二十九)狂犬病

狂犬病俗称"疯狗病",又名"恐水病",是由狂犬病病毒引起的一种人、兽共患传染病。特征是神经调节高度障碍,病羊表现为狂躁不安和意识紊乱,最终发生麻痹而死亡。

【治　疗】　羊被患有狂犬病或可疑的动物咬伤时,应及时用清水或肥皂水冲洗伤口,再用0.1%升汞、碘或硝酸银等处理伤口,并立即接种狂犬病疫苗;也可用免疫血清进行治疗。对被狂犬咬伤的羊和家畜一般应予扑杀,以免危害于人。

【预　防】　扑杀病犬及没有免疫的犬类。养犬必须登记注册,进行免疫接种。疫区和受威胁区的羊和易感动物要接种疫苗。

(三十)伪狂犬病

又名阿氏病,奥耶斯基氏病,传染性延髓麻痹、奇痒病。是由伪狂犬病毒引起的多种动物共患的急性传染病。发热、奇痒、脑脊髓炎为主症。因侵害中枢神经系统,症状与狂犬病相似,曾误认为狂犬病。后来证实病毒不同,故称伪狂犬病。

【治　疗】　①流行期可用伪狂犬病弱毒细胞苗进行免疫接种。冻干苗先加3.5毫升中性磷酸盐缓冲液恢复原量,再稀释20倍。大于4月龄的羊,肌内注射1毫升。接种后6天产生免疫力,保护期可达1年。国内研制的牛、羊伪狂犬病氢氧化铝甲醛灭活苗有可靠的免疫效果。②早期应用抗伪狂犬病高免血清,治疗病羊有较好的疗效。目前尚无其他有效治疗方法或药物。

【预　防】　①加强饲养管理,自繁自养,不从疫区引进种羊;购进羊只时严格检疫,阳性者捕杀、销毁,同群羊隔离观察,证实无病后,方可混群饲养。②消灭牧场内鼠类,避免与猪接触或混养。发生本病后立即隔离病羊,并用2%氢氧化钠溶液或0.5%石灰乳等消毒药消毒羊舍、污染环境及饲具。③用血清学试验检疫淘汰阳性羊只,结合免疫接种,逐步净化羊群,消除本病。

(三十一)绵 羊 痘

本病的治疗与预防,参考(三十二)山羊痘的相关内容。

(三十二)山 羊 痘

羊痘俗称"羊天花"或"羊出花",是由痘病毒引起的一种急性接触性传染病。本病在绵羊及山羊都可发生,而绵羊痘是由绵羊痘病毒引起,山羊痘是由山羊痘病毒引起。此外,羊痘病毒也能传染给人。其特征是皮肤和黏膜上发生特异的痘疹,可见到典型的斑疹、丘疹、水疱、脓疱和结痂等病理过程。

【治 疗】 本病尚无特效药,常采取对症治疗等综合性措施。发生痘疹后,局部可用碘酊或紫药水;水疱或脓疱破裂后,应先用3%来苏儿或石炭酸洗涤,然后涂药;对黏膜上的病灶先用0.1%高锰酸钾溶液洗涤后,涂以碘甘油或紫药水;配合皮下注射0.1%麝香酒精溶液;病初可注射免疫血清,但血清较贵,不太合算,故宜用于贵重的种羊及其幼羔。

【预 防】 平时加强饲养管理,增强羊的抵抗力,引进羊只时需严格检疫;定期进行预防免疫;一旦发病,应认真施行隔离、封锁和消毒,并采取预防措施。

(三十三)蓝 舌 病

蓝舌病是由蓝舌病病毒引起的一种主要发生于绵羊的传染病。其特征是发热,颊黏膜和胃肠黏膜严重的卡他性炎症,病羊乳房和蹄部常出现病变。本病毒具有多种血清型,且各型间交叉免疫性差,应制多价疫苗,才能获得可靠的保护作用。此病通过媒介昆虫库蠓叮咬传播。湿热季节发病。

【治 疗】 目前尚无有效的治疗方法。对病羊应加强饲养管理,对症治疗。口腔用清水、食醋或0.1%高锰酸钾液冲洗;再用1%~3%硫酸铜、1%~2%明矾或碘甘油,涂擦溃烂面;或用冰硼散外用治疗。蹄部患病时可先用3%来苏儿洗涤,再用碘甘油或土霉素软膏涂拭,以绷带包扎。

【预　防】　发生本病的地区,应扑杀病羊清除疫源,消灭昆虫媒介,必要时进行预防免疫。本病病原具有多型性,型与型之间无交互免疫力,因此在免疫接种前要查清当时、当地流行毒株的血清型,选用相应血清型的疫苗;如果在一个地区存在 2 个以上血清型时,则需选用二价或多价疫苗。无本病发生的地区,禁止从疫区引进易感动物。加强海关检疫和运输检疫,严禁从有该病流行的国家或地区引进易感动物或冻精。

(三十四)山羊病毒性关节炎—脑炎

是由山羊关节炎—脑炎病毒引起的山羊的慢性病毒性传染病。成年山羊呈缓慢发展的关节炎,间或伴有间质性肺炎或间质性乳房炎;而 2~6 月龄羔羊则表现为上行性麻痹的脑脊髓炎症状。

【治　疗】　本病目前尚无疫苗和特异性治疗药物可供使用。

【预　防】　①主要是加强饲养管理和卫生防疫,定期检疫,及时淘汰血清学阳性羊只。②勿从有本病的国家和地区引进种山羊。引进羊坚持严格检疫,而且入境后继续单独隔离观察,定期复查,确认健康后,才能转入正常饲养繁殖或投入使用。提倡自繁自养,防止由外地传入本病。

(三十五)绵羊痒病

绵羊痒病又称"驴跑病"、"瘙痒病",是由朊病毒引起成年绵羊及偶尔发生于山羊的一种缓慢发展的传染性中枢神经系统疾病。主要表现为潜伏期长,剧痒,肌肉震颤,进行性运动失调、衰弱和麻痹,最后瘫痪死亡。

【治　疗】　本病目前尚无有效的生物制剂和有效的药物防治。

【预　防】　无病区一旦出现该病,立即全群扑杀;对与病羊接触的羊群,必须隔离,若发现病羊和疑似病羊,应全群扑杀;绝不能从有该病史地区购羊。

(三十六)绵羊肺腺瘤病

绵羊肺腺瘤病,或称绵羊肺癌以及"驱羊病",是由绵羊肺腺瘤反转录病毒引起的一种慢性、进行性、接触传染性的肺脏肿瘤性疾病。其主要临床表现是患羊咳嗽、呼吸困难、虚弱、消瘦、流出大量浆液性鼻液;主要病理特征是Ⅱ型肺泡上皮细胞和无纤毛细支气管上皮细胞发生肿瘤性增生。目前除澳大利亚、新西兰和冰岛外,几乎所有的养羊业发达的国家和地区,包括我国新疆、内蒙古等地都有该病的发生和流行,严重影响着世界范围内养羊业的发展。

【治　疗】　目前,还没有一种很好的针对绵羊肺腺瘤病的治疗方法,还未见绵羊肺腺瘤病疫苗的出现,因此无法用疫苗防治此病。

【预　防】　控制本病的有效措施是尽早发现可疑病羊,并立即屠宰,进行淘汰。冰岛就是依靠这种屠宰可疑病羊的方法,成功地消灭了本病,成为无本病的清净地区。此外,国家应该早日制定一套完整的检疫绵羊肺腺瘤病的检测方案,这样才能从根源上彻底消灭此病。

(三十七)梅迪—维斯纳病

梅迪病和维斯纳病是由梅迪—维斯纳病毒引起而临床和病理表现不同的两种病型。梅迪病(呼吸道型)呈现慢性进行性间质性肺炎,维斯纳病(神经型)则表现为慢性脑膜炎和脑脊髓白质炎。

梅迪病患羊首先表现为放牧时掉群,并出现干咳;呼吸困难日渐加重,特别是在运动时明显;逐渐消瘦,病羊呈现慢性间质性肺炎症状,呈进行性加重,最终死亡。

维斯纳病病羊最初表现步样异常,运动失调和轻瘫,特别是后肢,轻瘫逐渐加重而成为截瘫;有时头部也有异常表现,唇部震颤,头偏向一侧。病情缓慢地进展并恶化,最后陷入对称性麻痹而死亡。

【治　疗】　目前尚无有效治疗药物及方法。

【预　防】　预防此病必须坚持不从疫区引进种羊,在病理学检查或血清学试验证明疾病存在时,应扑杀病羊及其接触者,其圈舍、饲管用具应用2%氢氧化钠溶液彻底消毒;污染牧地应停止放牧1个月以上。

(三十八)肝片吸虫病

羊的吸虫病主要有肝片吸虫病(寄生在肝脏和胆管)、阔盘吸虫(胰管)、双腔吸虫病(肝脏、胆管、胆囊)、前后盘吸虫病(瘤胃、胆管壁)、血吸虫病(门静脉、肠系膜静脉)。前三者在轻度感染时一般不表现症状,根据病程可表现为精神沉郁、消瘦、黏膜苍白、颌下及胸下水肿和腹水、体瘦毛枯、粪便含有黏液、腹泻、黏膜黄疸等。血吸虫在长江流域流行。

【治　疗】　治疗药物有丙硫咪唑、硝氯酚(拜耳9015)、硫双二氯酚(别丁)、六氯对二甲苯(血防864)、虫净灵和三氯苯唑(肝蛭净)。以上药物的用法和用量依据药物使用说明书。

【预　防】　在秋末冬初和春季做好驱虫。消灭中间宿主,灭螺。粪便发酵处理。加强饲养卫生及饮水管理。

(三十九)双腔吸虫病

(四十)阔盘吸虫病

(四十一)前后盘吸虫病

(四十二)血吸虫病

以上4种病的治疗与预防,参考肝片吸虫病的相关内容。

(四十三)脑多头蚴病

脑多头蚴病是由多头绦虫的幼虫－脑多头蚴寄生于羊脑和脊髓,引起一系列神经症状的一种寄生虫病,俗称"脑包虫病",又称"转圈病",一般2岁以下的羊极易感。

【治　疗】

(1)手术治疗　可根据不同的寄生部位进行外科手术摘除多头蚴囊泡。

(2)药物治疗　服用吡喹酮,按每千克体重50~70毫克用药,口服,每日1次,连用3天;或丙硫咪唑,按每千克体重30~50毫克用药,一次口服。

【预　防】　①对牧羊犬进行定期驱虫,对犬粪无害化处理。②为防止犬吃到含脑包虫的羊等动物的脑及脊髓,应对羊脑和脊髓进行深埋或烧毁。

(四十四)棘球蚴病

羊棘球蚴病,是由多种棘球绦虫的幼虫,即羊棘球蚴,寄生在羊的肺、肝、肠系膜等处引起的一种寄生虫病,也叫做"包虫病"。在我国,本病主要是由细粒棘球绦虫引起。这种绦虫,仅2~8毫米长,寄生于犬、狼等动物的小肠内。是人兽共患病,危害极大。

【治　疗】　目前尚未特效疗法。手术摘除棘球蚴或切除被感染的器官虽然可靠、有效,但应用于家畜治疗的甚少。可试用吡喹酮、丙硫咪唑治疗。

【预　防】　①对牧羊犬和护家犬进行驱虫,常用药物有氢溴酸槟榔碱、吡喹酮、氯硝柳胺(灭绦灵)等。②驱虫后,对犬的粪便要集中起来,焚烧或深埋。③有病牛、羊的脏器不要喂犬,对患羊脏器进行无害化处理。

(四十五)细颈囊尾蚴病

本病的治疗与预防,参考后项绦虫病的相关内容。

(四十六)绦虫病

羊绦虫病是由寄生在羊小肠内的莫尼茨绦虫(扩展莫尼茨绦虫和贝氏莫尼茨绦虫)、曲子宫绦虫、无卵黄腺绦虫所引起的寄生虫病。土壤螨类是中间宿主。

【治　疗】　治疗药物有丙硫咪唑、硫双二氯酚、氯硝柳胺和吡喹酮。以上药物的用法与剂量依照药物使用说明书。

【预　防】　①可在放牧后1个月左右对羊群进行1次驱虫，驱虫2～3周后再驱1次，这有利于驱杀刚感染的幼虫。②消灭中间宿主,如有条件,可对土壤螨多的牧场,结合草库伦(人工草场)建设和轮牧,有计划地实行休牧,2年后螨的数量可明显减少。③在流行季节和地区,对成年羊及幼羊进行驱虫,以切断虫卵的来源。④合理选择放牧地点和时间。

(四十七)消化道线虫病

羊消化道线虫病也叫羊胃肠虫病,是指由寄生在羊真胃、小肠、大肠内的多种线虫引起的寄生虫病。主要包括:真胃和小肠的毛圆线虫,特别是血矛线虫、蛇形毛圆线虫;小肠的羊仰口线虫(钩虫病);大肠的夏伯特线虫;结肠的食管口线虫(结节虫病)等。一般情况下,本病在夏、秋季出现传播高峰。大量线虫寄生,夺取羊的营养,破坏消化道的结构和功能,也可能产生毒素,影响羊的发育、生长,特别是对羔羊的影响更大,严重时可造成死亡。

【治　疗】　左旋咪唑、噻苯咪唑、丙硫苯咪唑、1%伊维菌素(害获灭)注射剂。药物的用法和剂量依据药物使用说明书。

【预　防】　①尽量不要在低洼潮湿的草场放牧,不要在清晨、雨后放牧,饮水要干净清洁。②改善羊圈舍的卫生状况,经常保持通风、干燥,粪尿发酵处理。③我国北方,可在每年12月份至翌年1月份对羊进行预防性驱虫。在放牧季节,可将硫化二苯胺拌在精料中喂服,可起到药物预防的作用。

(四十八)肺线虫病

羊肺线虫病是由网尾科的丝状网尾线虫(大型肺丝虫)和原圆科的多种线虫(小型肺丝虫)寄生于羊的支气管、细支气管和肺泡内引起的寄生虫疾病。

【治　疗】　丙硫苯咪唑、四咪唑、1％伊维菌素注射剂、氰乙酰肼。发病初期只需 1 次给药,对严重的可连续给药 2～3 次。

药物的用法与剂量依据药物使用说明书。

【预　防】　①加强饲养管理,尽量将成年羊和羔羊分群饲养。②经常清扫羊圈舍,对粪尿污物发酵,杀死虫卵。③每年春、秋两季,或羊由放牧转为舍饲时,集中进行驱虫。但驱虫后的粪便要发酵处理。④放牧饲养时注意饮水清洁。

(四十九)脑脊髓丝虫病

又名腰痿病,是由寄生于羊腹腔的丝状线虫的晚期幼虫迷路侵入羊脑或脊髓的硬膜下和实质中,所致的丝虫病。走路困难、卧地不起、甚至死亡。

【治　疗】　应早诊早治,否则难以治愈。

(1)枸橼酸乙胺嗪　剂量 100 毫克/千克体重。每日 1 次,口服,连用 2～5 天,对轻症患羊效果良好。

(2)丙硫咪唑　剂量 20～30 毫克/千克体重。每日 1 次,口服,连用 3～5 天,有一定疗效。

(3)左咪唑　剂量 8 毫克/千克体重。每日 1 次,口服,连用 2～3 天,有一定疗效。

【预　防】　在本病流行地区,应注意检查治疗病羊,消除传染源;注意搞好环境卫生,铲除蚊虫的孳生地,应用杀虫剂驱杀蚊虫,从而切断传播途径;必要时可进行药物预防。

(五十)疥螨病

羊疥螨病是由几种螨虫寄生于羊的体表或表皮内引起的一种慢性接触性寄生虫病。病羊皮肤剧痒、形成痂皮或脱屑、脱毛、消瘦等为特征。具有高度的接触感染性。

【治　疗】

(1)药浴　塔克蒂克,原油(为12.5%乳油)0.6毫升加100毫升水中,即为0.075%溶液,进行药浴,药浴前要饮足水,不要喂得太饱,药浴时将羊头压入水中2~3次。

(2)涂擦疗法　0.1%~0.2%杀虫脒或0.5%敌百虫,蜂毒灵乳剂配成0.05%水溶液,溴氰菊酯乳油,配成0.005%~0.008%的水溶液,涂擦患部,1周后再涂1次。患部要先剪毛,除去痂皮,温水清洗局部后涂擦。

(3)针剂疗法　肌内或皮下注射伊维菌素注射液。

【预　防】　①经常检查羊群,发现有发痒、掉毛现象的羊,应及时挑出进行检查和治疗,治愈的应隔离观察20天,如不复发,用药涂擦后,再放回羊群。②注意羊舍和羊体表皮肤卫生,定期做预防处理,要坚持每年药浴1~2次。③引种或新进羊只要隔离观察,确保无此病时再入群。④保持羊圈及运动场的干燥、通风,定期消毒。

(五十一)痒螨病

本病的治疗与预防,参考前项疥螨病防治的相关内容。

(五十二)蠕形螨病

又名毛囊虫病,是由蠕形螨寄生毛囊和皮脂腺引起的皮肤病。消瘦、皮革质量下降,对养羊业造成一定的危害。

【治　疗】　皮下注射伊维菌素,剂量0.2毫克/千克体重。

【预　防】　注意观察羊群,发现病羊及时隔离治疗;对病原污染的场地和用具,用杀螨剂进行消毒。

(五十三)羊鼻蝇蛆病

羊鼻蝇蛆病是由羊狂蝇幼虫寄生于羊的鼻腔及鼻窦引起的一种慢性寄生虫病。病羊表现不安、慢性鼻窦炎和额窦炎症状。幼虫在鼻腔和额窦内活动的过程中,以口钩刺入鼻道、额窦、损伤黏膜引起炎症。幼虫在鼻腔内寄生 9~10 个月,到翌年春季,幼虫成熟后从鼻孔爬出。刺激羊打喷嚏,被喷出落入地上,钻入表土中化蛹,蛹经 1~2 个月后羽化为蝇。

【治　疗】　①敌百虫酒精水溶液,肌内注射,对第一期幼虫有 90% 以上的杀灭效力。但对第三期幼虫无效。②精制敌百虫,对第一期幼虫有效,对第三期幼虫无效。③夏、秋季节应用 3% 来苏儿溶液或 1% 敌百虫溶液喷射羊鼻孔,驱除第一期幼虫效果较好。④碘醚柳胺,可杀灭 98% 以上的羊狂蝇各期幼虫。

【预　防】　①在本病严重流行地区,要坚持每年对第一期幼虫的驱虫。②夏秋季节成虫飞翔产卵时,实行高山放牧和早、晚放牧。③对价值高的羊只在成蝇侵袭季节可改为舍饲,并定期驱蝇。

(五十四)梨形虫病

羊梨形虫病是由羊泰勒虫寄生在羊红细胞内引起的一种蜱传性疾病。主要病原体是山羊泰勒虫、绵羊泰勒虫和绵羊巴贝斯虫,前者致病性强,病死率高,我国主要为此病原。

【治　疗】　①治疗中要坚持早期确诊、早期用药治疗。②常用药物有三氮脒(贝尼尔),盐酸喹啉脲(阿卡普林)。

药物的用法及剂量依照药物使用说明书。

【预　防】　预防本病的关键是灭蜱。

(五十五)弓形虫病

是由原生动物——龚地弓形虫引起的人、兽共患寄生虫病。本病的中间宿主非常广泛,包括人和许多种哺乳动物、鸟类和一些变温动物。终末宿主仅为猫、豹、猞猁等猫科动物。病原除在中间宿主与终末宿主之间循环传递之外,更为重要的是可以在中间宿主范围内相互经口、皮、胎盘水平传播。故本病在世界上广泛传播。本病危害严重,但尚未引起重视。原因就在检虫较难。

【治　疗】　对急性病例可用磺胺类药物,与抗菌增效剂联合使用效果更好,也可使用四环素族抗生素和螺旋霉素等,但不能杀灭包囊内的慢殖子。

(1)磺胺嘧啶＋甲氧苄胺嘧啶　剂量前者70毫克/千克体重,后者14毫克/千克体重。每日2次,口服,连用3～4天。

(2)磺胺甲氧吡嗪＋甲氧苄氨嘧啶　剂量前者30毫克/千克体重,后者10毫克/千克体重。每日1次,口服,连3～4天。

(3)磺胺-6-甲氧嘧啶　剂量60～100毫克/千克体重;或配合甲氧苄氨嘧啶(14毫克/千克体重),每日1次,口服,连用4天。可以改善症状,并阻止速殖子在体内形成包囊。

【预　防】　做好羊舍卫生,定期消毒,草料饮水严禁被猫排泄物污染;对羊的流产胎儿及其排泄物要进行无害化处理,流产场地也应严格消毒;死于本病的畜禽尸体,要严格处理,以防污染环境或被猫及其他动物吞食。

(五十六)球　虫　病

羊的球虫病是由几种艾美尔球虫寄生在羊肠道黏膜上皮细胞内而引起的一种急性接触性或慢性肠炎性的疾病。病羊以出血性腹泻、精神委顿、体重减轻等为特征,在粪便中可发现卵囊。

【治　疗】

(1)盐酸氨丙啉　每日每千克体重145毫克,混饲2～3周。

(2)磺胺二甲氧嘧啶　每日每千克体重50～100毫克,连服3～5天,对急性病例有效。

(3)盐霉素　每日每千克体重0.3321毫克,连喂2～3周有效。

(4)磺胺二甲氧嘧啶配合甲氧苄啶　按5∶1比例配合,每日每千克体重口服0.1克,连用2天,有治疗效果。

【预　防】　①在有羊球虫病流行的地区应采取隔离、治疗、消毒的综合性措施。②成年羊多半是带虫者,应当将其与羔羊分开饲养,发现病羊后立即隔离治疗。③羊圈要洁净、干燥;粪便、垫草等污物要集中进行生物热发酵处理,并保持饲料和饮水的清洁卫生。

(五十七)口　炎

口炎是口腔黏膜炎症的总称,包括腭炎、齿龈炎、舌炎、唇炎等。临床上以流涎、采食、咀嚼障碍为特征。口炎按其炎症性质可分为卡他性口炎、水疱性口炎、溃疡性口炎、脓疱性口炎、蜂窝织炎性口炎、丘疹性口炎等,其中以卡他性口炎、水疱性口炎和溃疡性口炎较为常见。

【治疗】　加强管理,饲喂柔软饲草,避免饲喂粗硬、尖锐的劣质饲草,防止因口腔受伤而发生原发性口炎;用0.1%高锰酸钾溶液或20%盐水冲洗患部;用1∶9的碘甘油或碘酊涂擦患部;病羊有全身反应时,可用青霉素、链霉素,一次肌内注射;对传染病合并口腔炎症者宜隔离消毒。

【预防】　搞好平时的饲养管理,合理调配饲料,防止尖锐的异物、有毒的植物混于饲料中;不喂发霉变质的饲草、饲料;服用带有刺激性或腐蚀性的药物时,一定按要求使用;正确使用口衔和开口器;定期检查口腔,牙齿磨灭不齐时,应及时修整。

(五十八)瘤胃酸中毒

瘤胃酸中毒是因采食大量的谷类或其他富含碳水化合物的饲料后,导致瘤胃内产生大量乳酸而引起的一种急性代谢性酸中毒。其特征为消化障碍、瘤胃运动停滞、脱水、酸血症、运动失调、衰弱,常导致死亡。

【治疗】　纠正瘤胃及全身酸中毒,恢复电解质平衡,维持循环血量,恢复胃肠功能。①为制止瘤胃内继续产生乳酸,可用1%石灰水上清液及2%～3%碳酸氢钠溶液,反复洗胃,直至洗出液呈碱性为止。②为缓解机体酸中毒,可应用5%碳酸氢钠静脉注射,其剂量需根据病羊血浆二氧化碳结合力加以确定。③为解除脱水,可用生理盐水、复方氯化钠或5%葡萄糖注射液,静脉注射。

【预　防】　本病的预防,主要在于加强饲养管理,合理地调制加工饲料,正确安排日粮组合,严格控制谷物精料的饲喂量,保持饲料精粗适宜比例,防止羊只偷吃精料。

(五十九)食管阻塞

食管阻塞,俗称"草噎",是食管被食物或异物阻塞的一种严重食管疾病。按阻塞程度分为完全阻塞与不完全阻塞;按阻塞部位分为颈部食管阻塞、胸部食管阻塞、腹部食管阻塞。

【治　疗】　①如阻塞物位于颈部,可用手沿食管轻轻按摩,使其上行,以便从咽部取出。②如堵塞物位于胸部食管,可先将1%普鲁卡因溶液10毫升和液状石蜡50毫升,用胃管送至阻塞物位置,然后用硬质胃管推送阻塞物,使阻塞物进入瘤胃。③发生瘤胃臌胀严重时,应及时用粗针头或套管针放气,防止发生死亡。④在无希望取出或下咽时,需要施行外科手术将其取出。无价值施行手术时,宜及早屠宰作为肉用。

【预　防】　加强饲养管理,定时饲喂,防止饥饿;过于饥饿的羊应先喂草,后喂料,少喂勤添;饲喂块根、块茎饲料时,应切碎后再喂;豆饼、花生饼等饼粕类饲料,应经水泡制后,按量给予;堆放马铃薯、甘薯、胡萝卜、萝卜、苹果、梨的地方,不能让羊通过或放牧,防止骤然采食;施行全身麻醉者,在食管功能未复苏前,更应注意护理,以防发生食管阻塞。

(六十)前胃弛缓

前胃弛缓是指前胃神经肌肉感受性降低,收缩力减弱,瘤胃内容物运转迟滞,菌群失调,产生大量发酵和腐败物质,引起消化障碍,食欲、反刍减退,乃至全身功能紊乱的一种疾病。多见于山羊,绵羊较少发病。

【治　疗】　消除病因,采用饥饿疗法,或禁食1~2天,然后供给易消化的饲料；药物疗法，一般先投泻剂，兴奋瘤胃蠕动，防腐制酵。成年羊可用硫酸镁或人工盐，液状石蜡，番木鳖，大黄酊，加水一次灌服；10%氯化钠，生理盐水，10%氯化钙，混合后一次静脉注射；也可用酵母粉、红糖、酒精、陈皮酊，混合加水适量，灌服；瘤胃兴奋剂，可用2%毛果芸香碱，皮下注射；防止酸中毒，可灌服碳酸氢钠。

【预　防】　加强饲养管理，注意饲料的选择、保管，防止霉败变质；应依据日粮标准饲喂，不可任意增加饲料用量或突然变更饲料；圈舍须保持安静，避免奇异声音、光线和颜色等不利因素刺激和干扰；注意圈舍卫生和通风、保暖，做好预防接种工作。

(六十一)瘤胃积食

瘤胃积食又称瘤胃食滞、瘤胃阻塞、也称为急性瘤胃扩张，中兽医称宿草不转，是因前胃收缩力减弱，采食的大量干燥饲料停滞所引发的急性瘤胃扩张。舍饲条件下多发，山羊比绵羊多发，老龄羊多发。

【治　疗】　应消导下泻，制酵防腐，纠正酸中毒，健胃补充液体。下泻，可用液状石蜡100毫升，人工盐50克或硫酸镁50克、芳香氨醑10毫升，加水500毫升，一次灌服。解除酸中毒，可用5%碳酸氢钠注射液100毫升灌入输液瓶，另加5%葡萄糖注射液200毫升，静脉1次注射，或用11.2%乳酸钠注射液30毫升，静脉注射；为防止酸中毒继续恶化，可用2%石灰水洗胃。心脏衰弱时，可用10%樟脑磺酸钠注射液4毫升，静脉或肌内注射。对危重病例，当认为使用药物治疗效果不佳，且病羊体况尚好时，应及早施行瘤胃切开术，取出内容物，并用1%温食盐水冲洗。必要时，接种健康羊瘤胃液。

【预　防】　平时要注意饲养管理，不能大量喂给纤维素多又干燥不易消化的饲料，以及粉碎过细的粗饲料。饲喂时要饮足水，喂给精料要严格掌握饲料标准，不能一次喂得过多，或多少不均。

舍饲期间要注意羊只运动。

(六十二)急性瘤胃臌胀

瘤胃臌胀是羊吃了大量容易产生气体的饲料,气体大量积聚而导致瘤胃过度膨胀。嗳气受阻,呼吸困难及黏膜发绀为其特征。瘤胃臌胀按病因分为原发性和继发性臌气;按病的性质分为泡沫性和非泡沫性臌胀。

【治　疗】　治疗原则是:排气减压,缓泻制酵,恢复瘤胃功能。

(1)排气减压　对一般轻症病例,可给制酵剂,如鱼石脂,或松节油30毫升,一次内服;或菜籽油(或液状石蜡)250～500毫升,松节油40～50毫升,常水500毫升,一次内服,多在30分钟左右见效。重症病例,要立即插入胃管排气,或用套管针在左肷窝部进行瘤胃穿刺放气。放气时应缓慢进行,以免放气速度过快发生脑贫血而昏迷。放气后,可由套管内注入3%来苏儿15～20毫升,或福尔马林10～15毫升,加水适量,以制止继续发酵产气。对于泡沫状瘤胃臌胀,可用植物油或液状石蜡250～500毫升,一次内服;或二甲基硅油10～15克,加温水适量,一次内服。

(2)缓泻制酵　可用硫酸镁80～100克,加水1500～2000毫升,一次内服。

(3)恢复瘤胃功能　可酌情选用兴奋瘤胃蠕动的药物,具体措施参见前胃弛缓的治疗。

【预　防】　加强饲养管理,防止贪食过多幼嫩多汁的豆科牧草,尤其是舍饲转为放牧时,应先喂些干草或粗饲料,适当限制在牧草幼嫩茂盛时的牧地和霜露浸湿的牧地上的放牧时间。切忌过多饲喂豆科牧草(尤其是未开花的豆科牧草),若饲喂时,最好在收割稍干后,并控制饲喂量,这样较为安全。通常,在预测该病较易发生的季节里,可在放牧草场上撒上一定量的植物油,经3～4小时后再行放牧,或给放牧羊群口服一定量的表面活性剂等。这在预防该病的发生上都是有效措施。

(六十三)瓣胃阻塞

瓣胃阻塞又称瓣胃秘结,中兽医称为"百叶干",是由于羊瓣胃收缩力量减弱,食糜排出不充分,通过瓣胃的食糜积聚,充满于瓣叶之间,水分被吸收,内容物变干而致病。其临床特征为瓣胃容积增大、坚硬,腹部胀满,不排粪便。

【治　疗】　病的初期可用硫酸钠或硫酸镁80~100克,加水1500~2000毫升,一次内服;或液状石蜡500~1000毫升,一次内服。同时,静脉注射促反刍注射液200~300毫升,增强前胃神经兴奋性,促进前胃内容物的运转与排除。顽固性瓣胃阻塞,可用瓣胃注射疗法。刺入瓣胃后,可先注入20毫升生理盐水,再注入25%硫酸镁溶液30~40毫升,液状石蜡100毫升(交替注入瓣胃),于第二天重复注射1次。瓣胃注射后,可用10%氯化钙注射液10毫升、10%氯化钠注射液50~100毫升、5%糖盐水150~300毫升,混合一次静脉注射。待瓣胃松软后,皮下注射0.1%氨甲酰胆碱注射液0.2~0.3毫升,兴奋胃肠运动功能,促进积聚物排出。

【手术治疗】　在早期如无并发症,采取手术治疗,施行瘤胃切开术,从胃壁上摘除金属异物,同时加强护理措施。如病程发展到心包蓄脓阶段,常以淘汰而告终。

【预　防】　本病在饲养上要注意检查饲料品质,不能混入铁器、家庭用针。加工饲料时最好增设清除金属异物的电磁装置,除去饲料、饲草中的铁物,以防本病的发生。

(六十四)创伤性网胃腹膜炎

异物刺激网胃壁而发生的病。表现急性前胃弛缓,胸壁疼痛,间歇臌胀。实验室检查白细胞总数增加,白细胞分类核左移等。

【治　疗】　确诊以后可进行瘤胃切开术,清理排除异物。如果发展到了心包蓄脓,应立即淘汰。

对症治疗,消除炎症,用青霉素40万～80万单位、链霉素50万单位,一次肌内注射。也可用磺胺嘧啶钠5～8克、碳酸氢钠5克,加水口服,每日1次,连用1周以上。还可用氨苄青霉素1克或头孢唑啉林钠1克,5%葡萄糖注射液250毫升,0.4%替硝唑注射液100毫升,静脉注射。选用健胃剂、镇痛剂。

【预　防】　清除饲料中的异物,在饲料加工设备中,安装磁铁,用来排除铁物,并禁止在牧场、羊舍堆放铁器。饲喂人员勿带尖细的铁器用具进羊舍,以防混落在饲料中被羊食入。

(六十五)创伤性心包炎

本病的防治,参考创伤性网胃腹膜炎病的相关内容。

(六十六)皱胃阻塞

皱胃内积满过多的食糜,使胃壁扩张体积增大,胃黏膜、胃壁发炎,食糜不能排入肠道。表现前胃弛缓,胃肠蠕动停止,皱胃扩大,在右侧下腹触诊可感到皱胃坚硬,并显疼痛,病至后期不能排粪。

【治　疗】　皱胃注射,25%硫酸镁溶液50毫升,甘油30毫升,生理盐水100毫升混合液。部位:右腹下肋骨弓处,触摸皱胃胃体,在胃体突起的腹壁部,局部剪毛、碘酊消毒,用12号针头刺入腹壁及皱胃胃壁,再用注射器吸取胃内容物,见到胃内容物,可将药注入。待10小时后,再用胃肠通注射液1毫升(小羊0.5毫升),一次皮下注射,每日2次。或用比赛可灵注射液2毫升,皮下注射,可重复使用。也可用液状石蜡100毫升,陈皮酊10毫升,一次灌服。

种羊,药物无效,可切开皱胃排除阻塞物。

哺乳羔羊,过食羊奶凝乳块聚集皱胃,或因毛球移至幽门不能下行而阻塞皱胃,使用液状石蜡20毫升,水合氯醛1克,复方陈皮酊3毫升,三酶合剂(胖得生)5克,加温水20毫升,一次灌服。病羔可诱发胃肠炎,应做全身保护治疗。

【预　防】　加强饲养管理,去除致病因素,特别应注意饲料品质和调配加工。做到定时定量喂料,供给足量清洁饮水。冬季注意圈舍保暖和环境卫生。

(六十七)绵羊肠扭转

肠管位置改变致使肠腔机械性闭塞,接着肠出血、麻痹、坏死。表现重剧腹痛。如不及时整复,可导致100%急性死亡。本病平时少见,多发于剪毛后,故又称剪毛病。

【治　疗】　整复为主,镇痛为辅。

(1)体位整复法　助手抱住病羊胸部,将羊提起,使羊臀着地,羊背紧挨助手腹部和腿部,让羊腹松弛,像人伸腿坐地样。术者蹲于羊前方,双手握拳,分别置两拳于病羊左、右腹壁中部,紧挨腹壁,交替推揉,每分钟推揉60次左右,助手同时晃动羊体,推揉5～6分钟后,再由两人分别提起病羊1侧前、后肢,背着地面左右摆动10余次。放下羊让其站立,再持鞭驱赶,令羊奔跑8～10分钟,观察结果。推揉时,术者用力要适中,应使肠管、瘤胃晃动散开,腹壁紧张性减轻,病羊安静,可视为整复术成功。

(2)手术整复法　体位整复法失败,应立即剖腹探查,扭转部位,整理肠管使之复位。手术整复后,应做如下治疗:镇痛用安痛定、美散痛、水合氯醛、三溴合剂,口服;也可静脉注射10%葡萄糖注射液500毫升,5%碳酸氢钠注射液100毫升,环丙沙星0.2克,0.4%替硝唑注射液100毫升。连续注射3天。

(六十八)胃肠炎

胃肠炎是胃肠壁表层和深层组织的重剧性炎症。临床上很多胃炎和肠炎往往相伴发生,故合称为胃肠炎。

【治　疗】　治疗原则是消除炎症、清理胃肠、预防脱水、维护心脏功能,解除中毒,增强机体抵抗力。可用磺胺脒,加水适量,内服;可内服诺氟沙星或者肌内注射庆大霉素、环丙沙星等抗菌药物,连用3~5天。脱水严重的病羊,可用5%葡萄糖、10%樟脑磺酸钠注射液、维生素C注射液混合,静脉注射。

【预　防】 采用科学的饲养管理措施。不饲喂霉烂变质和冰冻饲料,饲喂定时、定量,饮水要清洁、干净,保持羊舍内卫生、干燥、通风。

(六十九)小叶性肺炎

小叶性肺炎又称支气管肺炎或卡他性肺炎,是病原微生物感染引起的以细支气管为中心的个别肺小叶或几个肺小叶的炎症。其特征是呼吸困难,弛张热;叩诊胸部有局灶性浊音区,听诊肺有捻发音。

【治　疗】
(1)消炎止咳　可用10%磺胺嘧啶,或青霉素和链霉素联合,肌内注射,每日2次,连用3~5天。可使用氯化铵、酒石酸锑钾、杏仁水,加水混合灌服,也可用青霉素、0.5%普鲁卡因,气管注入。

(2)解热强心　可用复方氨基比林或水杨酸钠,口服;10%樟脑水注射液,肌内注射。

【预　防】 加强饲养管理,保持圈舍卫生,防止吸入灰尘。勿使羊受寒感冒,杜绝传染病感染。

(七十)化脓性肺炎

是由小叶性肺炎继发而来。防治措施参考小叶性肺炎的相关内容。

(七十一)吸入性肺炎

是由灌药不慎将药物、植物油类误咽气管、支气管、肺而引起的炎症。表现咳嗽、气喘和流涕,听诊肺有捻发音。

【治　疗】 青霉素80万单位肌内注射,每日1~2次,连续

4~7天。同时用青霉素40万单位、0.5％普鲁卡因10~15毫升，做气管注射，每日或隔日1次，注射2~5次，并配合应用泻肺平喘、镇咳祛痰等中药，如葶苈子9克、川贝母6克、玄参9克、远志3克、杏仁2克、甘草1.5克，水煎取汁，口服。咳嗽严重，不能投水剂给羊，可做成舔剂投服。肺脓肿时，可用10％磺胺嘧啶钠注射液20毫升，或选用头孢哌酮0.5克、生理盐水100毫升，静脉注射，连用3天。治疗过程中，应维护心脏功能及其对症疗法。为此，除交互应用强心剂咖啡因和樟脑油外，还可用5％葡萄糖注射液、10％葡萄糖氯化钙以及酒精葡萄糖酸钙注射液静脉注射，以强心和维持全身营养。食欲差者，要给健胃剂。

食饵疗法，甚为重要。每日早、晚将羊牵出放牧对促进食欲、加速康复有益。

【预　　防】　胃管投药应特别谨慎，万不可让羊误咽。

(七十二) 羔羊白肌病

是由于羊体内缺乏硒及维生素E所引起的以心肌营养不良、肌肉变性、渗出性素质和脑软化为主要病变，且表现形式多样的营养代谢病。除羊以外，其他动物均可发生，以幼羊为严重，野生动物也可见到。多发生于缺乏青饲料的冬末春初季节。

【治　　疗】　①0.2％亚硒酸钠注射液1.5~2毫升，配合维生素E制剂100~500毫克，根据病情，间隔1~3天重复注射1~3次。②饲料中补加硒-维生素E。

【预　　防】

(1) 饲料预防　①增加青饲料与富含硒及维生素E的饲料，每千克饲料中含硒0.1毫克，对硒缺乏症的预防极为有效。同时应防止饲喂发霉饲料及变质的油脂饲料。②放牧饲养，对本病的预防有着良好的效果。③利用紫云英属的黄芪等富硒植物作补充饲料。

(2) 药物预防　①在本病多发地区，于羔羊出生后20天，用0.2％亚硒酸钠注射液1毫升肌内或皮下注射，间隔20天再注射

1.5毫升。② 妊娠母羊皮下注射亚硒酸钠液4~6毫升,有预防新生羔羊白肌病作用。

(七十三)酮 病

酮尿病又称醋酮血病、酮血病、酮尿病。这是蛋白质、脂肪和糖的代谢发生紊乱,在血液、乳、尿及组织内酮的化合物蓄积而引起的疾病。多见于营养好的羊、高产母羊及妊娠母羊,死亡率高。

【治 疗】 先提高血糖的含量,静脉注射高渗葡萄糖,每日2次,连续3~5天。发病后可立即肌内注射可的松或促肾上腺皮质素,每日1次,连用4~6天。内服甘油,每日2次,连续7天。为了恢复氧化-还原过程及新陈代谢,可口服柠檬酸钠或醋酸钠。

【预 防】 改善饲养条件,冬季防寒,并补饲胡萝卜、甜菜等;春季补饲青干菜,适当补饲精料(以豆类为主)、骨粉、食盐及维生素A和B族维生素、维生素D等。

(七十四)绵羊脱毛症

是指在非寄生虫性、皮肤无病变的情况下,被毛发生脱落,或是被毛发育不全的总称。

【防 治】 增喂维生素和微量元素,加强饲养管理,改换放牧地。饲料中添加0.2%硫酸锌,每周口服硫酸铜1.5克,增喂精饲料。冬季增喂胡萝卜、青干苜蓿、青贮玉米,可起到一定的预防作用。

在病程中,应清理胃肠、维护心脏功能,防止病情恶化。

(七十五)尿 结 石

尿结石病是尿路中盐类结晶析出所形成的凝结物,嵌入泌尿道而引起尿道发炎,排尿功能障碍的一种疾病,本病多发生于成年羊,尤其是种公羊,无季节性。

【治 疗】 对于发现及时、症状较轻的病羊,让其大量饮水和饲喂液体饲料,同时投服利尿药及消炎药物(青霉素、链霉素、乌洛托品等)。对于药物治疗效果不明显或完全阻塞尿道的羊只,可进行手术治疗。

【预　防】　平时饲养,不能长期饲喂高蛋白质、高热能、高磷的精饲料及块根类、颗粒饲料,多喂富含维生素 A 的饲料;及时对泌尿器官疾病进行治疗,防止尿液滞留,平时多喂多汁饲料和增加饮水。另外,对于无治疗价值的羊,及早淘汰处理。

(七十六)佝偻病

佝偻病是羔羊骨骼发育过程中,由于钙、磷代谢障碍和维生素 D 缺乏,致使软骨骨化发生障碍,骨基质钙化不全的一种营养性慢性骨病。饲料或动物体维生素 D 缺乏是佝偻病的主要病因。

临床上以消化不良,运动障碍和长骨弯曲、变形为特征。羔羊等各种幼龄动物均可发生。

母乳中维生素 D 缺乏,羔羊断奶过早而饲料中又缺乏维生素 D;饲料植物和幼羊日光照射不足;羔羊胃肠、肝、肾疾病使维生素 D 的吸收、转化发生障碍等。都会引起机体维生素 D 缺乏,进而影响钙、磷代谢和骨钙的沉积而发生佝偻病。

日粮钙、磷缺乏或比例失衡,也是本病发生的重要原因。

日粮中钙、磷含量充足,且比例适当,才能被机体吸收、利用,机体对维生素 D 的需要量很少;但当钙、磷任何一种缺乏或比例不平衡时,羊只对维生素 D 的缺乏极为敏感。因此,当日粮钙、磷缺乏或比例不平衡,日粮中蛋白或脂肪性饲料过多,在代谢过程中形成大量酸类,与钙形成不溶性钙盐大量排出体外,导致机体缺钙等;同时,在维生素 D 缺乏时,引起骨样组织和软骨组织矿化不全而发生佝偻病。

【治　疗】　可用维生素 D_2 0.5 万~2 万单位,肌内注射;或维丁胶性钙注射液 1~4 毫升,肌内注射;维生素 AD 注射液 0.5~4 毫升,肌内注射。浓缩鱼肝油 0.5~4 毫升,肌内注射,或混于饲料中喂给,每日 5~50 滴。

钙制剂一般与维生素 D 配合应用,碳酸钙 0.2~0.5 克/只,或磷酸钙 0.2~0.5 克,或乳酸钙 0.1~0.4 克,内服。用药时间根据病情来定。

大群羔羊可用中药三仙蛋壳粉:焦山楂、神曲、麦芽各 60 克,蛋壳粉(烘干为末)120 克,混合后按每只羔羊每日 12 克内服(饲料中添加)。

【预　防】　加强妊娠母羊的饲养管理,首先要调整日粮中钙、磷的含量及比例,增喂骨粉、贝壳粉等矿物性补料和钙制剂,供给充足的青绿饲料和青干草。将羔羊置于阳光充足、温暖的羊舍,适当进行舍外运动。

(七十七)氢氰酸中毒

氢氰酸中毒是由于羊采食了含有氰苷的植物或误食氰化物,如高粱苗、胡麻苗、玉米苗,在胃内由于酶的水解和胃液盐酸作用,产生游离的氢氰酸而致病。发病急,呼吸困难,肌肉震颤为其特征。

【治　疗】　①尽快应用解毒剂,先用亚硝酸钠或大剂量亚甲蓝,随即静脉注射硫代硫酸钠,使之生成无毒的硫氰酸盐而排出体外。②为阻止胃肠内的毒物继续被吸收,可内服或瘤胃内注射硫代硫酸钠,也可洗胃、催吐,大剂量静脉注射葡萄糖。

【预　防】　不要用高粱幼苗、亚麻的茎叶喂羊,也不要到长有高粱幼苗和蒙古扁桃幼苗的地方放牧。亚麻籽饼最好干喂,喂完后不要马上饮水,饲喂量也不要过大。购入大量亚麻籽饼时,应测定氢氰酸的含量,符合标准后再饲喂羊。

(七十八)有机磷中毒

羊采食有机磷农药污染的饲料或给羊使用过量的有机磷药品,致使羊中毒。其特征是胆碱酯酶活性受到抑制,而导致神经功能紊乱。

【治疗】 ①除去未吸收的毒物,碱性药物能使有机磷农药分解而减低毒性,但需注意敌百虫。为促进胃肠内毒物排出,可投服盐类泻药。②应用特效解毒剂,生理拮抗剂:阿托品可与乙酰胆碱竞争受体,阻断乙酰胆碱和 M 型胆碱能受体的结合,因此能拮抗乙酰胆碱对 M 型受体的作用。胆碱酯酶复活剂:解磷定、氯解磷定、双复磷等与磷酰化胆碱酯酶的磷原子结合,形成磷酰化解磷定,释放出胆碱酯酶。

【预防】 对农药的使用和管理要建立严格的保管制度,已使用农药的农田和牧地,要经过 2~3 周后才能割草或放牧。用有机磷药物驱虫或药浴时,必须严格掌握剂量、浓度和使用方法。

(七十九)流 产

流产是妊娠期满以前,由于各种原因,引起胎儿死亡后被吸收或排出,从而使妊娠中断的疾病。可发生在妊娠的各个阶段,但以妊娠早期较为多见。有时发生大批羊流产,损失很大。流产的原因很多,可以概括为三类,即传染性流产、寄生虫性流产和普通流产(非传染性流产)。每类流产又可分为自发性流产和症状性流产。自发性流产为胎儿和胎盘发生反常或直接受到影响而发生的流产;症状性流产是妊娠母羊某些疾病的一种症状,或者是饲养管理不当导致的结果。

【治疗】 首先应确定属于何种流产以及妊娠能否继续进行,在此基础上再确定治疗原则。

(1)对先兆流产的处理 临床上出现妊娠母羊腹痛、起卧不安、呼吸脉搏加快等现象,可能流产(普通型流产治疗)。处理的原则为安胎,使用抑制子宫收缩药,但必须诊断胎儿死活,死胎时促其尽快排出,净化子宫;如为活胎,则可采用如下措施保胎。

①肌内注射孕酮 10~20 毫克,每日 1 次,连用 2~3 次。为防止习惯性流产,也可在妊娠的一定时间,试用孕酮。

②给以镇静剂 如硫酸镁等。

③中药保胎散 特别是在不能肯定胎儿死活的情况下,尽量用中药,每日1剂,连用2剂。白术安胎散。白术10克,当归8克,砂仁6克,川芎6克,白芍8克,阿胶(炒)8克,党参8克,陈皮10克,苏叶10克,黄芩10克,甘草6克;生姜6克为引。

先兆流产经上述处理,病情仍未稳定下来,阴道排出物继续增多,起卧不安加剧;流产已成难免,应尽快促使子宫内容物排出,以免胎儿死亡腐败后引起子宫内膜炎,影响以后受胎。

(2)取出干尸或胎骨

①先打开子宫颈 首先可使用前列腺素制剂,0.1毫克/1次肌内注射,继之或同时应用雌激素,10～20毫克/2次肌内注射,溶解黄体并促使子宫颈开张。

②取出干尸或胎骨 干尸化胎儿,由于胎儿头颈及四肢蜷缩在一起,且子宫颈开放不大,必须用一定力量或先截胎才能将胎儿取出。同时因为产道干涩,应在子宫及产道内灌入润滑剂。

如胎儿浸溶,须尽可能将胎骨逐块取净。分离骨骼有困难时,须根据情况先加以破坏后再取出。

如治疗得早,胎儿尚未浸溶,仍呈气肿状态,可将其腹部抠破,缩小体积,然后取出。操作过程中,术者须防止自己受到感染。

③子宫处理 取出干尸化及浸溶胎儿后,因为子宫中留有胎儿的分解组织,必须用消毒液冲洗子宫,并注射子宫收缩药,使液体排出。对于胎儿浸溶,因为有严重的子宫炎及全身变化,必须在子宫内放入抗生素,并须特别重视全身治疗,以免发生不良后果。子宫内投药2日1次,连用3～5次,药物可选露它净、碘仿磺胺等。

【预 防】 引起流产的原因是多种多样的,各种流产的症状也有所不同。除个别流产在刚一出现症状时可以试行抑制以外,大多数流产一旦有所表现,往往无法阻止。尤其是群牧羊,流产常常是成批的,损失严重。因此,在发生流产时,除了采用某些治疗方法,以保证母羊及其生殖道的健康以外,还应对整个羊群的情况进行详细调查分析,观察流出的胎儿及胎膜,必要时进行实验室检查,首先做出确切诊断,然后才能提出有效的具体预防措施。

对普通型流产,加强饲养管理。营养全面,即使有其他病,也不易流产。还要避免对妊娠羊机械刺激与应激,注射疫苗时采取保胎措施等。

(八十)难　产

难产是指母羊在分娩时,由于产力、产道和胎儿3个因素中任一发生异常,不能适应胎儿的排出,使分娩过程受阻,分娩时间延长,就叫难产。其实就是分娩困难。

【治　疗】　多数需要手术助产。

(1)治疗原则　为了保证手术助产的效果,难产治疗中必须遵守以下原则。

①手术助产的目的　取出胎儿,挽救母羊,既要争取达到母仔双全,又要注意保全适龄母羊以后的生育能力。为此,在操作紧张的情况下,不可忽视消毒工作,并需重视使用润滑剂,尽可能防止生殖道受到刺激和感染;术后还要在子宫内放入抗菌药物。母仔不能兼顾时,牺牲胎儿,挽救母羊。

②手术助产时间越早,效果越好　剖宫产尤其如此。否则,胎儿已经楔入盆腔,子宫壁紧裹着胎儿,胎水完全流失以及产道水肿等,都会妨碍推回、矫正及拉出胎儿,也会妨碍截胎。而且拖延久了,胎儿死亡,发生腐败,母羊的生命也可能受到危害;即使术后母羊存活下来,也常因生殖道发生炎症而影响以后生育能力。

③术前检查必须周密,措施要果断　根据检查结果,并结合设备条件,慎重考虑手术方案、先后顺序(如果可能使用1个以上的方法)等。只有这样,才能做出正确判断;否则,慌忙下手,中途周折,使母羊遭受多余的刺激,并危害胎儿的生命,甚至弄得进退两难,既无法再进行矫正或截胎,又贻误了剖宫产的时机,结果母羊

和胎儿都受到危害。

如发现母羊预后不佳,必须向羊主说明可能发生的危险,耐心征得他们的同意,才能施术。

(2)治疗方法

①产力性难产　常见产力不足,即阵缩及努责微弱。是分娩时子宫及腹壁的收缩次数少、时间短和强度不够,以致胎儿不能排出。根据在分娩过程中发生的时间不同,通常把它分为两种。分娩一开始就发生的,叫做原发性阵缩及努责微弱。开始时正常,以后由于长久排不出胎儿,子宫肌及腹肌疲劳,收缩力变弱者,称为继发性阵缩及努责微弱。原发性微弱发生的原因很多。内分泌平衡失调,妊娠期间营养不良,体质乏弱,年老,运动不足;全身性疾病,布氏杆菌病,子宫内膜炎引起肌纤维变性,腹膜炎以及子宫和周围脏器粘连等,都可以使收缩减弱。双胎儿或胎水过多使子宫肌纤维过度伸张而引起子宫壁菲薄,腹壁下垂和腹壁疝气等。

催产治疗难产羊,如果手和器械触不到胎儿,可使用刺激子宫收缩的药品。但在给羊使用前,必须确知子宫颈已充分开张,胎儿的方向、位置和姿势正常,骨盆无狭窄或其他异常。否则,子宫剧烈收缩可能发生破裂。

通常使用的催产药物是垂体后叶素或催产素,肌内或皮下注射5~10单位,半小时1次。用药不可过迟,因为分娩开始后1~2天,体内雌激素大为减少,药效即降低;为了提高子宫对药物的敏感性,必要时可注射苯甲酸雌二醇4~8毫克或乙蔗酚8~12毫克。

也可先静脉注射葡萄糖和钙剂,而后行牵引术。

②产道性难产　羊比较常见的是子宫颈狭窄及闭锁,即母羊在分娩时,子宫颈开张不全或完全没有开张。

A. 病因

a. 激素因素。雌激素及松弛素分泌不足,子宫颈因未充分软化,即不能迅速达到完全扩张的程度。

b. 继发因素。流产、难产或产力不足时,阵缩微弱胎儿的头腿不伸入子宫颈,或子宫及产道因难产时间已久而复旧。

除此之外,羊生双胎、胎水过多、胎儿干尸化等,都能导致子宫颈扩张不全。

c. 人为因素。助产太早,胎水流失太早;分娩过程中,如果母羊受到惊吓或不良环境的干扰,也可使子宫颈发生痉挛性收缩,子宫颈口不易扩张。临床上常见分娩前注射黄体酮引起。

B. 治疗及助产。为了促进子宫颈扩张,有药物扩张和机械扩张法。胎囊未破前,可以注射雌激素,如己烯雌酚50~10毫克,为了使子宫颈开大,可配合试用机械性(用手及器械)扩张等方法,然后再注射催产药及葡萄糖酸钙等,以增强子宫的收缩力,帮助扩张。当胎囊及胎儿的一部分已进入子宫颈管时,应向子宫颈管内涂以润滑剂,再慢慢牵引胎儿。

③胎儿性难产

A. 病因。胎儿和骨盆的大小不相适应,胎儿过大、胎儿畸形或2个胎儿同时楔入产道等;胎向不正,竖向和横向;胎位不正,侧胎位和下胎位;胎势不正。

B. 治疗及助产。胎儿性难产助产步骤:探明胎向、胎位、胎势和胎儿的大小;将胎儿慢慢推回子宫;矫正胎儿;拉出胎儿。

保守疗法和产道助产无效时,必须早行剖宫产。

【预　防】　舍饲羊妊娠后期精饲料不能太过,并且要加强运动。

(八十一)阴道脱出

阴道脱出为阴道壁的一部分(部分脱出)或全部(完全脱出)突出阴门之外的疾病,多见于妊娠末期,但产后也有发生。本病多发生于舍饲的羊。妊娠母羊年老经产、衰弱、营养不良、缺乏钙磷等矿物质及运动不足,常引起全身组织紧张性降低;妊娠末期,胎盘分泌的雌激素较多,或摄食含雌激素较多的牧草,可使骨盆内固定阴道的组织及外阴松弛。

在上述基础上,如同时伴有腹压持续增高的情况,如胎儿过大、胎水过多、瘤胃臌胀、便秘、腹泻、产前截瘫、患严重骨软症卧地不起,以及产后努责过强等,压迫松软的阴道壁,均可使其一部分或全部突出于阴门之外。另外,山羊的阴道脱出也可能与遗传有关。

【治　疗】

(1)阴道部分脱出　因病羊起立后能自行缩回,所以仅防止脱出部分继续增大,避免损伤及感染发炎即可。为此,对便秘、腹泻及瘤胃臌胀等病,应及时治疗,给予中药补中益气汤2~3剂内服即可。

(2)阴道完全脱出　必须迅速整复,并加以固定,以防复发。整复及固定方法如下。

①保定　整复前先将病羊保定于前低后高的地方。

②冲洗消毒　用防腐消毒液(如0.1%高锰酸钾、0.05%~0.1%新洁尔灭等)将脱出的阴道充分洗净,若黏膜水肿严重,可先用毛巾浸以2%明矾水进行冷敷,并适当压迫15~30分钟;涂以过氧化氢,可使水肿减轻,黏膜收敛。

③整复推回　整复时先用消毒纱布将脱出的阴道托起,在病羊不努责时,用手将脱出的阴道向阴门内推送;待全部推入阴门以后,再用拳头将阴道推回原位。最后在阴道腔内注入消毒药液或磺胺粉。

④固定,防止再脱　整复后,如病因未除,容易复发,为防止再次脱出,可采用压迫固定阴门或缝合阴门(双内翻缝合)。待病情稳定后拆线。

⑤术后治疗

A. 用抗生素及磺胺类药1个疗程。

B. 中药补中益气汤对阴道脱出有较好疗效。中兽医认为,阴道脱出为三脱症之一,主要是由于气虚血亏、中气下陷、不能固摄

引起,治则以补气养血、提升中气为主,辅以清热解毒、安胎。可用补中益气汤加减,处方如下:

人参 5 克,黄芪 10 克,陈皮 10 克,砂仁 5 克,炙甘草 6 克,升麻 8 克,柴胡 8 克,白术 10 克,当归 10 克,川续断 10 克,金樱子 10 克,每日 1 剂内服;2~3 剂为 1 个疗程。

【预　防】　对妊娠母羊要注意饲养管理。舍饲羊应适当增加运动,提高全身组织的紧张性。病羊给予易消化的饲料。及时防治便秘、腹泻、瘤胃膨胀等疾病,可减少此病的发生。

(八十二)胎衣不下

母羊分娩后经过 3~4 小时,如果胎衣仍不排出,就叫胎衣不下或胎衣滞留。胎衣为胎膜的俗称。

引起胎衣不下的原因很多,主要与产后子宫收缩无力、妊娠期间胎盘发生炎症造成胎盘粘连及胎盘结构(羊为子叶性胎盘易发)等有关。另外激素因素,如流产或早产后容易发生胎衣不下,原因是胎盘幼稚、胎盘上皮未及时发生变性及雌激素、催产素不足,孕酮含量高。

【治　疗】　治疗的方法很多,概括起来可以分为药物疗法和手术疗法两大类。对羊的胎衣不下,首先可采用药物治疗;无效时应用手术剥离的方法,也有人只主张采用药物疗法。

(1)药物疗法　羊产后经过 3~4 小时,如胎衣仍不排出,即应根据情况选用下列方法进行治疗。

①内服中药　益母生化散等,每日 1 剂,连用 2 剂。

处方如下:当归 10 克,益母草 12 克,川芎 5 克,桃仁 5 克,炮姜 6 克,党参 10 克,黄芪 10 克,陈皮 10 克,炙草 10 克,黄芩 10 克,黄柏 6 克。

②促进子宫收缩　肌内或皮下注射催产素 5~10 单位,2 小时后可重复注射 1 次。催产素需早用。

③防止胎衣腐败及子宫感染　等待胎衣排出时,可在子宫黏

膜与胎衣之间放置粉剂土霉素或四环素1~2克,隔日1次,共用2~3次,效果良好。

如以上方法无效,则采取手术疗法。

(2)手术疗法　即剥离胎衣。体格较大的羊可试用。胎衣不下的病羊药物治疗无效时,可在子宫颈管尚未缩小到手不能通过以前(产后2~3天),进行剥离。

剥离胎衣的原则是,容易剥离就坚持剥,否则不可强行剥离,以免损伤子宫,引起感染;尽可能将胎衣完全剥净,体温升高严重的病羊(40℃以上),说明子宫已有炎症,决定剥离时要慎重,以免炎症扩散,加重病情。不剥则对这样的病例可继续采用药物疗法。

①术前准备　母羊外阴部按常规消毒。术者将手臂消毒后,手上如有伤口,不宜进行胎衣剥离,以免感染。操作时必须穿戴长臂乳胶手套、长筒靴及橡皮围裙,有时需戴防护眼镜及口罩。

为了避免胎衣黏附在手上,妨碍操作,可在子宫内灌入生理盐水200~500毫升。母羊努责强烈时,可在后海穴或荐尾间隙注射普鲁卡因。

②手术方法　羊为子叶型胎盘,母包仔型,剥离每个胎盘的方法是,在母体胎盘与其蒂的交界处,用拇指及食指捏住母体胎盘的边缘,轻轻地将胎儿胎盘从母体胎盘中挤出即可;一般需分离几十个子叶。

③术后处理　胎衣剥离完毕后,子宫内要放置抗生素等消炎药物,如露它净等;隔日1次,连用3~5次,防止子宫感染。

手术剥离后数天内,要注意检查病羊有无子宫炎及全身情况。一旦发现变化,要及时全身应用抗生素治疗。

【预　防】　①妊娠母羊要饲喂含钙及维生素丰富的饲料;舍饲羊要适当增加运动时间,产前1周减少精料,补充维生素A、维生素D及硒。②分娩后尽早让羔羊吮乳或挤奶。③分娩后立即饮益母草、当归煎剂或水浸液,亦有防止胎衣不下的效用。④如有条件,分娩后注射催产素10单位,或内服中药产后康、生化汤等,可降低胎衣不下的发病率。

(八十三)子宫炎

子宫内膜炎为子宫黏膜急性、化脓性发炎,如不及时治疗,炎症易于扩散,引起全身败血性炎症。本病常见于产后。

【病　因】　①分娩时或产后期中,微生物可以通过产后感染的途径侵入,尤其是在发生难产、子宫脱出、子宫复旧不全、流产(胎儿浸润)或死胎遗留在子宫内时,均易引起子宫内膜发炎。②患布氏杆菌病、沙门氏菌病以及其他许多侵害生殖道的传染病或寄生虫病的母羊,子宫内膜原来就存在慢性炎症,分娩之后由于抵抗力降低及子宫损伤,可使病程加剧,转为急性炎症。③胎衣不下,没有及时治疗,腐败、刺激。④产后阴道炎蔓延。⑤公羊有病,配种时传给母羊。

【治　疗】　原则是应用抗菌消炎,防止感染扩散,并促进子宫收缩,清除子宫腔内的渗出液,活化子宫内膜。

(1)全身疗法　用较大剂量抗生素,静脉注射或肌内注射,连用3~5天。

(2)子宫局部　为了清除子宫腔内的渗出物,可以每日在子宫内放入抗生素或其他消炎药物,如露它净、宫安清栓、宫净油等。2日1次,连用3~5次。

对伴有严重全身症状的病例,为了避免引起感染扩散,使病情加重,禁用冲洗疗法,只把抗生素或消炎药物放入子宫内即可;同时要全身应用抗菌药物。

(3)辅助疗法　为了促进子宫收缩和增强子宫防御功能,活化子宫内膜,可以应用催产素、雌激素及麦角新碱。己烯雌酚5~10毫克加催产素10单位,肌内注射,每日1次,连用2~3天。

(4)生物疗法　乳酸杆菌汤10毫升,注入子宫,每日1次,连用3天。

【预　防】　注意助产卫生,加强产后保健,定期检查公羊疾病。

(八十四)乳 房 炎

乳房炎是乳房受到物理、化学、特别是微生物刺激所发生的一种炎性变化,其特点是乳中的体细胞,特别是白细胞增多以及乳腺组织发生病理变化和奶质奶量改变。羊发病率最高是奶山羊。

乳房炎是家畜世界性疾病之一,它不仅影响产奶量,造成经济损失;而且影响奶的品质,危及人的健康。

【病　原】　由多种病原微生物引起,常见的有细菌、支原体、真菌及病毒。

(1)革兰氏阳性菌　是引起乳房炎最常见的细菌。

①链球菌属　主要为无乳链球菌,临床症状不明显,多为慢性经过。

②葡萄球菌属　主要是金黄色葡萄球菌,多于泌乳高产期引起乳房炎。

③棒杆菌属　化脓棒状杆菌,形成化脓及脓肿,常通过外伤感染。

(2)革兰氏阴性菌　主要有大肠杆菌属和产气杆菌属。

(3)其他　支原体、真菌和病毒。

【病原感染途径】　①乳房受污染,附着于乳头管口的病原体经乳头管口进入乳房,在挤奶过程中将病原带入乳头管引起感染。②乳房外伤,病原直接由伤口传入。③其他炎症转移。

【治　疗】　杀灭侵入的病原菌和消除炎性症状。对乳房炎的治疗,历来采用抗生素,也有用磺胺类和呋喃类药的。病情严重者还配合进行全身治疗。为避免病原菌对抗生素产生抗药性和抗生素在奶中的残留,近年来研究用复方中草药进行治疗,效果也较满意。

(1)乳头管注入法　方法是将药液稀释成一定的容量,通过乳头管直接注入乳池,可以在局部保持较高浓度,达到治疗目的。但要注意消毒。注入后,乳头池向乳腺池再到腺泡腺管系顺序轻度向上按摩挤压，迫使药液渐次上升并扩散到腺管腺泡。每日注入1～2次。连用3～5天。

常用的抗菌药物有青霉素类、链霉素、四环素、庆大霉素、卡那霉素、磺胺类药和沙星类药等。中药制剂如双丁注射液，由蒲公英、紫花地丁、赤芍、连翘组成，含生药1克/毫升，10～20毫升/次。

(2) 辅助治疗

①局部冷敷　乳房高度肿胀热痛时，可冷敷、冰敷、冷淋浴以缓解局部症状。

②药物外敷　也可缓解肿胀和疼痛，如中药糊剂、鱼石脂软膏、樟脑油膏等。

③乳房基底封闭　即将0.25%或0.5%盐酸普鲁卡因注射液加入适量青霉素抗生素注入发炎乳区基底结缔组织中，对浆液性乳房炎有一定疗效。

④按摩乳房及增加挤奶次数　可促使乳腺中病原体及其毒素、变质乳的排出，减少炎性物对乳腺的刺激。按摩乳房一般自上而下轻缓进行。强力粗暴地揉、捏、压、搓会增加组织的损伤、出血及病原体的扩散。出血性乳房炎严禁按摩。

有条件的在查明病原菌后，做药敏试验，则可有针对性地应用相应药物进行治疗。

(3) 中药治疗　我国中兽医学称临床型乳房炎为"乳痈"，以清热解毒、活血化淤为治则。常用方剂为复方蒲公英煎剂。处方如下：

蒲公英20克，金银花10克，紫花地丁10克，黄芩10克，板蓝根8克，当归10克，赤芍6克，陈皮10克，鱼腥草10克，丹参10克，甘草6克。内服，每日1剂，3剂为1个疗程。

加味公英散(妊娠母羊忌用)：蒲公英30克，金银花10克，连翘10克，浙贝母10克，丝瓜络10克，通草8克，黄柏10克，皂刺8克，炮山甲8克。内服，每日1剂，3剂为1个疗程。

【预　防】　①羊圈环境和羊体卫生,引起乳房炎的病原菌平时就存在于羊体上和环境中,搞好环境和羊体卫生,就能减少病菌的存在和感染可能,如运动场平整、排水畅通、干燥,保持乳房清洁等。②搞好挤奶卫生,提倡正确的挤奶方法,挤奶前用温水擦洗乳房,用的毛巾和水桶要保持干净,定期消毒。③进行乳头药浴,是预防乳房炎行之有效的方法。据试验,挤奶前后都药浴,比仅在挤奶后药浴效果更好。浸泡乳头的药液,要求杀菌力强、刺激性小、性能稳定、价廉易得。0.3%～0.5%碘甘油效果最好,在我国北方冬季寒冷干燥地区,冬季用可滋润乳头,也可用 0.1%次氯酸钠等。④中药清热解毒等中药定期饲料加入。生芸薹子 20～30 克为 1 剂,拌精料内自食,隔日 1 剂,3 剂为 1 疗程,或黄芪多糖每羊每日 0.2～0.5 克于饲料中加入,连用 5～7 天。⑤干奶期预防主要是向乳房内注入长效抗菌药物,杀灭已侵入和以后侵入的病原体,有效期可达 4～8 周。用青霉素、新霉素、链霉素、环丙沙星、四环素,或多种抗菌药物配合,可制成长效抗生素油剂。现市售有多种干奶药。

(八十五) 创　伤

体表、黏膜和深部组织在外力的作用下所造成的损伤称为创伤。临床表现为破皮、肌肉损伤、出血和疼痛。在临床上根据感染程度,分为新鲜创和化脓感染创。

【治　疗】

(1)新鲜创　新鲜创的治疗原则是预防感染,用 0.1%高锰酸钾液或 0.1%雷佛奴尔液反复冲洗伤口,除去创内异物,洗净后用湿消毒棉球擦干伤口。伤口撒布磺胺粉或碘仿磺胺粉。伤口较小的,不必缝合;伤口较大的,可在洗净、修整创缘后进行结节缝合。根据情况装上绷带。

(2)化脓感染创　化脓感染创的治疗原则是控制感染,排尽脓汁,切除坏死组织,清除异物。用 0.1%高锰酸钾液或 3%过氧化氢液冲洗伤口,在创内撒布磺胺粉或次碘磺合剂。当伤口内化脓停止,肉芽形成,可用磺胺鱼肝油乳剂、3%紫药水涂布。当伤口有厌氧菌感染,发生气性水肿时应及时扩创。

第四章　数学诊断学的理论基础与方法概要

　　数学就是这样一种东西：她提醒你有无形的灵魂，她赋予她所发现的真理以生命；她唤起心神，澄清智慧；她给我们的内心思想增添光辉；她涤尽我们有生以来的蒙昧与无知。

　　　　　　　　　　　　　　　普罗克罗(Proclus)

　　钱学森说："要看得远，一定要有理论。"我认为理论还管举一反三。平时若说一个人"不懂道理"就是在骂他。我想向您说四条。

　　第一，你看，我在前言和理论篇的开头都引用普罗克罗的语录，因为我读十几本数学读物，就是他对数学的认识全面而到位！数学是事物的灵魂，"灵魂"二字我也是新认识到。我原来说任何事物背后都藏有数学。你看人家说是"灵魂"多好。您看市场很平静，数学在起作用；突然打起来了，你去看看，那里准发生了数学不平衡的问题。以前，把数学神秘化了。其实并不神秘，矛盾呀，愉快呀，所有事情，数学都在起灵魂的作用。

　　第二，我写本章理论基础，主要含有两部分内容：一交代定义，我认为定义就是灵魂，而且初中以上的人都能看懂；二交代数学诊断学怎么用的。穿插有故事，所以你可以像读闲书一样去读。力争让你在不知不觉中就懂得了现代科学原理。如果你能记住书中所引用的大学问家的一条语录，我就觉得你已经有了巨大收获！

　　第三，当然，我希望你能记住20字用法，因为你记住20字，你就会使用智能卡诊断疾病。如果还能像读闲书一样，懂得了一些现代科学原理，不但我高兴，你自己恐怕也要蹦起来高兴一番。

　　第四，知识，在百科全书可以查到，或在因特网百度窗口输几个关键字，就会出来一大堆供你选择。然而一种思想或方法、一门新学科,却不是容易表达或学到的。如果你要想有所创造,就必须认真钻一钻了。所谓创造,都是肯钻肯借鉴他人思想而琢磨出来新的东西。

一、诊断现状

我认为有必要将诊断的现状向读者做个交代。

(一)诊断混沌

古今中外,外行不会诊断,内行诊断不一,人们已经司空见惯,习以为常,我们称之为混沌。

1. 初诊混沌的证明

(1)社会证明 ①约99％外行不会诊病。②约1‰内行诊断不一。③尚未找到使之一致的办法。④随机可证。

(2)实例证明 ①报载陈毅元帅重病半年,无病名,会诊是急性盲肠炎,剖腹是结肠癌。②央视《实话实说》报道老谢,6家诊胰腺癌,花几万元未愈;第七家诊断是胆石症,几百元治好了。③刘菁在某学会换届大会上宣读1个病例,请大家帮助诊断,无人回答。④Chengde市进口几头种公牛病了,请国内8位专家诊断8个病名。送走专家牛死光。⑤我们课题组成员(教授)之间做过一次实验:读症状互考,结果没有一个人答对。

(3)学者证明 ①蔡永敏主编《常见病中西医误诊误治分析与对策》的前言中这样写道:"每一病被误诊的病种也相当广泛,多者甚至达到十几种、几十种,误诊的原因也多种多样。"②(美)Paul Cutler著《临床诊断的经验与教训》的前言:"就像盲人摸象一样,学生、教师、专业人士和患者各自都以自己的方式看待医学。……"(第一段);"每一种都是对的。"(第二段);"每一种又都是错的。"(第三段)。③戚仁铎主编《实用诊断学》1002页:"医学是一种不确定的科学和什么都可能的艺术。"1位医师说:"我们是从正面理解的这句话。"

(4)猜硬币试验证明混沌　1角硬币有两面:"1角"字和花草图案。我借用有人已经做过的统计学实验:抛万次以上,猜对"1角"朝向的可能性接近50%。

我写一条专家语句:如果一个人对一个病组内有几种病及其病名都不知道,那么他猜对的可能就只能接近0%。不信,你就试试。这就是外行不会诊病的数学道理。

2. 老法初诊为什么混沌?　①古今凭症状记忆加经验,给患者诊病。但人脑"记不多、错位和遗忘",这就注定了诊断混沌。②莎士比亚说:1千个人就有1千个哈姆雷特(观众观莎剧哈姆雷特感受不同);我说:学生描写老师的作文也不会有2人相同;国际生理学大会早就做过试验证明描述不一。③英文词典说:"No two people think is a like."(没有2个人的想法是相同的)。

此处的①②③都是毫无疑义的现象。还可举出很多例子。关键在于找出解决诊断混沌的办法。

3. 老法初诊混沌的解决办法　科学史已经证明:"数学是解决多种混沌的核心"。因此,我们认为,"数学也是解决老法初诊混沌的核心"。本篇就是为此而写的。

(二)先进的医疗仪器设备与日俱增,但过度"辅检"的做法不可取

毋庸置疑,在应用先进的医疗设备之前,一定要对患者有个初诊病名,再开辅检单。这是正确的操作规程。先开单辅检,甚至过度"辅检"的做法,不可取。因为盲目做"辅检"不但增加了患者的负担,还有可能延误治疗时间,造成不必要的损失。

电脑诊病好用。"美国等先进国家1974年开始研究电脑诊病,结果证明好用,但是不用。阻力有三:医生怕影响地位和收入,患者觉得神秘不敢用,还有法律责任谁负"(李佩珊《20世纪科技史》)。

我们研制智能诊断卡在技术上是完全透明的,人人都可使用,不神秘,也不存在法律责任问题。

(三)从权威人士的论述看医学动向

◇高强(原卫生部领导)2008年在全国政协会议上说:"看病难看病贵目前尚无灵丹妙药。"

◇丹尼尔·卡拉汉:"所有国家或早或迟都会发生一场医疗系统的危机。"

以上所述就是诊断的现状。核心是医疗机构过度诊疗,乱收费。

二、公　理

(一)公理定义

是经过人类长期反复实践的考验,不需要再加证明的句子(命题)。

(二)阐　释

中国科学院院士杨叔子说:"科学知识是讲道理的,但是作为现代科学体系的公理化体系,其前提与基础就是'公理',即所谓'不证自明'的知识,'不证自明'就是讲不出道理,也就是不讲道理,非承认不可"。

现代科学发展特别快。尤其是电脑的进步,日新月异。电脑书店,2个月不去,就有换茬之感。搞科研,尤其是搞电脑诊病的科研,不紧追赶不行。即使追赶,也是追不上。

1985年,大学里电脑也很少或没有。鉴定我们的第一个成果——马腹痛电脑诊疗系统时,有的鉴定委员说:那是个机器,还比我的脑袋好使?现在普及率高了,没有人再怀疑它好使了。

这里仅摘录我们收集到的现代科学公理化体系中的一小部分。目的是在说,你不要怀疑了,它们已经是公理了。这些公理,就是数学诊断的基础。

(三)映射数学诊断学的公理

◎ 伽利略说:"按照给出的方法与步骤,在同等实验条件下能得出同样结果的才能称之为科学。"

◎ 科学文明的显著特征之一是定量。

◎ 电脑能代替人脑的机械思维。

◎ 技术的发展趋势:手工操作→机械化→自动化→智能化。

◎ 马克思说:"一门科学只有在其中成功地运用了数学才是真正发展了的。"

◎ 康德:"在任何特定的理论中,只有其中包含数学的部分才是真正的科学。"

◎ "一门科学从定性的描述到定量的分析与计算,是这门科学达到成熟阶段的标志。"

◎ "数学既是表达辩证思想的一种语言或方式,又是进行辩证思维的辅助工具。"

◎ 只有按一定方式组织起来的数据才有意义。

◎ 不经过加工处理的数据只是一堆材料,对人类产生不了决策作用。

◎ 数据库是在计算机上,以一定的结构方式存储的数据集合能存取和处理。

◎ 数诊学成果可以代表不在现场的医生会诊,还可以实现远程诊疗。

◎ "科学是最高意义的革命力量",是社会物质文明与精神文明的基石。

◎ 科学技术是第一生产力!

◎ 创新就要反对权威;创新就要反对功利;创新就要反对

封闭。

读者朋友,建议你记住伽利略的话,它是防骗的试金石。

三、数学是数学诊断学之魂

(一)数学之重要

古今中外诊病不用数学,故外行不会诊病,内行诊断不一。我们在学习前人和同辈数学论文的基础上,创立了数学诊断学,而且要让农民去诊病,推广阻力不言而喻。因此,我们只有拿伟人和科学大师们对数学的重要性的论述,来证明用数学诊病不是封建迷信,而是现代高科技。我相信农民兄弟能理解。限于篇幅,仅摘录20余段,也未注引文出处,请作者谅解。

◎ 达·芬奇:"数学是真理的标志";"凡是不能用一门数学科学的地方,在那里科学也就没有任何可靠性。"

◎ 伽利略:"自然之书以数学特征写成。"

◎ 钱学森:"所谓科学理论,就是要把规律用数学的形式表达出来,最后要能上计算机去算"。

◎ 钱学森:"定性定量相结合的综合集成方法却是真正的综合分析。"

◎ 霍维逊:"数学是智能一种形式,利用这种形式,我们可以把现象世界的种种对象,置于数量概念的控制下"。

◎ 汤姆逊:实际上,数学正是常识的精微化。

◎ 德莫林斯·波尔达斯:既无哲学又无数学,则就不能认识任何事物。

◎ 科姆特:"只有通过数学,我们才能彻底了解科学的精髓"。"任何问题最终都要归结到数的问题。"

◎ 黑尔巴特:把数学应用于心理学不仅是可能的,而且是必需的。理由在于没有任何工具能使我们达到思考最终目的——信服。

◎ 怀特：只有将数学应用于社会科学的研究之后，才能使得文明社会的发展成为可控制的现实。

◎ 怀特："一门科学从定性的描述到定量的分析与计算，是这门科学达到成熟阶段的标志"。

◎ 那种不用数学为自己服务的人，将来会发现数学被别人用来反对自己。

◎ 恩格斯说，18世纪对数学的应用等于"0"；19世纪，首先是物理，接着才是化学；20世纪，才有心理学，相继应用了数学。

◎ 爱因斯坦说："为什么数学比其他一切科学受到特殊尊重，一个理由是它的命题是绝对可靠的，无可争辩的，而其他一切科学的命题在某种程度上都是可争辩的，并且经常处于会被新发现的事实推翻的危险之中"。"数学之所以有较高声誉，还有另外一个理由，那就是数学给予精密自然科学以某种程度的可靠性，没有数学，这些科学是达不到这种可靠性的。"（爱因斯坦文集，商务印书馆，1977）。

◎ 张楚廷："在现今这个技术发达的社会里，扫除'数学盲'的任务已经替代了昔日扫除'文盲'的任务而成为当今教育的重大目标。人们可以把数学对我们社会的贡献比喻为空气和食物对生命的作用。"

◎ （美）数学家格里森说："数学是关于事物秩序的科学——它的目的就在于探索、描述并理解隐藏在复杂现象背后的秩序。"

◎ 笛卡尔："一切问题都可以化成数学问题。"

◎ 有一位数学家预言："只要文明不断进步，在下一个两千年里，人类思想中压倒一切的新事物，将是数学理智的统治。"

◎ 普罗克萝(Proclus)："数学就是这样一种东西：她提醒你有无形的灵魂，她赋予她所发现的真理以生命；她唤起心神，澄清智慧；她给我们的内心思想增添光辉；她涤尽我们有生以来的蒙昧与无知"。（方延明《数学文化》）

俗话不是说:"吃不穷,穿不穷,计算不到就受穷。"

算计就是在用数学。诊病不用数学,只能任人摆布,因病致贫,怨谁呢!

(二)初等数学

本来"数学无处不在",但却有人将数学诊病与封建迷信的算命相提并论。我们认为,再陌生,初等数学是大家学过的,也是留有记忆的。所以,我们首先复习学过的初等数学,希望勾起回忆,也为学新东西,做好铺垫。当然,内容以点到为止,做个提醒。数诊学诞生不是空穴来风,它就是从你所熟知的初等数学中诞生的。

数诊所运用的初等数学的知识有:代数、函数、矩阵、合并同类项、提取公因式,等等。

1. 函数 有两个数 x 和 y,y 依赖于 x。如果对于 x 的每一个确定的值,按照某个对应关系 f,y 都有唯一的值和它对应,那么,y 就称为 x 的函数,x 称为自变量,y 称为应变量,记为 $y=f(x)$。

例:某国的总统选举,选票统计用数学公式表示就是 $Y=f(X)$。设 $X=\sum(x_1 \cdots x_n)$,$x_1, x_2, x_3 \cdots \cdots x_n$ 代表 1 至 n 个选票号。那么

$Y_i = x_1 + x_2 + x_3 + \cdots \cdots + x_n$

设 Y_1=候选人 A,设 Y_2=候选人 B。

则:$Y_1 = x_1 + x_2 + x_3 + \cdots \cdots + x_{530}$

$Y_2 = x_1 + x_2 + x_3 + \cdots \cdots + x_{530}$(530 是选票数)

注意哪个选民投了哪个候选人,他的票号值就是 1,对于没投的候选人,就是 0。最后看 Y_1 和 Y_2 谁的选票多就选上了谁。选班组长也是同理。

如果用 $Y_1, Y_2, Y_3 \cdots \cdots Y_n$ 代表疾病的序号,用 $x_1, x_2, x_3 \cdots \cdots x_n$ 代表症状序号,利用多元函数就可计算出所患的病。所有的诊卡,都是算式,都是 $Y_i = x_1 + x_2 + x_3 + \cdots \cdots + x_n$ 计算过程。

2. 矩阵 由 m×n 个数 aij 所排列的一个 m 行 n 列的表

$$A = \begin{cases} a_{11} \ a_{12} \cdots\cdots a_{1n} \\ a_{21} \ a_{22} \cdots\cdots a_{2n} \\ \cdots\cdots\cdots\cdots\cdots\cdots \\ a_{m1} \ a_{m2} \cdots\cdots a_{mn} \end{cases}$$

称为"m 行 n 列矩阵"。

教室、礼堂的座位就是矩阵。

用智卡诊病,是我们发明的矩阵表示法,纵的是列,代表疾病,横的是行,代表症状。因为与教科书上的矩阵加法不同,请注意"发明"是带引号的。

智卡表面看不出有数学,其实都是数学,而且是函数、是矩阵;每一项内容都是函数、矩阵中的因子。

3. "病组"的建立与症状分值的确定　详见本章五之(二)。

(三)模糊数学

对全新的模糊数学,我想多说几句,因为它是数诊学的最核心原理。

1. 精确数学遇到了麻烦

●把电视机调的更清楚一点。这对小孩子并不难,但要让计算机做就困难了;婴儿认妈也是同理。

●请给 1000 个小女孩的漂亮程度打分。二值逻辑(1,0)的精确数学,根本是无能为力的。

●诊病,精确数学至今没大量解决(论文有了)。因为复杂的东西和事物难以精确化,只能用模糊数学。

●模糊逻辑摒弃的不是精确,而是无意义的精确。

2. 模糊数学定义　模糊数学是对模糊事物求得精确数学解的一门数学。

3. 查德创立模糊数学　1965 年,(美)加利福尼亚大学教授,控制论专家查德写了一篇论文"模糊集",开始用数学的观点来划分模糊事物,标志模糊数学的诞生。但是人们不理解,惹来麻烦,遭到嘲笑和攻击好多年。1974英国工程师马丹尼却把它成功地应用到工业控制上。此控制,就似过去孩子调电视,左旋,右旋,就可以看了。而不是用精确数学——左旋多少度,再右旋多少度。自此以后,数学已经进入到模糊数学阶段。

4. 隶属度是模糊数学的核心　　模糊逻辑是通过模仿人的思维方式来表示和分析不确定不精确信息的方法和工具。模糊数学用多值逻辑(1~0)表示。1和0之间其实可含无穷多的数,所有隶属度的数都可以表示出来。

例1,漂亮。即使有万名女孩,若要为她们的漂亮程度打分,1个也不会有意见,因为都能恰如其分地表示出其漂亮程度。而精确数学做不到这一点。

例2,年老。说某某"老"了(模糊),容易对;说某某72岁(精确),容易错。某某不说话,你怎么知道72?

例3,身高。可把1.8米定为高个子,把1.69米定为中等个子或平均身高。如果张三1.74米,就说:"张三个子比较高"。在二值逻辑中就无法表达像"比较高"这样的不精确的含糊信息;而在模糊逻辑中,则可说张三46%属于高个子,54%属于中等个子。

例4,说"小明是学生"。只容许是真(1)或假(0)。可是,说"小明的性格稳重"就模糊了,不能用1或0表示,只能用0~1之间的一个实数去度量它。这个数就叫"隶属度",如0.8(或8)。请注意,0.8(8),不是统计来的,是主观给定的;很精确吗?不精确。能行吗?肯定行。老师给学生评语,就用此法。

5. 模糊逻辑带来的好处　　给出的是模糊概念,得到的却是精确的结果。

模糊逻辑本身并不模糊,并不是"模糊的"逻辑,而是用来对"模糊"进行处理以达到消除模糊的逻辑。

可以加快开发周期。模糊逻辑只需较少信息便可开发,并不断优化;模糊推理的各种成分都是独立的对函数进行处理,所以系统可以容易地修改。如,可以不改变整体设计的情况下,增减规则和输入的数目。而对常规系统做同样的修改往往要对表格或者控制方程做完全的重新设计。用模糊逻辑去实现控制应用系统,只要关心功能目标而不是数学,那就有更多的时间去改进和更新系统,这样就可以加快产品上市。

我们相信读者能诊病就是基于对模糊数学的信任。模糊数学能使人花较少的精力而获得较大成绩。

钱学森说:"而思维科学与模糊数学有关。活就是模糊,模糊了才能活。要用模糊数学解决思维科学问题。"

(四)离散数学

1. 离散数学定义 是研究离散结构的数学。电脑对问题的描述局限于非连续性的范围。因此它对电脑特别重要。事实上它对外行诊病也非常重要。电脑现在还没有思维(像外行),接受信息,纯属机械动作——打点或不打点。但是,只有将症状离散之后,才可以做到这一点。

2. 将症状离散的好处之一 使症状信息明确。比如,某患者"皮肤上见有鲜红椭圆突起斑"。这是书上描述疾病最常见的症状句子。事实上,患者来诊,很少表现如书所写那样的症状。往往缺少1项或2项,用老办法或用电脑就不好利用这些症状了。这也是医生在临床上争论不休的问题。

但是,如果用离散数学的原理,将引号内的症状,分解成以下几个症状:皮肤有斑①;斑色:鲜红②;斑形:椭圆③;斑性:突起④。由原来的1个模糊不清的电脑(含外行)无法接受的症状;就变成了4个清楚的,人和电脑都能接受的症状,即使其中缺少1或2项,人和电脑也照判无误。这样处理之后,就谁都能准确诊病了。

我们认为,这样表达信息或知识,可能是解决"知识表达的瓶颈问题"(电脑诊病难点之一)的办法之一。

再如,甲病"头昏沉而胀痛";乙病"头昏沉"。如不离散,医生也懵懂;离散了,外行人都会取舍。

3. 将症状离散的好处之二 增加症状数。利用离散数学的原理,还可以解决聋哑人和动植物症状少的老大难问题,用离散数学处理症状后,就可以增加症状:

如有 2 症 (a,b) 可变成 $2^2=4$ 个症状。即,{Φ},{a},{b},{ab} 4 个症状;

如有 3 症 (a,b,c) 可以变成 $2^3=8$ 个症状,即,{Φ},{a},{b},{c},{ab},{ac},{bc},{abc} 8 个症状。

即,有几个症状,就可以变成几次方的症状。以此类推。

说明:①Φ 为(空集,必有),因为有了它,才可以构成几次方的公式;②a,b,c 可以代表任意症状,如 a 可以代表体温升高,b 代表精神沉郁,c 可以代表食欲减少,{ab}代表{体温升高∧精神沉郁},等等。

离散数学前一条好处是使症状表述清晰,这一条好处是增加症状个数,这对医学科技人员太重要了。

(五)逻辑代数

临床医生争论不休的还有一个问题,比如教科书写:"某病有体温升高,精神沉郁,食欲废绝……",现在患者只有其一或其二,怎么办呢?是不是该病呢,很无奈。1989 年学了逻辑代数,才解决了此争论。

逻辑代数说:"无论自变量的不同取值有多少种,对应的函数 F 的取值只有 0 和 1 两种。这是与普通函数大不相同的地方。"就是说逻辑代数只算两个数,1 和 0。

逻辑代数只有三个运算符"∨"、"∧"、"—"(分别读作或、与、非。也就是进行"或"、"与"、"非"运算)。

"∨"运算:体温升高∨精神沉郁,∨含意是:有前者打点;有后者也可以打点;两者都有还可以打点;

"∧"运算:体温升高∧精神沉郁,∧含意是:必须两症同时都有才可以打点,只有其一不能打点。

"－"运算:如表示"口不干",要求在"口干"二字上边画一道杠杠"－"。这样做非常难看。我们遵从逻辑代数的含义,也遵从汉语表达习惯,而写成了"不口干"或"口不干"等形式。

我认为,用符号"∨"、"∧"、"－"表示症状之间的关系,显得十分清楚,不会引起争论。

这样表达症状信息,就克服了大长句子表达信息,到临床使用时的尴尬。因为长句子中,有的症状并不出现或不同时出现。即使出现,因为医生和患者接触时间短而不能观察到。

信息在系统中是有能量的。在特定系统里,每个信息都有自己的能量。比如在交通系统,红灯停、绿灯行,遵守它,交通秩序良好。不遵守就要出事故。实验室的各种设备,红灯行(加热),绿灯停(维持)。

某种生物的病症矩阵中,每个信息都有自己的能量。

(六)描述与矩阵

1. 描述 就是形象地叙述或描写。有人说,医学是描述的。显然症状更是描述。钱学森说,当今科学都是描述性的。

对诸多现代科学的学习和理解,使我认为,老法诊病依靠的是对症状描述的记忆,因为记不住,故诊断准确率低是必然的;因为能回忆起来的描述的症状信息量少。

如果用矩阵上证据性的症状做诊断,因为矩阵上的信息能量大,就必然导致诊断正确。

我琢磨了症状描述有五个专有名词:患者的描述叫主诉,医生的描述叫病志,参考书作者的描述叫编写,老师们集体描述的叫教材,研究者描述叫专著。明眼人一看就能知道这5个名词的利弊了。

难怪我们的第一个课题——马腹痛电脑诊疗系统研究,6病6人用4年——因为用的是主诉和病志;

难怪第二个课题——猪疾病电脑诊疗系统研究，127病12人用8年——因为用的是20本参考书。

教材应该是最好选择，但教材上讲的疾病不全，可症状描写比较真实。

只是到了2004年才认识到专著的优点——病全、真实、精炼。

理论的成熟＋专著作素材 ＝电脑诊病科研才走上了高速路。

而描述不一致＋不能计算＋人记不住 ＝ 导致了老法诊病容易混沌。

2. 矩阵 对诊病而言，矩阵是较好的工具。其原因是矩阵上病全、症全、交叉明确，是证据性的症状，摆在那里就是算式。将症状代入就可以计算，从而知道诊断结果。

四、九点发现与求症诊病原理

所谓发现，就是经过研究、探索等，看到或找到前人没有看到的事物或规律。而发明，则是创造新事物或方法。丘成栋说发现是在过程中。

33年电脑诊病科研，我们也有9点发现。在这9点中，有4点是发现；有3点是发明；有2点不是我们的发现或发明，如，数学模型、矩阵，我们只是将它们运用于数学智能卡诊断中。下面分别介绍。

(一)关于九点发现

1. 发现症状＝现象＝属性＝判点＝1 本质与现象的关系认为事物的质是内在的，是看不到摸不着的。事物的质是通过事物的属性来表现的。人感到的是事物的属性，并通过属性来认识和把握事物的质。所谓属性就是一个事物与其他事物联系时表现出来的质。属性从某一方面表现事物，而质则给予我们整个事物的观念。如，黄色、延性、展性和金的其他属性，均是金的属性而不是金的质;而金的质则是由这些属性的总和规定的。

疾病是本质,症状是现象。疾病＝疾病名称＝症状属性之和。多年认为的看得见摸得着的病理变化是本质,实际是不对的。

上边引文是(马克思主义)哲学常识,但是在没有电脑之前,引文中标注下划线的"某一"与"总和",绝对与数学、与数字、与"1"联系不起来。因此,也就不能用数学、电脑或智能卡计算事物、计算疾病。现在将它们联系起来了,就能计算了。

引入了"1",就引入数学。这个"1"特别重要:既表示定性,又表示定量。

"1"表示定性。点名时念张三,答:到。到＝有＝在＝1;若未到,则:未到＝无＝不在＝0(二值逻辑)。

症状的有无也是同理。动物发热,发热＝有＝1。定性的"1"表示有。

发热＝有＝1,"1"表示定量。但发热还有程度的差异,发热＝0.7;或发热＝7。因为有了定性的"1",才可以进一步定量,变成0.7或7。"1"是定性和定量两者的媒介。

每一种疾病(事物)都要顽强地表现它自己,因此它的属性个数(症状数,即判点数),就必然要多于类似疾病(事物)的属性个数。统计判点数的根据就在于此。在统计时,分值个数或说位置算作1个判点。

统计判点数是定性,求判点的分值和,是定量。定性定量结合诊病,才是真正的综合分析,当然更准。

这一点发现非同凡响。它可使临床诊断的初诊由经验升华为数学诊断。同理,有些自然科学和社会科学尚没有量化的理论都可以借鉴,从而就能走向数学化。须知,不能数学化的理论是难以服人的。

2. 发现临时信宿 宇宙有三大属性:物质、能量和信息。任何信息都有信源、信道和信宿(三信),而且相通。

症状作为疾病信息,也有信源、信道和信宿,且相通。信源是患者,收集症状手段是信道,人脑是(最终的)信宿。浩如烟海、错综复杂的诊病知识,仅凭"记不多、错位、遗忘"的人脑分析,难免误诊。

用电脑和智卡,作诊断时,矩阵上的症状和分值是信道,矩阵的上表头病名是信宿。因为三信相通,故结论正确。不这样做,而将患者的症状,直接交给人脑信宿去分析,因为1人1脑(装的知识不同),必将导致诊断错误。

3. 发现用智卡矩阵是表达病组内疾病与症状的最好形式 用矩阵表达病组内的病-症信息,不但病全、症全,而且具有追溯和预测症状的功能;还能实现正向(由症开始)和逆向(由病开始)的双向推理诊病。

4. 发现收集症状必须用"携检表" 购买电脑智能卡软件的,要将智卡左侧的症状单独打印出来即为"携检表"。秦伯益院士说:"将来凭证据,就不会你诊断出来,他诊断不出来"。用"携检表"收集症状,其症状是证据性的症状。购买本书的,则不用携检表。可根据症状找病组,打点,进行正逆向推断。

5. 发现症状面前病病平等 不少人主张采用高信息量分值,即1个症状出现在多种疾病上,他们主张给各个疾病打不同的分,而且分值差距越大越好。但是,在老年人185病502症状的特大矩阵上,回顾性验证发生了24例错误。参考在法律面前人人平等的原则,对疾病所表现的每个症状,也一律平等对待,即每个症状都作为1个判点,就纠正了24例错误,达到100%正确。

6. 发现诊病的数学模型 传统诊断误诊的根本原因是未用数学。我们用公式$Y=f(X)$的多元函数作为数学模型,解决了误诊问题。用数学处理事物,做到了由笼统的定性分析转变为系统的量化分析。

7. 发现把关方法 以往诊断没有定量的把关方法。用数学诊病,必然要设定量的把关方法。20个字用法中"找大"就是定量的把关方法。即,在"统计"的基础上,依据判点多少,做出一至五诊断的病名,判点数最多的病(尤其当第一诊断比第二诊断多2个以上的判点时)就应该是患者所患的疾病。

8. 发现回顾验证症状呈常态分布　如果不是故意搞错(如,诊甲病,却故意说乙病的症状),那么,正确的症状在诊断中,充分发挥作用,表现坐标轴上的判点数或分值和的柱子就高——正态分布;而不正确症状却呈离散分布,即,不正确症状,分散到其他几个病上。

9. 发现传统诊断法收集症状缺少近半内容　尤其是医患的初次接触,患者凭"主观"、"感觉"诉说症状,认识论上缺少了一半——"客观"、"未觉"的症状;医生凭"直观"、"直觉"收集症状,缺少"间观"、"间觉"才能收集到的症状。法律断案时1个证据不实就可能导致错案。诊病时,缺症近半,后果肯定有很大出入。故初步确诊病名后,我们强调用"逆诊法"收集症状,以防止误诊。

(二)求症诊病原理

如果按系统将疾病的病名和症状等信息制成用分值相连接的矩阵,那么具有初中以上学历的人们通过打点和定性定量地计算,就可做出初步诊断。如果给这条原理起个名字,可以叫做疾病求症数学诊断原理。

五、问　答

(一)常识部分

1. 何谓疾病?　疾病就是病。植物上叫病害。

2. 何谓症状?　"症"是病的意思,"状"是状态的意思。"症状"就是病的状态。病的状态,实际上大家是知道或了解的,如咳嗽、腹泻、体温升高、疼痛等。

3. 何谓诊断?　用(美)A. M. 哈维定义:当"诊断"一词前面

没有形容词时,其含义是:通过对疾病表现的分析来识别疾病。

近年,有人撰文,按把握程度将诊断分四等:100%把握叫确诊,75%把握叫初诊,50%把握叫疑诊,25%把握叫待除外诊断。哈维就是模糊叫的"诊断"。本书讲的初诊,也是说辅检之前应该有个诊断,以便为辅检提供根据和方向。我在大学就是这么教的。而且叮嘱学生必须有这个初诊,否则,人家化验室和物理检验室根本就无法给你做辅检。现在为了赚辅检钱,不惜把基本程序搞乱。世界卫生组织(WHO)认为,70%的辅检,都是不必要做的。

4. 何谓经验诊断(老法诊断、传统诊断)？有何特点？ 自古至今沿用的诊断,叫传统诊断或经验诊断或老法诊断。特点如下。

(1)诊断方便 对于极常见疾病的诊断是便捷的。

(2)收集症状不全 问诊时,患者凭"感觉"、"主观"诉说症状,在认识论上是有漏洞的,缺少了"未觉"、"客观"的症状;医生凭"直观"、"直觉"收集症状,缺少了"间观"、"间觉"的症状,加上疾病与症状联系的扭曲,严重影响诊断的正确性。

(3)凭经验凭记忆诊病 患者愿意找老大夫,因为他们经验丰富。可是,大脑"记不多、错位和遗忘"是无法克服的。所以,对一起病例,即使症状是共识的,几个人诊断,结论也不一致;甚至同一医生,在不同的时间地点,诊断结论也不一致。总之,老法诊病,外行不会,内行不一。

5. 为什么叫智能诊卡或智卡？ 所谓智能诊卡是申报专利时起的名字。实际上,等同于诊卡、智卡、矩阵、表等名字。相当于同物异名,本质无任何区别,只是称呼上不同。

应当说,时至今天,电脑的全部智慧,都是人输进去的。叫智卡,是因为它也有智慧。

第一,诊卡是将某组的全部疾病及其全部症状(个别除外)用分值联系起来排成了矩阵。纵向看是文章,即每种病都有哪些症状,横向看也是文章,即每种症状都有哪些疾病。并用分值(表示症状对诊断意义的大小)将疾病与症状联系起来。这样组织诊病资料,就解决了动物医生亘古至今存在的:想病名难和鉴别难的两难问题。

第二,从头至尾问症状,是对该卡内疾病,实行恰到好处、不多不少的症状检查,这比空泛地要求"全面检查",要具体而有针对性。

第三,诊卡具有正向推理与逆向推理的功能。医生和患者初次接触的诊断活动,是正向推理(由症状推断病名);有了病名,再问该病名的未打点的症状,就属于逆向推理,一起病例只有经过"正向与逆向"双向推理,才能使诊断更趋近正确。这符合人工智能的双向推理过程。诊卡暗含这种道理,局外人是无法知道的。

第四,诊卡中暗含许多专家系统的"如果……那么……"语句;不用告诉,用者也在用。

第五,诊卡利用了电脑的基本特征,记忆量大且精确,不会错位和遗忘。

第六,用诊卡诊病,恰似顺藤摸瓜。

第七,使用者在自觉不自觉中使用数学模型。

第八,诊卡中含有许多公理,及现代科学中的许多原理。

6. 数学诊断卡与唯物辩证法有什么关系? 诊断卡是唯物的。因为诊断卡是人类诊断疾病知识的真实记录;说它是辩证的,因为它符合辩证法。辩证法有两个核心,普遍联系和永恒运动。某项症状,它的横向看(普遍联系)是有这种症状的病名;而病名下的所有分值,是该病的全部症状,包含早期、中期和晚期的全部症状(病的"永恒运动"),通过诊卡都可了解到。一位本科医生如果没有长期的临床经验,仅靠大脑记忆进行思维,要达到智卡诊断的水平是较难的。

7. 数学诊断与临床诊断学有何关系? 临床诊断学是医生的必修课。但因是鸿篇巨著,内容丰富,应用时存在想不起、记不住的问题。数学诊断学将其中描写的症状量化、系统化和矩阵智能卡化,既可应用计算机,也可应用智卡诊断疾病。克服了人脑记不住、容易遗忘的不足。

8. 数学诊病有自觉和不自觉之分吗? 数学无处不在而且是每个事物的灵魂。即使婴儿认识妈妈,也是有"几个"条件符合他的想象,他才认。这"几个"的组合就是数学。符合,他欢迎微笑;不符合,他就哭闹。雪花飘,量子动,"灵魂"是数学。平时说"谢谢","别客气"就是数学。总之,办对事是数学;办错事也是数学。对错都是数学。聪明的人主动用数学将事办好。

诊病几千年,诊对和诊错,也都用了数学,只是有自觉和不自觉之分。

不信,问他不过3个问题,他就得承认是在运用数学。比如肺炎和气管炎的鉴别:①问,咳嗽声音二病有何区别? 他会说,肺炎咳嗽声音低,气管炎不低;②问,体温有没有区别? 他会说,肺炎体温高,气管炎不高。这两个问答,表面看,没有数学。其实,数学就在其中:咳嗽声音低是1,不低是0;体温高是1,不高是0。他为什么诊断为肺炎而不诊断为气管炎呢? 因为他认为肺炎有这两个症状,而气管炎没有这两项症状。他的话用数学表达,就是:肺炎=1+1=2,气管炎=0+0=0,2>0。这就是他内心的根据。哑巴吃饺子,心里有数。他自觉不自觉地应用了数学。

9. 为什么以前叫数值诊断,现在叫数学诊断或数学诊断学?

1997年,我们曾将电脑诊病文档整理出版了几本书,称《数值诊断》。因为当时研究者们都这样叫。

后期,学了许多知识,发现叫数值诊断欠妥。因为数值就是数字1,2,3……,没有别的含义。

而数学的定义"是研究现实世界的空间形式和数量关系的科学。"现在连小学生、学前班孩子们的课本也都叫数学了。

病症矩阵就是疾病与症状的关系,而且用隶属度分值表示这种关系。显然,应该叫数学诊断。叫一门学科,大致有如下几点理由:

第一,笛卡儿说:"世上一切问题都是数学问题"。别人不信,他首先将力学变成数学,以后才是物理学、化学。

第二,因为该法诊病的"前、中、后"都在用数学。前,研究阶段用数学;中,公式和算式等你代入数据;后,用数据报告诊断结果。此诊断活动处处、时时都用了数学,还不可以叫数学诊断学吗!

第三,医学里有诊断学。现在,诊病用了数学,自然也应该叫数学诊断学。

第四,李宏伟:我国古代发明了火药却没有化学;发明了指南针却没有磁学。强于"术"而弱于"学"。吴大猷指出:"一般言之,我们民族的传统,是偏重于实用的。我们有发明、有技术,而没有科学。"

我们有四大发明,但没有上升"学"的高度。西方是升了"学"的高度才有工业化,才强大。我们没升"学",就受欺。

我们研究马腹痛6病6人花4年,研究猪127病12人花8年,都获得了大奖。但都是探索,没有升到"学"的高度。2004年总结提高升华叫《数学诊断学》了,1个人60天将姚乃礼主编的《中医症状鉴别诊断学》623病组2481种病研究完了。并用2年时间研究完成含千病的《美国医学专家临床会诊》和含3700多病的《临床症状鉴别诊断学》。不升华到"学"的认识高度,是根本做不到的。

10. 描述诊断与证据诊断的区别? 诊病=断案。断案凭证据,诊病也必须凭证据。近年来,产生了循证医学、证据医学、替代医疗,但还未普及。

自古至今,大家知道的都是描述性的症状,难学、难记、诊病时遗忘或联系扭曲,往往还是要查书。

矩阵上内容,都是证据性的症状,没有描述。有人在证据医学中说"芝麻大的证据可以抱来大西瓜"。

院士秦伯益说:"在疾病诊断上,过去是以经验为基础,今后将以证据为基础。过去凭经验,老中医一看就明白,你就看不明白。""诊断凭客观证据,谁都可以诊断,就不会你看不出来,他看得出来"。

我们认为秦院士的观点非常正确。不过,秦院士所指的证据是CT(计算机X线断层摄影)、B超(B型超声图像诊断多谱勤仪)、MR(核磁共振)之类,而不是指症状证据。

我们认为,证据不但包括CT、B超、MR、血清学反应、基因缺陷等等,症状也是证据,比如出血、骨折、沉郁等等,都是证据。

以前,人们在竭力查找和记忆具有特异症状(证据)来诊病。遗憾的是这样的症状只有几个。然而用矩阵表示症状就不同了。可以说,凡是"统"字下的1,都表示此症状只有1种病才出现。

11. 关于"1症诊病" 应从数学和诊断学两个角度回答。数学答题有几得几,传统诊断无法以1症诊病。用病组的病症矩阵回答,应该是题中之意,稍加解释如下。

(1)"1症诊病"含义之一是"1症始诊" 患者给1个症状,就以此症到目录中去找病组,开始为他做诊断,这是16字用法的前提。如果他告诉两个以上的症状,反而要权衡比较应该选择进哪组了。现在他就告诉1个症状,直接找组取卡诊断就是了。问诊肯定能问出较多症状来。

(2)俗话说"无病无症状,有病必有症状" 有症就能做诊断,这是病症矩阵的特点。

(3)比喻解释 在家庭里,1个信息如"穿童鞋"就可以定是某人;在诊卡里也是这样。

12. 何谓三"神"保佑? 世上无"神"、也无"灵魂",只是比喻。我这里所说三"神"是指哲学、数学、系统学。

很显然,一门科学如果没有这三"神"做灵魂,很难说明已经成熟了。

数学诊断学的实体和灵魂就是这三"神"的体现。

(二)实践部分

13. "病组"是怎么建的? 在电脑上,因为Excel 2007功能非常强大,横向可容 6 万多病,纵向可容 100 多万行。人类的 1.8 万种疾病,全都可以装下。我们已经建立 6 个大或特大矩阵,使用非常方便。但是还有许多农民尚无电脑,还得用纸作载体,特别要求用大 32 开本的书作载体。这样,就得分病组了。

大多数生物病少,1 卡能容下就不必分组;少数生物病多,1 张卡容不下,需要分成若干病组。病组的建法:①按症状建组;②按年龄建组;③按身体部位建组。用电脑建立病症矩阵,分病组,研制智卡等,所有操作都是十分快捷。

14. 症状的分值是怎样确定的? 33 年电脑诊病科研,近 1/2 的时间在琢磨给每个病的症状评分打分,即将症状对诊病意义的大小用分值表示谓之症状量化,以便于人和电脑计算。

将症状量化的方法很多,仅模糊数学的权数确定方法就有 6 种:专家估测法、频数统计法、指标值法、层次分析法、因子分析法、模糊逆方程法。离散数学写了 7 种:例证法、统计法、可变模型法、相对选择法、子集比较法、蕴含解析法和滤波函数法。其中例证法讲了几页,我将其概括为 1 行:如身高,真定 1,大致真 0.75,似真又假 0.5,大致假 0.25,假 0。也可以灵活改成:

真定 10,大致真 8,似真又假 5,大致假 3,假 0。心算都很快。

本书我们创立"四等 5 分法",即 0,5,10,15,四等;每个分又都与 5 有关。

(1)根据之一 依据权威专著所写症状前边的形容词、副词和数词等等修饰词或修饰语,如"常常"、"多数"、"有时"、"偶尔"、"个别"、"特别重要"给不同的分。

0 分,就是无分,空白单元格,就是 0 分;

10 分,就是有肯定。如口干,前后没有形容词、副词等修饰语;

5 分,就是有弱化"口干"的形容词或副词;如有时口干、少数口干等;

15 分,就是有强化"口干"的形容词或副词;如"以口干为特征",甚或可以确定诊断时,也可以评 35 分。

(注:15 是权值,就是特别重要的症状,给以加权 15 分;而对示病症状,还可加权给 35 分或 50 分)。

(2)根据之二 5 分制 1,2,3,4,5;四级制甲乙丙丁制;优、良、及格、不及格制;A,B,C,D 制。

"四等 5 分法"的优点:①包容,就是打分不够准确,也不影响诊断结果,因为有判点数把关;②明朗、易理解和好掌握,分值间距大,四等 5 分制与人脑潜在的四等法不谋而合。

15. 怎么快速找到智卡?找错了诊卡怎么办? 在目录中按患病羊症状找。多读几遍目录,找卡不困难。如果熟悉病组像熟悉钥匙板那样找卡更快。

找卡遵照原则:①主要症状与次要症状;②多数症状与少数症状;③发病中期症状与早晚期症状;④固有症状与偶然症状。均以前者去找,这是各内科书都提到的。我又给加了 1 条,特殊症状与一般症状,也以前者去找。

卡找对了,诊病既准又快。找错了也没关系,再找就是了。关键是怎么知道找错了卡?统计判点时,1 病与 2 病判点都不高,或者拉不开档次。比如"打点"8 个,而 1 病、2 病判点才是 3 或 4,就属于判点不高;1 病与 2 病判点相等,或仅差 1,属于拉不开档次。另找就是了。

16. 症状少或不明显怎么办? 数学诊断有一个特点——1 症诊病,包括 1 症"始"诊。患者告诉的 1 症,说明是主要症状。就按此 1 症在目录找病组,然后开始问诊。有了较多的症状,诊断就可以步步逼近"是"了。"是"是正确诊断,逼近"是"就是逼近了正确诊断。

如果问到最后还是只有 1 症,那就看此 1 症所对应的疾病数,即"统"下边的数字。如果此 1 症"统"字下是 3,就应该对 3 病进行逆诊。如果"统"下只有"1",那就找到"1"所对应的病,它就是该做出的诊断病名。把握不大的诊断,习惯做法是隔离观察,待症状出现的多些后,再做诊断;如果患者本人或家属,坚决要求治疗,就可以进行"治疗性试验"或"诊断性治疗"。请注意"1"症诊病是理论问题。世上不存在只有"1"症的病。我分析了 1 万多种病,只有肥胖症,在一本书上只写 2 个症状,这是最少的。

17. 为何 1 病与 2 病诊断判点拉不开档次? 如果第一和第二诊断的病名判点数相差 2 以上,就算拉开了档次。而且一诊往往就是以后正确的诊断。如果相差 0 或 1,就算拉不开档。拉不开档次的原因有:①疾病初期症状不明显或症状太少;②如果症状明显或症状较多,还是拉不开档次,但判点都较多,那是同时合并或并发两病或多病,或是疾病后期症状复杂化的结果;③笔者的体会,未用"携检表"收集症状,往往拉不开档次。所以特别强调必须用"携检表"收集症状。

18. 老师,为什么对读者诊病有那么大的信心? 其实,这个问题是颠倒个的。许多读者来信,说如何好使,如何诊对了。说本意,笔者当初是为基层技术人员研究的。可是他们爱面子不用,而那些外行读者,反正也没有包袱,他们就拿出卡来对准动物进行诊断,对了,直至今天无一反例。这个事实的背后就不简单了。本课题组的研究者多是教授,求实地说,如果凭个人经验和记忆诊病,他们自己也信心不足。可是如果用数学诊断法诊病,就一点也不担心了。因为矩阵上病全症全,分值联系紧密,就不会诊错了。其灵魂就是哲学、数学和系统学这"三神"。灵魂是比喻,是起指导和决定作用的因素。

附录　羊病症状的判定标准

一、一般检查

(一)营养状况

营养状况是根据肌肉的丰满程度而判定,可分为营养良好、营养不良、营养中等和恶病质。

1. 营养良好　表现为肌肉丰满,特别是胸、腿部肌肉轮廓丰圆,骨不显露,被毛光滑。

2. 营养不良　表现为骨骼显露,特别是胸骨轮廓突出呈刀状,被毛粗糙无光。

3. 营养中等　介于上述两者之间。

4. 恶病质　体重严重损耗,呈皮包骨状。

(二)发育情况

1. 正常(或良好)　身高体重符合品种标准要求,全身各部结构匀称,肌肉结实,表现健康活泼。

2. 生长缓慢(或不良)　体格发育不良身体矮小,体高体重均低于品种标准,表现虚弱无力,精神差。

3. 消瘦　由营养不良或发病引起。可分为急剧消瘦(多见于高热性传染病和剧烈腹泻等)和缓慢消瘦(多见于长期饲料不足、营养不足和慢性消耗性疾病)。

(三)体温热型

按体温曲线分型。可分为稽留热、间歇热、弛张热、不定型热。

1. 稽留热　高热持续3天以上或更长,每日的温差在1℃以内。

2. 间歇热　以短的发热期与无热期交替出现为其特点。

3. 弛张热　体温在一昼夜内变动1℃~2℃,或2℃以上,而又不下降到正常体温为其特点。

4. 不定型热　热曲线的波形没有上述三种那样规则,发热的持续时间不定,变动也无规律,而且体温的日差有时极其有限,有时则出现大的波动。

(五) 呼吸情况

检查呼吸数须在安静或适当休息后进行,观察胸腹部起伏运动。胸腹壁的一起一伏,即为一次呼吸。鸡正常呼吸次数为每分钟22~25次。

(六) 脉搏次数

检查脉搏次数须在安静状态下进行,借助听诊器听诊心脏的方法来代替。先计算半分钟的心跳次数,然后乘以2,即为1分钟的脉搏数。

二、消化系统检查

(一) 采　食

1. 采食困难　吃食时由口流出,吞咽时摇头伸颈,表现出吃不进。
2. 食欲减少(不振)　吃食量明显减少。
3. 食欲废绝　食欲完全丧失,拒绝采食。
4. 异嗜　采食平常不吃的物体,如煤渣、垫草等。
5. 饮欲减少或拒饮　饮水量少或拒绝饮水。
6. 口渴　饮欲旺盛,饮水量多。
7. 剧渴　饮水不止,见水即饮。
8. 流涎　从口角流出黏性或白色泡沫样液体。

(二) 口腔变化情况

1. 口腔有伪膜　指口腔黏膜上有干酪样物质。

2. **口腔溃疡** 口腔黏膜有损伤并有炎性变化。
3. **舌苔** 舌面上有苔样物质。

(三)粪便情况

1. **减少** 指排粪次数少,粪量也少,粪上常覆多量黏液。
2. **停止** 不见排粪。
3. **增加** 排粪次数增多,不断排出粥样液状或水样稀便。
4. **带色稀便** 粪呈粥状,有的呈白色,有的呈黄绿色等。
5. **水样稀粪** 粪稀如水。
6. **粪中带血** 粪呈褐色或暗红色或有鲜红色血。
7. **粪带黏液** 粪表面被覆有黏液。
8. **粪带气泡** 粪稀薄并含有气泡。
9. **粪便气味** 恶臭腥臭,有令人非常不愉快的气味。次于恶臭为稍臭。

三、呼吸系统检查

(一)呼吸节律

1. **浅表** 呼吸浅而快。
2. **促迫** 呼吸加快,并出现呼吸困难。
3. **加深** 呼吸深而长,并出现呼气延长或吸气延长或断续性呼吸。呼气延长即呼气时间长;吸气延长即吸气的时间长;断续性呼吸即在呼气和吸气过程中,出现多次短的间断。
5. **呼吸困难** 张口进行呼吸,呼吸动作加强,次数改变,有时呼吸节律与呼吸式也发生变化。
6. **吸气性呼吸困难** 呼吸时,吸气用力,时间延长,常听到类似口哨声的狭窄音。
7. **呼气性呼吸困难** 呼吸时,呼气用力,时间延长。
8. **混合性呼吸困难** 在呼气和吸气时几乎表现出同等程度的困难,常伴有呼吸次数增加。

9. 咳嗽 这是一种保护性反射动作。咳嗽能将积聚在呼吸道内的炎性产物和异物(痰、尘埃、细菌、分泌物等)排出体外。

10. 干咳 咳嗽的声音干而短,是呼吸道内无渗出液或有少量黏稠渗出液时所发生的咳嗽。

11. 湿咳 咳嗽的声音湿而长,是呼吸道内有大量的稀薄渗出液时所发生的咳嗽。

12. 单咳 单声咳嗽。

13. 连咳(频咳) 连续性的咳嗽。

14. 痛咳 咳嗽的声音短而弱,咳嗽时伸颈摇头;表现有疼痛。

15. 痰咳 咳嗽时咳出黏液。

(二)肺部听诊

1. 干啰音 类似笛声或咝咝声或鼾声,呼气与吸气时都能听到。

2. 湿啰音(水疱音) 类似含漱、沸腾或水疱破裂的声音。

(三)口鼻分泌物

1. 浆液性物 无色透明水样。

2. 黏性物 为灰白色半透明的黏液。

3. 脓性物 为灰白色或黄白色不透明的脓性黏液。

4. 泡沫物 口鼻分泌物中含有泡沫。

5. 带血物 口鼻分泌物呈红色或含血。

四、眼的检查

(一)结膜和眼睑检查

1. 结膜出血点 结膜上有小点状出血。

2. 结膜出血斑 结膜上有块状出血。

3. 眼睑肿胀 单侧或双侧眼睑充盈变厚、突出,上下眼睑闭合不易张开,结膜潮红,可能有分泌物。

(二)眼分泌物、瞳孔和视力检查

1. 眼分泌物　可分为浆性、黏性和脓性。浆性即无色透明水样;黏性即呈灰白色半透明黏液;脓性即呈灰白色或黄白色不透明的脓黏物。

2. 瞳孔　由助手用手指将上下眼睑打开,用手电筒照射瞳孔,观察其大小、颜色、边缘整齐度。

3. 眼盲　单侧或两侧视力极弱或完全失明,对眼前刺激无反应。眼盲往往伴有某些病变。

五、运动系统检查

(一)运动情况

1. 跛行　患肢提举困难或落地负重时出现异常或功能障碍。

2. 步态不稳　指站立或行走期间姿势不稳。

3. 步态蹒跚　运步不稳,摇晃不定,方向不准。

4. 运动失调　站立时头部摇晃,体躯偏斜,容易跌倒。运步时,步样不稳,肢高抬,着地用力,如涉水状动作。

5. 腿麻痹　腿部肌肉和腱的运动功能减退或丧失。运步时患腿出现关节过度伸展、屈曲或偏斜等异常表现,局部或全部腿知觉迟钝或丧失,针刺痛觉减弱或消失,腱反射减退等,并出现肌肉萎缩现象。

(二)站立情况

1. 不愿站　能站而不站,强行驱赶时能短时间站立。

2. 不能站　想站而站不起来,强行驱赶时也站不起来。

3. 关节肿　关节局部增大,有的触之有热痛,强迫运动时有疼痛反应,站立时关节屈曲,运动时出现跛行。

六、皮毛系统检查

(一) 被毛情况

1. **正常** 被毛平滑、干净有光泽,生长牢固。
2. **粗糙无光** 被毛粗乱、蓬松、逆立,带有污物,缺乏光泽。
3. **易脱** 非换毛期大片或成块脱毛。

(二) 皮肤状况

1. **水疱** 多在无毛部皮肤长出内含透明液体的小疱,因内容物性质不同,可呈淡黄色、淡红色或褐色。
2. **出血斑(点)** 是弥散性皮肤充血和出血的结果,表现在皮肤上有大小不等形状不整的红色、暗红色、紫色斑(点)。指压褪色者为充血,不褪色为出血。
3. **痂皮** 皮肤变厚变硬,触之坚实,局部知觉迟钝。
4. **发痒** 表现患部脱毛、皮厚、啃咬或摩擦患部,有时引起出血。

(三) 其 他

1. **虚脱** 由于血管张力(原发性的)突然降低或心脏功能的急剧减弱,引起机体一切功能迅速降低。
2. **坏死** 机体内局部细胞、组织死亡。
3. **坏疽** 坏死加腐败。
4. **溃疡** 坏死组织与健康组织分离后,局部留下一较大而深的创面。
5. **糜烂** 坏死组织脱落后,在局部留下较小而浅的创面。
6. **卡他性炎症** 以黏膜渗出和黏膜上皮细胞变性为主的炎症。
7. **纤维素性炎症** 以纤维蛋白渗出为主的炎症。
8. **炎症** 红肿热痛,功能障碍。

七、肌肉和神经系统检查

(一)肌肉反应

1. 痉挛(抽搐) 肌肉不随意的急剧收缩。强直性痉挛即指持续性痉挛。

2. 震颤 肌肉连续性且是小的阵挛性地迅速收缩。

3. 麻痹 骨骼肌的随意运动障碍,即发生麻痹。表现知觉迟钝或丧失,如针刺感觉消失,出现肌肉萎缩。

4. 角弓反张 由于肌肉痉挛性收缩,致使动物头向后仰,四肢伸直。

(二)神经反应

1. 正常 动作敏锐,反应灵活。

2. 迟钝 低头,眼半闭,不注意周围事物。

3. 敏感 对轻微的刺激即表现出强烈的反应。

4. 癫痫 脑病症状之一。突然发作的大脑功能紊乱,表现意识丧失和抽动。

5. 意识障碍 指视力减退且流涎,对外界刺激无反应等精神异常。

6. 圆圈运动 按一定方向作圆圈运动,圆圈的直径不变或逐渐缩小。

7. 叫声 嘶哑、尖叫是指发出不正常的声音,如刺耳的沙哑声,响亮而高的尖叫声。

8. 应激 受不利因素刺激引起的应答性反应。

八、流行病学调查

(一)发病情况

1. 发病时间 指从羊发病到就诊这段时间。

2. 病程 指羊从发病至痊愈或死亡的这段时间。

3. 发病率 疫情调查时疫病在羊群中散播程度的一种统计方法,用百分率表示。

$$发病率 = \frac{发病羊数}{同群总羊数} \times 100\%$$

$$死亡率 = \frac{死亡羊数}{同群总羊数} \times 100\%$$

(二)直接死亡原因(方式)

1. 衰竭而死 是指心肺功能不全,致心、肺衰弱而引起的死亡。

2. 抽搐而死 是指大脑皮质受刺激而过度兴奋引起死亡,表现肌肉不随意的急剧收缩。

3. 窒息而死 是指呼吸中枢衰竭,致使呼吸停止而引起的死亡。

4. 昏迷而死 病羊倒地,昏迷不醒,意识完全丧失,反射消失,心肺功能失常,而导致死亡。

5. 败血而死 是由病毒细菌感染,造成机体严重全身中毒而引起的死亡。

6. 突然而死 死前未见任何症状,突然死去。

(三)流行方式

1. 个别发生 在羊群中长时间内仅有个别发病。

2. 散发 发病数量不多,在较长时间内,只有零星地散在发生。

3. 暴发 是指在某一地区,或某一单位,或某一大羊群,在较短时间内突然发生很多病例。

4. 地方性流行 发病数量较多,传播范围局限于一定区域内。

5. 大流行(广泛流行) 发病数量很大,传播范围很广,可传播一国或数国甚至全球。

参考文献

兽医类

[1] 沈正达.羊病防治手册(第二版)[M].北京:金盾出版社,2005.

[2] 蔡宝祥,家畜传染病学(第四版)[M].北京:中国农业出版社,2001.

[3] 王建华.家畜内科学(第三版)[M].北京:中国农业出版社,2002.

[4] 林德贵.兽医外科手术学(第四版)[M].北京:中国农业出版社.2004.

[5] 赵德明,韩博 主译.绵羊和山羊疾病学[M].北京:中国农业大学出版社.2004.

[6] 汪明.兽医寄生虫学(第三版)[M].北京:中国农业大学出版社.2005.

[7] 段德贤.家畜内科学(第二版)[M].北京:农业出版社.2006.

[8] 贺生虎.羊病学[M].银川:宁夏人民出版社,2006.

[9] 陈怀涛,羊病诊断与防治原色图谱[M].北京:金盾出版社,2008.

[10] 王洪荣.家畜外科学(第四版)[M].北京:农业出版社.2008.

[11] 卫广森.兽医全攻略羊病[M].北京:中国农业出版社,2009.

[12] 岳文斌.羊场兽医师手册[M].北京:金盾出版社,2008.

医学类

[13] 赵建成.奇法诊病[M].郑州:中原农民出版社,1997.

[14] [美]罗伯特等,柳叶刀译丛.医学的证据[M].青岛:青岛出版社,1999.

[15] 康晓东.计算机在医疗方面的最新应用[M].北京:电子工业出版社,1999.

[16] (日)服部光南,赵志刚译.疾病自我诊疗手册[M].郑州:河南科技出版社,2002.

[17] 卢建华等.医学科研思维与创新[M].21世纪高等医学院校教材.北京:科学出版社,2002.

[18] 郭成英.中医数学病理学[M].上海:上海科学普及出版社,1998.

[19] 张 莹.怎样打医疗官司[M].上海:第二军医大学出版社 2006.

现科人文类

[20] 魏继周,蒋白桦.医学信息计算机方法[M].长春:吉林科学技术出版社,1986

[21] 窦振中.模糊逻辑控制技术及其应用[M].北京:北京航空航天大学出版社,1995.

[22] 十万个为什么丛书编辑委员会编著.人工智能[M].北京:清华大学出版社,1998.

[23] 十万个为什么丛书编辑委员会编著.数据库与信息检索[M].北京:清华大学出版社,1998.

[24] 成思危.复杂性科学探索[M].北京:民主与建设出版社,1999.

[25] 王万森.人工智能原理及其应用[M].北京:电子工业出版社,2000.

[26] 高春梅.创造力开发[M].北京:中国社会科学出版社,2001.

[27] 李佩珊.20世纪科学技术简史[M].北京:科学出版社,2002.

[28] 王续琨.交叉科学结构论[M].大连:大连理工大学出版社,2003.

[29] 杨叔子.科学人文 不同而和[R].CETV1学术报告厅 2003-8-4

[30] 蔡自兴.人工智能控制[M].北京:化学工业出版社 2005.

[31] 钱学森.智慧的钥匙——论系统科学[M].上海:上海交通大学出版社,2005.

[32] 钱学森.创建系统学[M].上海:上海交通大学出版社,2007.

[33] 钱学森.钱学森讲谈录[M].北京:九州出版社,2009.

[34] 陈幼松.数字化浪潮,[M].北京:中国青年出版社,1999.

数学-哲学类

[35] 王树和.数学志异[M].北京:科学出版社,2008.

[36] 陆善功.马克思主义哲学基础知识[M].北京:中央广播电视大学出版社,1989.

[37] 陶 涛.离散数学[M].北京:北京理工大学出版社,1989.

[38] 段新生.证据决策[M].北京:经济科学出版社,1996.

[39] (美)克莱因.数学:确定性的丧失[M].长沙:湖南科学技术出版社,1997.

[40] 郑毓信.数学教育哲学[M].成都:四川教育出版社,2001.

[41] 林夏水.数学哲学[M].北京:商务印书馆,2003.

[42] 蒋泽军.模糊数学教程[M].北京:国防工业出版社,2004.

[43] 武　杰,周玉萍.创新、创造与思维方法[M].北京:兵器工业出版社,2004.

[44] 吴伯田.科学哲学问题新探[M].北京:知识产权出版社,2005.

[45] 张楚廷.数学与创造[M].大连:大连理工大学出版社,2008.

[46] 徐宗本.从大学数学走向现代数学[M].北京:科学出版社,2007.

[47] 王兆文,刘金来.经济数学基础[M].北京:清华大学出版社,2006.

跋

科学有 5 000 多年的历史了,近代科学 300 年,现代科学还不到 100 年。

"古代巫、医连属并称"。现代汉语词典也有这个"毉"字。直至今日,人们还称诊断为经验诊断。

钱学森在《钱学森讲谈录》71 页说过这样一句话:"研究学问就是一个人认识客观事物的过程。"研究数学更是一个人苦钻的过程。而研究数学诊病却是由许多同行共同参与完成的。特别是赵国防教授,她主持的果树病害的数学诊断就获得天津市两个二等奖。

用数学诊病,诊对了,本也无话可说。就像 $1+2+3+4+5+6+7+8+9=45$,没什么好解释的。然而,如果和"$\neq 45$",却需要很多很多解释。

不需要解释的,却洋洋洒洒写了 3 万余字的理论基础。何故?张楚廷说:"在现今这个技术发达的社会里,扫除'数学盲'的任务已经替代了昔日扫除'文盲'的任务而成为当今教育的重大目标。人们可以把数学对我们社会的贡献比喻为空气和食物对生命的作用。"

事实上,每个人都学了许多数学,所用时间仅比语文少些。但如果对人说教用数学方法能够诊断疾病,人们就很难接受。因此,不得不花大气力反复说明:我们是怎么往数学上想的,数学是怎样起作用的……

33 年的功夫没有白费。我的研究成果由金盾出版社出版发行,距离老百姓对常见病可自己诊断的日子不会太远了。也窃喜,李时珍没有看到《本草纲目》,笔者却看到了数学诊断法要进农户了。虽然知道美国一位数学家说的:下两千年才是数学理智的统治时期。

联合国教科文组织指出:"没有科学知识的传播就不会有经济的持续发展"。知识差距是穷富差距的原因。但是"承认真理比发现真理还要难"。

世界卫生组织 2010 年 11 月 22 日发布报告,每年超过 1 亿人因病致贫。我国公民也受着看病难看病贵和因病致贫的困扰药。采用数诊学诊病,做到自病自诊,可减少 30% 的过度诊疗的医疗费用。

我经 33 年的研究,今天有这样的自信:全国每村有 1 套数学诊断学丛书(或 1 台电脑)加 1 位热心为民的高中或大专毕业生,就可以做到人和动物常见病的诊断与治疗不出村。

为便于读者联系,我的通信地址:天津市河西区吴家窑大街 13 号森淼公寓 21 门 4b;邮政编码:300774;

手机:15002287069;

电子信箱:Emailzx193781@163.com

张　信

2011 年 12 月于天津

**金盾版图书，科学实用，
通俗易懂，物美价廉，欢迎选购**

书名	价格
羊病防治手册(第二次修订版)	14.00
羊病诊断与防治原色图谱	24.00
羊霉形体病及其防治	10.00
兔病鉴别诊断与防治	7.00
兔病诊断与防治原色图谱	19.50
鸡场兽医师手册	28.00
鸡鸭鹅病防治(第四次修订版)	18.00
鸡鸭鹅病诊断与防治原色图谱	16.00
鸡产蛋下降综合征及其防治	4.50
养鸡场鸡病防治技术(第二次修订版)	15.00
养鸡防疫消毒实用技术	8.00
鸡病防治(修订版)	12.00
鸡病诊治150问	13.00
鸡传染性支气管炎及其防治	6.00
鸭病防治(第4版)	11.00
鸭病防治150问	13.00
养殖畜禽动物福利解读	11.00
反刍家畜营养研究创新思路与试验	20.00
实用畜禽繁殖技术	17.00
实用畜禽阉割术(修订版)	13.00
畜禽营养与饲料	19.00
畜牧饲养机械使用与维修	18.00
家禽孵化与雏禽雌雄鉴别(第二次修订版)	30.00
中小饲料厂生产加工配套技术	8.00
青贮饲料的调制与利用	6.00
青贮饲料加工与应用技术	7.00
饲料青贮技术	5.00
饲料贮藏技术	15.00
青贮专用玉米高产栽培与青贮技术	6.00
农作物秸秆饲料加工与应用(修订版)	14.00
秸秆饲料加工与应用技术	5.00
菌糠饲料生产及使用技术	7.00
农作物秸秆饲料微贮技术	7.00
配合饲料质量控制与鉴别	14.00
常用饲料原料质量简易鉴别	14.00
饲料添加剂的配制及应用	10.00
中草药饲料添加剂的配制与应用	14.00
饲料作物栽培与利用	11.00
饲料作物良种引种指导	6.00
实用高效种草养畜技术	10.00
猪饲料科学配制与应用(第2版)	17.00
猪饲料添加剂安全使用	13.00
猪饲料配方700例(修订版)	12.00
怎样应用猪饲养标准与常用饲料成分表	14.00

书名	价格
猪人工授精技术100题	6.00
猪人工授精技术图解	16.00
猪标准化生产技术	9.00
快速养猪法(第四次修订版)	9.00
科学养猪(修订版)	14.00
科学养猪指南(修订版)	39.00
现代中国养猪	98.00
家庭科学养猪(修订版)	7.50
简明科学养猪手册	9.00
猪良种引种指导	9.00
种猪选育利用与饲养管理	11.00
怎样提高养猪效益	11.00
图说高效养猪关键技术	18.00
怎样提高中小型猪场效益	15.00
怎样提高规模猪场繁殖效率	18.00
规模养猪实用技术	22.00
生猪养殖小区规划设计图册	28.00
猪高效养殖教材	6.00
猪无公害高效养殖	12.00
猪健康高效养殖	12.00
猪养殖技术问答	14.00
塑料暖棚养猪技术	11.00
图说生物发酵床养猪关键技术	13.00
母猪科学饲养技术(修订版)	10.00
小猪科学饲养技术(修订版)	8.00
瘦肉型猪饲养技术(修订版)	8.00
肥育猪科学饲养技术(修订版)	12.00
科学养牛指南	42.00
种草养牛技术手册	19.00
养牛与牛病防治(修订版)	8.00
奶牛标准化生产技术	10.00
奶牛规模养殖新技术	21.00
奶牛养殖小区建设与管理	12.00
奶牛健康高效养殖	14.00
奶牛高产关键技术	12.00
奶牛肉牛高产技术(修订版)	10.00
奶牛高效益饲养技术(修订版)	16.00
奶牛养殖关键技术200题	13.00
奶牛良种引种指导	11.00
怎样提高养奶牛效益(第2版)	15.00
农户科学养奶牛	16.00
奶牛高效养殖教材	5.50
奶牛实用繁殖技术	9.00
奶牛围产期饲养与管理	12.00
奶牛饲料科学配制与应用	15.00

以上图书由全国各地新华书店经销。凡向本社邮购图书或音像制品,可通过邮局汇款,在汇单"附言"栏填写所购书目,邮购图书均可享受9折优惠。购书30元(按打折后实款计算)以上的免收邮挂费,购书不足30元的按邮局资费标准收取3元挂号费,邮寄费由我社承担。邮购地址:北京市丰台区晓月中路29号,邮政编码:100072,联系人:金友,电话:(010)83210681、83210682、83219215、83219217(传真)。

金盾版图书,科学实用,
通俗易懂,物美价廉,欢迎选购

书名	价格	书名	价格
羊病防治手册(第二次修订版)	14.00	(第二次修订版)	30.00
羊病诊断与防治原色图谱	24.00	中小饲料厂生产加工配套技术	8.00
羊霉形体病及其防治	10.00	青贮饲料的调制与利用	6.00
兔病鉴别诊断与防治	7.00	青贮饲料加工与应用技术	7.00
兔病诊断与防治原色图谱	19.50	饲料青贮技术	5.00
鸡场兽医师手册	28.00	饲料贮藏技术	15.00
鸡鸭鹅病防治(第四次修订版)	18.00	青贮专用玉米高产栽培与青贮技术	6.00
鸡鸭鹅病诊断与防治原色图谱	16.00	农作物秸秆饲料加工与应用(修订版)	14.00
鸡产蛋下降综合征及其防治	4.50	秸秆饲料加工与应用技术	5.00
		菌糠饲料生产及使用技术	7.00
养鸡场鸡病防治技术(第二次修订版)	15.00	农作物秸秆饲料微贮技术	7.00
		配合饲料质量控制与鉴别	14.00
养鸡防疫消毒实用技术	8.00	常用饲料原料质量简易鉴别	14.00
鸡病防治(修订版)	12.00		
鸡病诊治150问	13.00	饲料添加剂的配制及应用	10.00
鸡传染性支气管炎及其防治	6.00	中草药饲料添加剂的配制与应用	14.00
鸭病防治(第4版)	11.00	饲料作物栽培与利用	11.00
鸭病防治150问	13.00	饲料作物良种引种指导	6.00
养殖畜禽动物福利解读	11.00	实用高效种草养畜技术	10.00
反刍家畜营养研究创新思路与试验	20.00	猪饲料科学配制与应用(第2版)	17.00
实用畜禽繁殖技术	17.00	猪饲料添加剂安全使用	13.00
实用畜禽阉割术(修订版)	13.00	猪饲料配方700例(修订版)	12.00
畜禽营养与饲料	19.00		
畜牧饲养机械使用与维修	18.00	怎样应用猪饲养标准与常用饲料成分表	14.00
家禽孵化与雏禽雌雄鉴别			

书名	价格	书名	价格
猪人工授精技术100题	6.00	小猪科学饲养技术(修订版)	8.00
猪人工授精技术图解	16.00	瘦肉型猪饲养技术(修订版)	8.00
猪标准化生产技术	9.00	肥育猪科学饲养技术(修订版)	12.00
快速养猪法(第四次修订版)	9.00	科学养牛指南	42.00
科学养猪(修订版)	14.00	种草养牛技术手册	19.00
科学养猪指南(修订版)	39.00	养牛与牛病防治(修订版)	8.00
现代中国养猪	98.00	奶牛标准化生产技术	10.00
家庭科学养猪(修订版)	7.50	奶牛规模养殖新技术	21.00
简明科学养猪手册	9.00	奶牛养殖小区建设与管理	12.00
猪良种引种指导	9.00	奶牛健康高效养殖	14.00
种猪选育利用与饲养管理	11.00	奶牛高产关键技术	12.00
怎样提高养猪效益	11.00	奶牛肉牛高产技术(修订版)	10.00
图说高效养猪关键技术	18.00	奶牛高效益饲养技术(修订版)	16.00
怎样提高中小型猪场效益	15.00	奶牛养殖关键技术200题	13.00
怎样提高规模猪场繁殖效率	18.00	奶牛良种引种指导	11.00
规模养猪实用技术	22.00	怎样提高养奶牛效益(第2版)	15.00
生猪养殖小区规划设计图册	28.00	农户科学养奶牛	16.00
猪高效养殖教材	6.00	奶牛高效养殖教材	5.50
猪无公害高效养殖	12.00	奶牛实用繁殖技术	9.00
猪健康高效养殖	12.00	奶牛围产期饲养与管理	12.00
猪养殖技术问答	14.00	奶牛饲料科学配制与应用	15.00
塑料暖棚养猪技术	11.00		
图说生物发酵床养猪关键技术	13.00		
母猪科学饲养技术(修订版)	10.00		

以上图书由全国各地新华书店经销。凡向本社邮购图书或音像制品,可通过邮局汇款,在汇单"附言"栏填写所购书目,邮购图书均可享受9折优惠。购书30元(按打折后实款计算)以上的免收邮挂费,购书不足30元的按邮局资费标准收取3元挂号费,邮寄费由我社承担。邮购地址:北京市丰台区晓月中路29号,邮政编码:100072,联系人:金友,电话:(010)83210681、83210682、83219215、83219217(传真)。